U0226970

中国深层油气形成与分布规律丛书

金之钧　主编

天然气中氦气资源富集机理与分布

刘全有 等　著

科学出版社

北　京

内 容 简 介

氦气是一种不可替代的稀缺战略性矿产资源。我国氦气资源高度依赖进口，给国家安全和重大战略需求带来严峻挑战。目前，世界各国最具经济效益的氦气获取方式是从天然气中提取。本书通过对我国沉积盆地典型富氦天然气藏进行解剖，明确富氦天然气地球化学特征，系统梳理氦气成藏要素与富集机制，建立东部深部流体活跃型、中西部稳定克拉通型、自生自储型三种类型氦气资源的成藏模式，形成天然气中氦气成因鉴别与富集示踪方法体系，初步评价我国氦气资源潜力，优选氦气有利富集区带，展示了我国丰富的氦气资源前景。

本书适合从事氦气富集理论、资源评价方法，以及地球圈层物质循环前沿交叉学科的地质科技人员、勘探工程师和相关专业的研究生阅读参考。

审图号：GS 京（2025）0293 号

图书在版编目（CIP）数据

天然气中氦气资源富集机理与分布 / 刘全有等著. — 北京：科学出版社，2025.3
（中国深层油气形成与分布规律丛书）
ISBN 978-7-03-077231-2

Ⅰ.①天… Ⅱ.①刘… Ⅲ.①含油气盆地-氦-地球化学标志-研究 Ⅳ.①P618.130.2

中国国家版本馆 CIP 数据核字(2023)第 244527 号

责任编辑：焦　健/ 责任校对：何艳萍
责任印制：肖　兴 / 封面设计：无极书装

科 学 出 版 社 出版
北京东黄城根北街 16 号
邮政编码：100717
http://www.sciencep.com
北京建宏印刷有限公司印刷

科学出版社发行　各地新华书店经销

*

2025 年 3 月第 一 版　开本：787×1092　1/16
2025 年 3 月第一次印刷　印张：11 1/2
字数：273 000

定价：158.00 元
（如有印装质量问题，我社负责调换）

丛书编委会

主　　编：金之钧

副 主 编：彭平安　　郝　芳　　何治亮

编写人员：王云鹏　　罗晓容　　操应长　　孙冬胜
　　　　　　胡向阳　　刘可禹　　刘　华　　张水昌
　　　　　　卢　鸿　　田　辉　　朱东亚　　耿建华
　　　　　　段太忠　　孙建芳　　蔡忠贤　　符力耘
　　　　　　林　缅　　邹华耀　　云金表　　周　波
　　　　　　邹才能　　谢增业　　刘全有　　盛秀杰
　　　　　　金晓辉　　刘光祥　　李慧莉　　张殿伟
　　　　　　林娟华　　孟庆强　　陆晓燕　　沃玉进
　　　　　　张荣强　　杨　怡　　袁玉松　　李双建
　　　　　　赵向原　　梁世友　　李建交

丛 书 序

深层油气是中国油气资源战略接替的三大领域（深层、海域、非常规）之一。但深层高温、高压及复杂地应力给油气勘探实践带来了巨大挑战。首先，在油气地质方面，海相深层往往经历多期盆地原型叠合，发育了多套油气成藏组合，具有多源、多期成藏和构造改造调整过程，烃源岩成熟度高，油气源对比及多途径生气气源判识难度大。尤其是有机-无机相互作用贯了深层-超深层整个成烃-成藏过程，水的催化加氢究竟有何影响？深层油气是浅成深埋还是深成，或者是连续过程？深层油气相态、成藏动力、富集机理与分布规律是什么？均是困扰学术界多年的难题。其次，在深层油气领域方面，缺乏相应的区带、圈闭评价技术。然后，在地震勘探技术方面，由于埋深加大，普遍存在的多次波、缝洞绕射等导致成像不清、分辨率降低，使断裂、裂缝预测精度低，有效储集体表征和流体识别难度增大。最后，在工程技术方面，深层-超深层相关的随钻测量与地质导向、旋转导向等关键技术受制于人，严重制约了深层油气勘探进程与成效。为此，中国科学院组织实施了战略性先导科技专项（A 类）——智能导钻技术装备体系与相关理论研究（XDA14000000），"深层油气形成与分布预测"（XDA14010000）是专项任务之一，主要攻关任务是通过深层油气形成与分布预测研究，揭示深层油气形成机理与分布规律，发展深层油气成藏与富集理论和评价技术。

项目团队经过 6 年的艰苦努力，取得了丰富的研究成果，主要进展如下：

建立了克拉通裂谷/裂陷、被动陆缘拗陷（陡坡与缓坡）和台内拗陷三类四型烃源岩发育地质模式，揭示了深层高温高压条件下全过程生烃及多元生气途径，扩展了生烃门限，强调了裂解气（干酪根及滞留油）、有机-无机相互作用是深层生烃的重要特点，扩大了深层油气资源规模。

基于控制深层-超深层优质规模储层发育和保持的岩相-不整合面-断裂三个关键要素的分析，提出了储层分类新方案，明确了早期有利岩相是基础，后期抬升剥蚀及断裂改造是关键，深埋条件下的特殊流体环境决定了储集空间的长期保持。建立了深层-超深层强非均质性储层地质模式与地球物理预测方法，形成了基于知识库的智能储层钻前精细建模与随钻快速动态建模方法。

建立了深层油气跨尺度非线性渗流模型，实现了从微纳米孔隙到储层的跨尺度非线性渗流模拟，揭示了不同类型致密储层空间内的油气运聚动力条件和运聚机理差异，明确了油气在高渗透层、洞-缝型储层以浮力运移为主，超压在致密储层中规模运移起关键作用。

明确了深层油气具有"多期充注、浅成油藏、相态转化、改造调整、晚期定位"的成藏特征和"多层叠合、有序分布、源位控效、优储控富"的富集与分布规律。

针对含油气系统理论对中国叠合盆地的不适应性，发展和完善了油气成藏体系理论，提出了成藏体系的烃源体、聚集体、输导体三要素及结构功能动态评价思路，形成深层盆地-区带-圈闭评价技术体系和行业规范，搭建了沉积-成岩-成藏一体化模拟软件平台，优选了战略突破区带和勘探目标，支撑了油气新领域的重大发现与突破。

该套丛书是对深层油气理论技术的一次较系统的总结，相信它们的出版将对深层海相油气未来的深入研究与勘探实践产生重要的指导作用。

谨此作序。

朱日祥

2023 年 8 月 16 日

序

氦气是一种稀缺的战略性矿产资源，广泛应用在国防、航空航天、高端制造业、医疗（主要是核磁共振）等高新技术产业，素有"黄金气体"的美誉。全球科学技术的飞速发展使氦气的应用领域越来越广，世界对氦气的需求量以每年4%～6%的速率增加，而中国对氦气的需求量更是以每年超过10%的速率增加，2023年高达约2600万 m^3。纵观全球，氦气消费量与国内生产总值（GDP）呈现同步增长的态势，2035年我国GDP预计达到200万亿水平，氦气消费量必然持续上涨。近几年，我国围绕已发现富氦气田部署了提氦项目，尽管氦气生产能力有所提升，但远远不能满足氦气巨大的消费量，对外依存度仍超过90%，这使得国家氦气的稳定供给和战略需求面临极大挑战。全球已发现的富氦气田都是在油气勘探过程中偶然发现的，如美国胡果顿-潘汉德（Hugoton-Panhandle）气田、中国威远气田和和田河气田等，将氦气资源当作单独的矿产资源进行系统的勘探与开发是逐步实现氦气自主供给的根本路径。

长期以来，氦等稀有气体含量及同位素更多被视为示踪圈层相互作用、地壳流体迁移的理想指标，很少被当作一种资源进行评估。尽管已在不同构造背景发现了多种类型的富氦天然气（He-CH$_4$、He-CO$_2$、He-N$_2$ 等），但氦气成藏规律不明，氦气资源潜力不清，制约了氦气资源的规模勘探和开发。近些年，我国将氦气定位为战略性资源，国家科学技术部、国家自然科学基金委、中国科学院和中国地质调查局等针对氦气资源制定了一系列相关计划，同时油气公司积极响应开展部署，力求摸清我国氦气资源潜力，评价氦气富集有利区带。

在探索氦气成因来源判识与富集理论上，我国具有得天独厚的地质条件。无论在中西部古老克拉通盆地，还是在东部裂谷盆地，都已经发现了的富氦天然气。古老克拉通盆地以壳源型氦气为主，伴生组分主要为CH$_4$；然而东部裂谷盆地以壳幔复合型氦气为主，伴生组分复杂，包括CO$_2$、N$_2$和CH$_4$。无论哪种构造背景，富氦天然气的形成都需要外部来源氦气的贡献，通常与深部地质作用密切相关。然而，不同类型氦气资源的形成如何受到深部地质作用的影响，在哪里富集，有多大潜力等基本科学问题尚不清楚，有待深入探索与评价。

刘全有教授团队在国家自然科学基金"氦气等工业特气相关基础科学研究"专项项目"我国东部构造活动区氦气富集机理与检测技术"、中国科学院战略性先导科技专项（A类）任务"深层油气形成与分布预测"、中国科学院学部前沿交叉研判项目"氦气资源战略研究"的联合支持下，对沉积盆地氦气富集规律与成藏要素进行了系统研究并进一步归纳总结提升，整理成书出版。本书通过对已发现典型富氦气藏进行地质-地球化学解剖，探索不同构造背景下多种类型富氦天然气资源的形成机制，建立氦气成因来源与富集过程的示踪指标体系，明确氦气差异性富集的控制因素，建立东部深部流体活跃型、中西部稳定克拉通型、自生自储型三种氦气成藏模式，初步评估我国氦气资源量，提出多处氦气有利富集区带及前景区。这些方面的研究成果不仅丰富了天然气中氦气富集成藏理论,而且为氦气资源规模化发现及高效开发提供理论支撑。

氦气、氢气、无机甲烷共伴生现象在全球多种地质背景中普遍存在,与深部地质作用密切相关,是未来新型资源研究的重要探索领域。希望有更多的学者参与到氦气、氢气、无机甲烷的研究与探测中来。

中国科学院院士 金之钧

2025 年 3 月 11 日于北京大学燕园大厦

前　言

氦气具有化学惰性、沸点低等特殊的物理化学属性，被广泛应用于国防、航空航天、高端制造业、临床医学、深海潜水、低温科学等高新技术产业，是一种不可替代、关系国家能源安全和高新技术产业发展的重要稀缺性战略矿产资源。全球主要产氦国为美国、卡塔尔、阿尔及利亚、俄罗斯、波兰和澳大利亚等。当前国际形势复杂多变，全球氦气供应链、产业链受到巨大影响。长期以来，我国氦气资源对外依存度一直维持在90%以上，氦气的稳定供给受到极大挑战，给国家安全和高新技术产业发展埋下了隐患。我国并未将氦气作为独立矿产资源开展富集规律和资源评价研究，已发现的富氦气田都是在油气勘探过程中偶然发现的。因此，对氦气富集机理和资源前景认识不足，严重制约了我国氦气资源的有效探测和高效开发利用。

自然界中氦气通常有两种赋存状态：水溶态和游离态。地热水伴生气中氦气含量普遍较高，如渭河盆地地热水中平均氦气含量高于 1%，但因气体通量小而不具有经济性。从富氦天然气中提取氦气是工业上最经济的开采方式，但氦气普查结果显示我国天然气中氦气含量普遍低于工业开采阈值（0.05%~0.1%）。氦气生成速率极低，难以形成连续的氦气流，因此，氦气的迁移以及成藏需要与其他组分伴生。由于氦气成因来源的复杂，加之地质构造背景的差异，如地幔脱气、火山活动、岩浆侵入、深大断裂形成及演化等，氦气的伴生组分复杂多样，包括 CH_4、N_2、CO_2、H_2 等。伴生组分并非完全与氦气同源，且部分伴生组分由于活性非常强（如 CO_2、H_2），在运聚过程中极易消耗或转化，使得氦气成因来源判识、运聚示踪及富集机制等方面的研究面临巨大的挑战。

2016 年，Science 杂志报道澳大利亚地质学家在坦桑尼裂谷区域发现极其丰富的氦气资源；加之国际氦气市场供给持续短缺，引发了全球"氦气热"，一些具有油气、地矿勘探背景的公司和一些新组建公司纷纷开启了氦气资源勘探。与此同时，我国科技部、基金委等相关部门也启动了相关科研计划，将氦气视为单独矿种开展基础地质理论和勘探开发方面的研究，彰显了氦气作为全球新型矿产资源的重要性。富氦天然气在中西部克拉通盆地和东部断陷盆地均有发现，但类型存在显著差异，中西部克拉通盆地主要为铀钍放射性衰变形成的壳源氦，而东部断陷盆地则存在显著的幔源氦贡献，表明氦气富集成藏机制具有显著差异。

本书系统梳理全球氦气资源分布特征，初步评估我国主要沉积盆地氦气资源量，系统剖析天然气中氦气来源与赋存方式，探讨氦气成藏要素，划分天然气中氦气资源富集的三种类型，即东部深部流体活跃型、中西部稳定克拉通型、自生自储型，并建立成藏模式。同时，通过我国典型大中型天然气藏的案例分析，恢复富氦流体运聚过程，建立稀有气体分馏模型，阐明天然气中氦气富集的控制机制，明确我国天然气中氦气资源前景与远景区域。

本书第一章由刘全有、李朋朋、王晓锋完成；第二章由刘全有、李朋朋完成；第三章由李朋朋、朱东亚完成；第四章由刘全有、王晓锋、吴小奇、朱东亚、李朋朋、孟庆强完成；第五章由陶小晚、吴小奇、王晓锋、彭威龙、李朋朋、高宇、吕佳豪完成；第六章由聂海宽、陈碧莹完成；第七章由刘全有、李朋朋完成；第八章由刘全有完成。全书由刘全有负责篇章结构设计与内容编排，吴小奇和李朋朋统稿修改，并由刘全有最终定稿。本书编写过程中得到了金之钧院士、朱日祥院士、戴金星院士、刘文汇教授、徐胜教授等的悉心指导。部分原始资料收集和样品采集得到了中国石化、中国石油下属各油气分公司的大力支持。部分章节内容和图件已在国内外期刊公开发表，书中均作了引述。本书在国家自然科学基金"氦气等工业特气相关基础科学研究"专项项目"我国东部构造活动区氦气富集机理与检测技术"、中国科学院战略性先导科技专项（A 类）任务"深层油气形成与分布预测"、中国科学院学部前沿交叉研判项目"氦气资源战略研究"的联合支持下完成。

由于作者水平有限，书中难免存在不足之处，敬请读者批评指正。

刘全有

2025 年 3 月 11 日

目　　录

第一章 绪 论

第一节 氦气基本特征

氦（He）是自然界熔点和沸点最低的已知元素，在标准大气压（0.1MPa）下，熔点和沸点分别为-272.2℃和-268.93℃。在室温下，氦气是一种无色、无味、不可燃的单原子气体。空气中的氦气浓度约为 5.2ppm[①]，这是地壳脱气与氦气向外太空逃逸达到动态平衡的结果。氦气的密度为（0℃，0.1MPa）0.17847kg/m³，相对密度为 0.138。氦气是已发现气体组分中最难液化的，临界温度为-267.9℃，临界压力约为 0.225MPa。当温度降至-270.98℃时，液态氦的物理性质（如比热容、导热率、表面张力、压缩性等）发生突变，成为一种超流体。在标准大气压下，氦气是唯一不能被固化的气体组分，氦气固化需要 25 个标准大气压以上的高压环境。

氦属于最轻的惰性元素，化学性质极不活泼，通常不与其他元素或化合物相结合。在高压条件下，氦与一些其他物质形成衍生物，如富勒烯。在极高的压力条件下（110 万个标准大气压），氦能与一些其他元素形成化合物，如氦钠化合物（Na_2He）（Dong et al.，2017）。

一、氦气的用途

氦气具有强化学惰性、低沸点、低密度、低溶解度、高导热性、高比热容、高电离能、强扩散性等诸多优点，应用场景涉及工业制造、航空航天、基础科学研究、国计民生等诸多领域。气态氦的消费集中在保护气、导热、检漏、增压、吹扫、提升气、呼吸气等方面；而液态氦的消费主要集中在低温超导等方面。此外，^3He 可以作为非常理想的核聚变反应材料。相比第一代和第二代核聚变（氘-氚聚变和氘-^3He 聚变），^3He-^3He 聚变不产生中子，放射性小，反应过程易控制。

氦气的消费水平与高新技术产业的发展密切相关。自 2015 年以来，我国光导纤维、电子工业、医疗行业的用氦需求显著增加。自 2017 年，我国氦气消费量首次突破 $2000×10^4m^3$。近 3 年，受全球新冠肺炎疫情的影响，氦气消费量略有降低，但仍超过 $2000×10^4m^3$。

1) 工业制造

氦气在工业制造领域的应用非常广泛。由于强化学惰性和高导热性等特点，氦气通常用作焊接、超纯半导体（单晶硅、锗）生产、光纤通信、激光切割、液晶显示器制造的保护气，核反应堆的冷媒介质，高真空设备和高压容器的检漏气。液态氦广泛应用在低温超导冷却方面，如核磁共振成像、超导量子干涉器、粒子加速器、磁悬浮列车、高能物理等。其中，医疗行业的核磁共振成像消耗的液氦量最大。目前已知的超导材料需要在-130℃以

---

① 1ppm=$1×10^{-6}$。

下的低温中才能表现出超导特性，只有液氦能比较简便地实现如此低温的条件。工业制造是未来氦气需求增长的主要方向。

2）航空航天

氦气在航空航天领域扮演着非常重要的角色。由于强化学惰性、低沸点、强扩散性等特性，在液体燃料航天器发射中，氦气作为燃料仓和管道系统的清洗剂和检漏剂，以及燃料（液氢、液氧）加载的增压剂和冷却剂，即使在液氢的低温环境下，氦气也不会冻结。

3）基础科学研究

在精密仪器分析测试过程中，氦气通常作为载体气。一方面，氦气具有明显的化学惰性，在分析测试过程中不与被检测组分发生任何化学反应；另一方面，氦气在色谱填充柱内的溶解量、密度和黏度都很低，且与被检测组分的物理化学性质差异大，对于通过检测声速、密度、热导系数等参数变化的检测器而言，可以实现较高的检测灵敏度（李玉宏等，2023）；这些优点可以保证测试结果的准确性。

在大型强子对撞机运行过程中，液氦是不可或缺的。粒子在发生碰撞前，会先在环形隧道中运动加速，隧道中有强大的磁场约束粒子，这些磁场由超流氦冷却的超导磁体产生。在发生碰撞后，碰撞产生的巨大能量会造成大型强子对撞机过热，为了使低温系统进行快速回温，确保可靠地运行，需要液态氦进行快速冷却。

4）医疗领域

核磁共振成像（nuclear magnetic resonance imaging，NMRI）：这是一种最新的医学影像新技术，具有无放射性、成像参数多、扫描速度快、组织分辨率高、图像更清晰等优点。核磁共振成像仪的核心是超导磁体，只有在液氦营造的低温条件下才能确保产生稳定的磁场，保证高分辨率成像。

氩氦刀：学名为"低温冷冻手术系统"，其原理是焦耳-汤姆孙效应，即气体节流效应。当针尖内迅速释放氩气时，可在 10s 内将病变组织冷冻至-165～-120℃。当氦气在针尖快速释放时，会产生快速复温，使冰球快速解冻，消除肿瘤。因此，氩氦刀素有"肿瘤临床治疗的福音"的美誉。

哮喘治疗：自从 20 世纪 90 年代开始，氦氧混合气在治疗呼吸系统疾病方面［如哮喘、慢性阻塞性肺疾病（COPD）、肺心病等］取得了非常好的效果，主要是因为高压氦氧混合气可以消除气管的炎症。

5）国计民生

提升气：氦气相对密度小，在标准状况下，$1m^3$ 氦气的浮力高达 1.1kg，而且氦气又是惰性气体，因此，相比氢气，将氦气作为提升气充装气球和飞艇更可靠。

深水呼吸气：深水作业时，深潜人员需要携带高纯氦气与医用氧气（体积比约 4∶1）混合而成的呼吸气，这样可避免"潜水病（氮麻醉、氧中毒）"现象发生。另外，深水呼吸气使用氦气代替了氮气，其密度仅为普通空气的 1/3，这大大减轻了潜水员的潜水负担。

光源用气：霓虹灯的颜色与内部充填的稀有气体的种类和比例密切相关。通电后，稀有气体发生电离，带电粒子与气体原子碰撞后以光子的形式发光。氦气发出白黄色光，氖气为橙红色的光，氩为蓝色光。

二、氦气与经济发展关系

高新技术产业的发展与国家科技、经济水平息息相关。同时，高新技术产业是氦气消费的"主力军"。总体上，全球不同地区国内生产总值（GDP）占比与氦气消费占比呈正相关[图 1.1（a）]。纵观美国近 100 年的经济发展史，在进入 21 世纪之前，GDP 飞速发展，同时氦气消耗量也迅速增长，而后的 10 年，氦气消耗量从 $9000 \times 10^4 m^3$ 迅速下降至 $5000 \times 10^4 m^3$ 左右，这与该国高端制造业（主要是半导体相关产业）战略转移至亚太地区有关[图 1.1（b）]。中国作为全球第二大经济体，近 10 年统计数据显示，氦气消耗量与 GDP 保持同步增长的态势，这与氦气相关消费产业（受控气氛、低温应用）的布局密切相关[图 1.1（c）]。

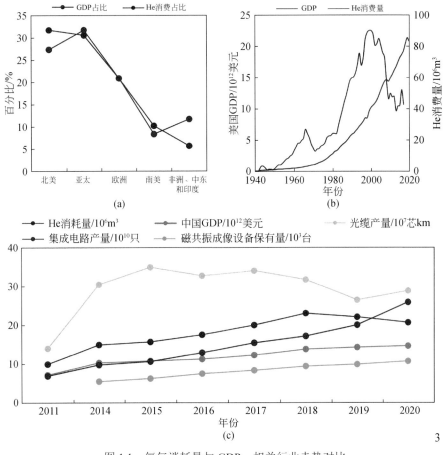

图 1.1 氦气消耗量与 GDP、相关行业走势对比

第二节 氦气产业链格局

一、氦气提纯工艺

氦气在自然界主要存在于天然气、地质流体（在地球表层主要为地层水）和富铀钍元

素的沉积岩中。从天然气中提取氦气是现今工艺条件下最经济的开采方式(彭威龙等，2022)。根据 Blue Star 氦气公司的统计结果，美国、俄罗斯等国家直接从天然气中分离和提取氦气，而卡塔尔、阿尔及利亚、澳大利亚等国家通过液化天然气闪蒸汽(Liquefied Natural Gas Boil-Off Gas，LNG-BOG)的方式进行工业制氦。从天然气中获取高纯氦气，包括粗氦(50%～70%)提取、粗氦提纯至 A 级氦。

目前的提氦工艺包括深冷法、变压吸附法、膜分离法以及多技术组合法(张丽萍和巨永林，2022)。深冷法是在低温条件下从天然气中提取氦气，而后三者是在常温条件下从天然气中提取氦气。

深冷法是基于天然气中各组分冷凝温度的不同而依次脱除杂质，从而实现氦气有效分离的工艺，该工艺是目前最成熟的提氦工艺。全球最大的氦气供应商(美国的空气化工产品公司、德国的林德集团、法国液化空气集团和日本岩谷产业株式会社)均采用该工艺提取天然气中的氦气。然而，该工艺面临成本高、能耗高等问题。

变压吸附法是在加热和催化条件下氧化天然气组分，通过吸附、减压、抽空、吹扫、增压等多个流程，实现氦气有效分离的工艺。该工艺自动化程度较高，涉及多级变压吸附，因此对设备组件的气密性要求非常高。该工艺可通过循环实现连续生产，但变压吸附法功耗高、工艺复杂等，不适合大规模氦气提取。另外，该工艺对低丰度氦气的分离效果较差。

膜分离法是基于天然气中各组分在膜两侧渗透性能的显著差异，从而实现氦气有效分离的工艺。该工艺可对低丰度氦气进行有效分离，氦气回收率很高。

多技术组合法是通过利用现有多种提氦工艺的优势，达到实现氦气有效分离，同时降低氦气提取下限、提高氦气的回收率及纯度、降低生产成本的工艺，如深冷法+膜分离法、深冷法+变压吸附法、膜分离法+变压吸附法等。

深冷法占全球提氦工艺市场份额的 90%左右(表 1.1)。近些年，常温法提氦工艺(如变压吸附、膜法、膜法+变压吸附)正在研发和逐步投运。经过 1 个世纪的全面发展，大规模氦气提纯和液化储集工艺以及关键装备制造基本被美国的公司垄断，并限制出口中国(张哲等，2022)。经过多年的技术攻关，中国已经掌握了小规模富氦天然气提氦工艺和氦气储运技术，但大型贫氦天然气提氦工艺、氦气液化和液氦储存技术仍处于探索、积累阶段(张哲等，2022)。

表 1.1　全球天然气提氦厂统计表

国家	公司名称/含油气盆地	氦产量/(10^4m³/a)	氦气含量/%	提氦工艺	投产时间
美国	阿马里洛	170	1.8	深冷法	1929 年
	Excel	679	0.9		1943 年
	Otia	142	0.7～1.4		1943 年
	Shiprock	142	5.8		1944 年
	Keys	85	2.1		1959 年
	Kerr-McGee's Helium Plant		8.2		1962 年
	Bushton		0.46		1962 年
	Ulysses		0.43		1962 年
	Liberal	9000	0.3		1963 年
	Dunasa	11100	0.66～0.71		1963 年
	Hansford		0.66～0.71		1963 年

续表

国家	公司名称/含油气盆地	氦产量 / (10^4m^3/a)	氦气含量 /%	提氦工艺	投产时间
卡塔尔	Ras Laffan-1	2070	0.04	深冷法	2005 年
	Ras Laffan-2	4140			2013 年
	Ras Laffan-3	1200			2022 年
	Ras Laffan-4	4100			2028 年
俄罗斯	Gazprom Dobycha	800	0.2~0.5	深冷法	1978 年
	Amour-1	2000	0.3~0.4		2021 年
	Amour-2	2000			2022 年
	Amour-3	2000			2024 年
	Yarakta	750			2021 年
	Markovsk	450			2025 年
澳大利亚	BOC 达尔文氦厂	2000	3	深冷法	2010 年
波兰	奥多拉诺	340	0.4	深冷法	2015 年
坦桑尼亚	氦一公司	2800	2.5~4.2	深冷法	2028 年
中国	威远气田	40	0.2	深冷法	2012 年
	鄂尔多斯盆地	725		深冷法为主	2020 年部分投产
	东胜-乌审旗	100		膜法	在建
	塔里木盆地和田河和阿克莫木气田	90		深冷法	在建
	四川盆地	35		膜法和深冷法	在建
阿尔及利亚	阿尔及利亚提氦厂	1000		深冷法	在建

二、全球氦气资源分布格局

根据美国地质勘探局（United States Geological Survey，USGS）2022 年公布的数据，全球氦气资源量为 484×10^8m^3。美国是全球氦气资源最丰富的国家，氦气资源量为 171×10^8m^3，占全球氦气资源量的 35%。美国 5 个富氦气田 [胡果顿-潘汉德（Hugoton-Panhandle）气田、克利夫赛德（Cliffside）气田、巴拿马（Panoma）气田、凯斯（Keyes）气田、雷利岭（Riley Ridge）气田] 包含了世界上 97% 的氦气资源。尽管美国已大规模开采氦气超过 60 年，但其氦气资源量仍居世界首位。卡塔尔、阿尔及利亚、俄罗斯的氦气资源量分别为 101×10^8m^3、82×10^8m^3、68×10^8m^3，分别占全球氦气资源量的 21%、17%、14% [图 1.2（a）]。USGS 根据文献中公开发表的数据对我国氦气资源量进行了粗略评估，仅为 11×10^8m^3，仅占全球氦气资源量的 2%。

全球氦气可采储量为 120.86×10^8m^3。美国可采储量高达 85.61×10^8m^3，占全球可采储量的 71%；阿尔及利亚次之，为 18×10^8m^3；俄罗斯第三，为 17×10^8m^3 [图 1.2（b）]。由于卡塔尔北方气田氦气浓度非常低，仅为 0.04%，USGS 并未公布氦气可采储量。全球其他多数国家针对氦气资源尚未开展勘探及评估，资源潜力不明。

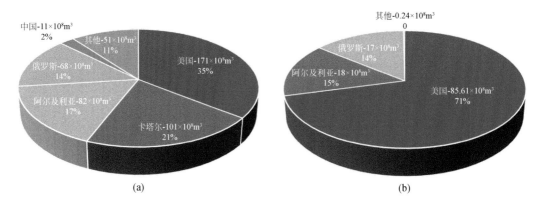

图 1.2 全球氦气资源量与可采储量分布

随着各国相继颁布氦资源保护立法以及全球氦市场需求关系变化，21 世纪初以来，国际氦市场供需矛盾突出，氦气持续短缺。一些具有油气/矿产资源勘探背景的公司以及刚组建的新公司开展了以氦气为目标的勘探活动，并取得了初步成效。2017 年，Helium One 公司在坦桑尼亚 Rukwa、Eyasi 和 Balangida 盆地/地区发现了丰富的氦气资源，初步评估 Rukwa 盆地氦气地质资源量约为 $27.8×10^8m^3$（Danabalan et al.，2022）。在 2019～2022 年，我国发现了和田河、东胜两个富氦气田（陶小晚等，2019；彭威龙等，2022），落实氦气可采储量约为 $4×10^8m^3$。此外，塔里木盆地阿克莫木气田（彭威龙等，2023），柴达木盆地东坪气田（张晓宝等，2020），鄂尔多斯盆地大牛地气田、黄龙气田、庆阳气田和石西区块（刘超等，2021；Liu et al.，2022；范立勇等，2023），四川盆地及其周缘寒武系页岩气和金秋气田等（Cao et al.，2018；罗胜元等，2019；淡永等，2023）均具有良好的氦气含量显示，氦气资源潜力需要进一步评估。据 Gasworld 报道，大约 30 多家初创公司在美国西南部、加拿大萨斯喀彻温省和阿尔伯塔省，以及坦桑尼亚、澳大利亚、南非等国家或地区从事氦气勘探（贾凌霄等，2022），印度尼西亚、韩国、日本等国家也在积极进军氦气供应领域（Kornbluth，2021）。北美氦气公司（NAH）、皇家氦气公司（Royal Helium）、帝国氦气公司（Imperial Helium）、全球氦气公司（Global Helium）、阿凡提能源公司（Avanti Energy）、沙漠山能源公司（Desert Mountain Energy）在加拿大萨斯喀彻温省、阿尔伯塔省和美国蒙大拿州、亚利桑那州等部分地区开展专门针对氦气资源的勘探，这些地区主要分布 He-N_2 气田，氦气资源潜力巨大，可能成为北美地区氦气增产的新动力。

三、全球氦气产-消格局

自从美国于 1903 年发现了全球首个富氦气田以来，美国在资源端、技术端和贸易端几乎一直垄断着全球氦贸易市场。截止到 2020 年底，全球共有约 21 座大型提氦工厂，其中，美国高达 15 座，卡塔尔 2 座，阿尔及利亚、俄罗斯、波兰、澳大利亚各 1 座，因此，在 2012 年之前，美国一直供应着全球约 80%的氦气消费量（秦胜飞和李济远，2021）。在全球十大高纯工业氦气供应商中，美国资本控股企业超过半数，在十大氦气压缩机生产商中，美企同样占据半壁江山（唐金荣等，2023）。

近些年，由于美国关键供应源（阿马里洛氦气产-输-储体系）资源量持续减少，法定最低库存限制拍卖量，以及卡塔尔、阿尔及利亚、俄罗斯等国家新增产能增加，美国氦气产量正在以每年约 10% 的速率下降。截止到 2021 年底，美国氦气产量降至 $7700 \times 10^4 \mathrm{m}^3$，但仍居世界首位（图 1.3）。随着 LNG-BOG 提氦工艺的不断发展，近 10 年，卡塔尔氦气产量呈 "爆发式" 增长，2021 年氦气产量高达 $5100 \times 10^4 \mathrm{m}^3$，位居全球第二（图 1.3）。然而，美国的埃克森美孚（Exxon Mobil）公司为卡塔尔北方气田 LNG-BOG 提氦工厂提供设备及开采技术，意味着氦气生产和销售本质上也受控于美国。同年，阿尔及利亚和俄罗斯的氦气产量分别为 $1400 \times 10^4 \mathrm{m}^3$ 和 $900 \times 10^4 \mathrm{m}^3$（图 1.3）。

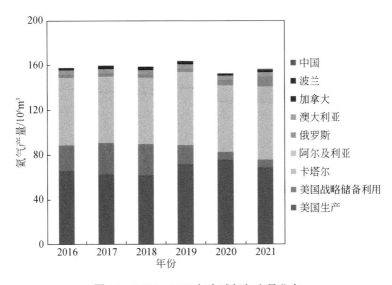

图 1.3 2016~2021 年全球氦气产量分布

全球氦气贸易实行配额制，氦气产量由埃克森美孚公司、空气化工产品有限公司（Air Products and Chemical, Inc.）、法国液化空气集团（Air Liquide）、林德集团（The Linde Group）等几个国际气体公司通过长期贸易协议完成额度分配。除俄罗斯外，其余国家氦气资源分配话语权基本由美国资本掌握。2022 年，除空气化工公司外，所有供应商都宣布因不可抗力减少了对其客户的配额（合同数量的 45%~60%）。

进入 21 世纪以来，随着高新技术产业的飞速发展，特别是在低温超导、制造业、第四代核反应堆冷却、航空航天等领域，全球氦气需求量急剧增加，出现供不应求的局面。近20 年来，氦气年产量均超过 $1.5 \times 10^8 \mathrm{m}^3$（图 1.3），但满足不了全球氦气市场需求（约 $2 \times 10^8 \mathrm{m}^3$）。据俄罗斯相关机构预测，2030 年全球氦气需求量将超过 $2.2 \times 10^8 \mathrm{m}^3$，可能达到 $3 \times 10^8 \mathrm{m}^3$（秦胜飞与李济远，2021）。随着俄罗斯（AGPP）、卡塔尔（Ras Laffan-3 和-4）、坦桑尼亚（Helium One）、阿尔及利亚（阿尔及利亚提氦厂）、中国提氦工厂的陆续投产，预计到 2030 年，全球氦气产量将增加 $1.7 \times 10^8 \mathrm{m}^3$，全球氦气供需关系可能会向宽松态势转变，甚至可能出现少量或部分盈余。与此同时，全球氦气的供应格局可能会悄然发生变化，由美国占据半壁江山转变为 75% 来自俄罗斯、卡塔尔和阿尔及利亚（张哲等，2022）。

根据 Thor Resources 公司 2021 年的统计结果，全球氦气主要应用在低温（NMRI、低温超导）、气氛控制（高端制造业，如半导体、液晶显示器、光纤）、增压/吹扫（航空航天、液体燃料火箭、导弹等)、焊接等领域。与 2016 年相比,2021 年氦气在低温、增压/吹扫领域的消费有小幅增加;然而氦气在高端制造业、高端材料焊接领域的消费呈显著增加,增幅分别为 9%和 4%(图 1.4)。从氦气消费的区域来看,北美地区占 42%、亚太地区占 32%、欧洲地区占 20%,中东和非洲地区占 6%(唐金荣等,2023)。在北美地区,医疗保健行业是氦气最重要的消费终端。

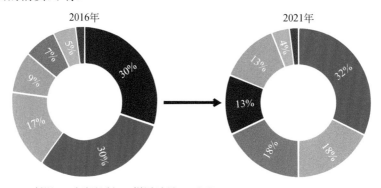

2016 年   2021 年

■ 低温 ■ 气氛控制 ■ 增压/吹洗 ■ 焊接 ■ 检测 ■ 呼吸气 ■ 其他

图 1.4   2016 年与 2021 年全球氦气消费领域占比(据唐金荣等,2023 修改)

四、我国氦气产-消现状

我国尚未形成自主的氦气产业,短期内无法摆脱氦气高度依赖进口(对外依存度约 90%)的局面。无论从资源端还是技术端来看,目前我国均不具备从天然气(尤其是低丰度含氦天然气)中大规模提氦的能力。然而,从消费端来看,我国却是全球第二大氦气消费终端,仅次于美国,2022 年氦气消费量为 2404×10^{4}m^3,其中,氦气进口量高达 2209×10^{4}m^3(唐金荣等,2023),这使得国家用氦安全面临极高风险。

我国从威远气田天然气中提氦始于 20 世纪 60 年代,提氦试验 1 号装置由成都天然气化工总厂设计,采用的提氦工艺为深冷法,提氦能力约为 2×10^{4}m^3/a。因气田开发措施存在问题,以及提氦工艺成本偏高,该套提氦装置曾于 2004 年停产。2012 年,经过一系列技术攻关和核心器件升级,该套提氦装置重新恢复生产,提氦能力约为 40×10^{4}m^3/a。威远气田经过 60 多年的开采,天然气资源枯竭,目前氦气产量仅为 3×10^4～5×10^{4}m^3/a。

根据 Dai 等(2017)提出的氦气田工业划分标准,近 3 年,我国在塔里木盆地西南部、鄂尔多斯盆地北缘相继发现了两个特大型富氦气田,即和田河气田和东胜气田(陶小晚等,2019;彭威龙等,2022),油田相关部门正在积极部署氦气产能基础建设,同时科研团队正在探索和攻关新型提氦工艺,力求突破低品位含氦天然气的低成本提氦技术,加速提氦关键元器件国产化进程,降低国家用氦风险。2020 年 7 月,中国科学院理化技术研究所联合企业自主研发了国内首套 LNG-BOG 提氦-液化装备,该套装备已在宁夏盐池深燃众源天然气液化厂进行先导试验,运行良好。据初步统计,内蒙古兴圣天然气有限责任公司等在鄂尔多斯盆地北部已建成了 225×10^{4}m^3/a 的提氦产能;国内拟在建的天然气提氦产能约 725×10^{4}m^3/a,包括塔里木盆地和田河和阿克木气田氦气产能 90×10^{4}m^3/a、陕北氦气产能 500×10^{4}m^3/a、东胜-乌审旗氦气产能 100×10^{4}m^3/a、四川盆地及其周缘的产能 35×10^{4}m^3/a,

提氢工艺仍以深冷法为主（表 1.1）。随着我国提氢工艺的突破与完善以及产能建设的飞速发展，我国的氦气产量快速增加，2019 年氦气产量首次突破 $50 \times 10^4 m^3$，2021 年高达 $130 \times 10^4 m^3$（图 1.5）。

图 1.5　2014～2021 年中国氦气进口量与产量

自 2011 年起，中国的氦气消费量显著增加，2018 年高达 $2346 \times 10^4 m^3$，同年增长率最大，超过 15%，明显高于全球氦气消费的增长率（4%～6%）。受全球新冠肺炎疫情的影响，2020 年和 2021 年氦气消费量略有降低，但仍高于 $2000 \times 10^4 m^3$。《"十四五"大战略与 2035 远景》提出"经济增长倍增"规划和目标，即用 15 年的时间实现经济总量和人均水平翻一番，预计 2035 年我国 GDP 将达到 200×10^4 亿元（图 1.6）。基于近 8 年（2014～2021 年）氦气消费量与国内生产总值之间的相关性，如果不存在主要氦气消费终端产业战略转移至其他国家和地区的现象，预计 2035 年我国氦气消费量将超过 $3500 \times 10^4 m^3$（图 1.6）。

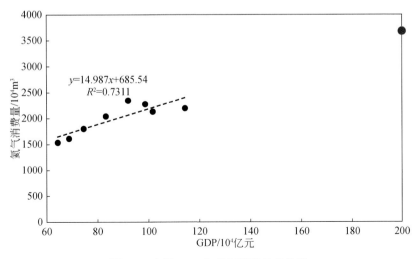

图 1.6　中国 GDP 与氦气消费量相关性

从下游氦气应用领域来看，中国与全球并无显著差别。氦气主要应用在低温、气氛控制、焊接、增压/吹扫等领域，其中 NMRI 为氦气最大的消费终端，占比达 28%（图 1.7）。

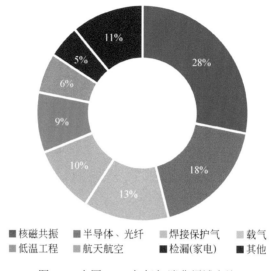

图 1.7　中国 2020 年氦气消费领域占比

第三节　国外富氦气田概述

一、美国

美国 97% 的氦气储量都集中在五大气田中：堪萨斯州-俄克拉何马州-得克萨斯州的胡果顿-潘汉德（Hugoton-Panhandle）气田包括胡果顿（Hugoton）气田与潘汉德西部（Panhandle West）气田、堪萨斯州的巴拿马（Panoma）气田、俄克拉何马州的凯斯（Keyes）气田、怀俄明州的雷利岭（Riley Ridge）气田，以及位于得克萨斯州的克利夫赛德（Cliffside）气田（表 1.2）（Broadhead，2005）。此外，科罗拉多州的雌鹿谷二氧化碳（Doe Canyon CO_2）气田、亚利桑那州的戴恩拜科亚（Dineh-bi-Keyah）气田和犹他州的哈雷穹顶（Harley Dome）气田、新墨西哥州的佩科斯斜坡气田（Pecos Slope）等也有氦气产量（图 1.8）。

表 1.2　美国六大氦气田统计表

序号	氦气田名称	所在地	氦气含量/%
1	胡果顿（Hugoton）	堪萨斯州、俄克拉何马州、得克萨斯州	0.20～1.18
2	巴拿马（Panoma）	得克萨斯州	0.4～0.6
3	凯斯（Keyes）	俄克拉何马州	1.0～2.7
4	潘汉德西部（Panhandle West）	得克萨斯州	0.15～2.10
5	雷利岭（Riley Ridge）	怀俄明州	0.5～1.3
6	克利夫赛德（Cliffside）	得克萨斯州	氦气储库

注：数据源自 Pacheco（2002）。

图 1.8　美国主要富氦气田位置图

胡果顿-潘汉德（Hugoton-Panhandle）气田发现于 1910 年，由北部的胡果顿（Hugoton）气田和南部的潘汉德西部（Panhandle West）气田组成，是全世界面积最大的气田之一，也是全球最著名的富氦天然气田，探明天然气储量约 $3.1442 \times 10^{12} \mathrm{m}^3$，平均氦含量为 0.49%，$^3He/^4He$ 值为 0.14~0.26Ra，表明氦主要为壳源成因，含有微量幔源氦（张宇轩等，2022）。

二、卡塔尔

卡塔尔的氦气主要来自北方气田（North Field）的液化天然气（liquefied natural gas，LNG），北方气田位于卡塔尔半岛东北岸（图 1.9），面积超 $6000 \mathrm{km}^2$，可采储量超过 $25.49 \times 10^{12} \mathrm{m}^3$，是世界上最大的天然气田，占世界已知储量的 10%。因此，尽管北方气田天然气的氦气含量很低，约 0.04%，需依靠 LNG-BOG 提氦技术才能具有商业利用价值，但因其极高的天然气储量，仍拥有十分丰富的氦气资源。

三、阿尔及利亚

阿尔及利亚天然气中的氦气也需利用液化天然气-闪蒸汽（LNG-BOG）提氦技术才具商业利用价值，主要来自哈西鲁迈勒（Hassi R'Mel）气田（图 1.10），该气田占阿尔及利亚

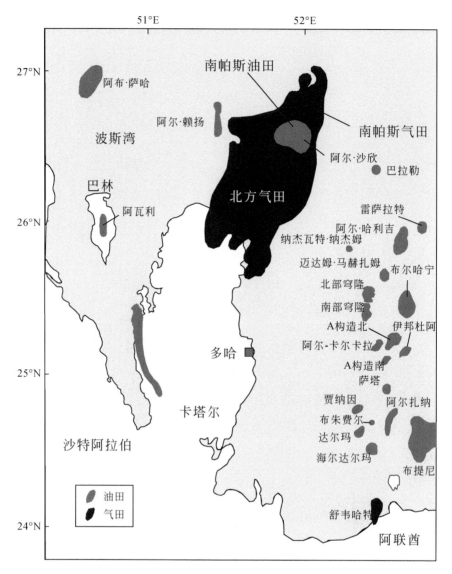

图 1.9 北方气田位置图

天然气出口的 60%，氦气含量为 0.09%～0.22%，平均含量为 0.19%，氦气资源量约 45.6×$10^8 m^3$（Nuttall et al.，2012a，2012b）。

四、俄罗斯

俄罗斯的富氦天然气田约 170 余个，主要包括北里海（Northern Caspian Sea）地区的奥伦堡（Orenburg）气田、雅库特（Yakutia）地区的恰杨达（Chayanda）气田、西伯利亚东部（Eastern Siberia）地区的科维克塔（Kovykta）气田。

西伯利亚东部及远东地区氦气储量（苏联储量标准 A+B+C_1+C_2 级总量）约为 162×$10^8 m^3$，占俄罗斯氦气总储量的 86.4%（Yakutseni，2014），推测和潜在资源量（苏联储量标准 C_3+D 级总量）为 300×10^8～350×$10^8 m^3$，西伯利亚东部及远东不同地区平均氦气含量为 0.13%～0.67%（图 1.11，表 1.3）。

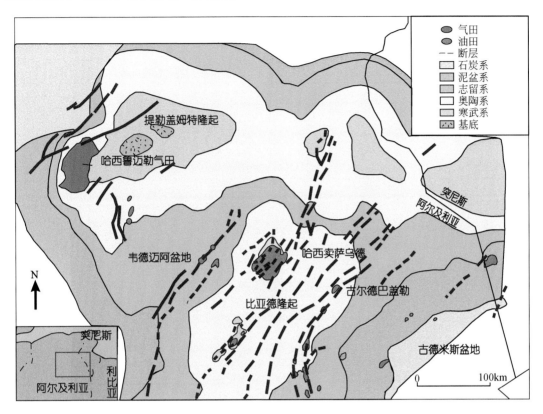

图1.10　哈西鲁迈勒气田位置图（张宇轩等，2022）

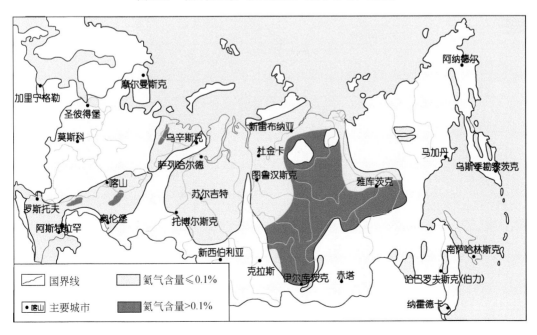

图 1.11　俄罗斯含油气盆地氦气含量分布图（Yakutseni，2014；陈践发等，2021）

表 1.3　俄罗斯主要富氦气田统计表（Yakutseni，2014）

序号	氦气田名称	所在地	氦气含量/%	氦气储量/10⁶m³
1	索宾斯科（Sobinskoe）	埃文基自治区	0.57	907
2	尤鲁布切诺-托霍姆斯科耶（Yurubcheno-Tokhomskoye）	埃文基自治区	0.18	721
3	杜利斯明斯科耶（Dulisminskoye）	伊尔库茨克	0.16	205
4	科维克金斯科耶（Kovyktinskoye）	伊尔库茨克	0.26～0.28	5062
5	维肯涅维柳尚斯科耶（Verkhnevilyuchanskoye）	萨哈（雅库特）共和国	0.13～0.17	280
6	塔斯-尤里亚赫斯科耶（Tas-Yuryakhskoye）	萨哈（雅库特）共和国	0.38	459
7	中博托宾（Srednebotuobinskoe）	萨哈（雅库特）共和国	0.2～0.67	664
8	恰杨达（Chayandinskoe）	萨哈（雅库特）共和国	0.43～0.65	7190

五、波兰

波兰的氦气主要分布在东欧板块苏德台单斜外围的奥斯特鲁夫-维尔科波尔斯基（Ostrow-Wielkopolski）奥多拉努夫（Odolanów）富氦气田，根据波兰地质研究所（Polish Geological Institute）的资料显示，当前共计发现 18 个氦气田（表 1.4），氦气含量为 0.22%～0.42%，储量约为 23.71×10⁶m³，波兰的氦气远景资源量预估为 34.68×10⁶m³。

表 1.4　波兰主要富氦气田统计表

序号	氦气田名称	生产状况	储量/10⁶m³ A+B	C	产量/10⁶m³
1	博格代-乌切赫夫（Bogdaj-Uciechów）	在产	10.42	—	0.23
2	布日斯托沃（Brzostowo）	停产	—	—	—
3	奇乌佐夫（Czeszów）	在产	0.9	—	—
4	丹比纳（Dębina）	详探	0.29	—	—
5	古拉（Góra）	在产	0.37	—	0.06
6	格拉布夫卡 E（Grabówka E）	停产	0.08	—	—
7	格罗霍维采（Grochowice）	在产	2.09	—	0.1
8	坎德莱沃（Kandlewo）	详探	0.11	0.36	—
9	库洛夫（Kulów）	详探	0.05	—	—
10	纳拉图夫（Naratów）	在产	0.18	—	0.02
11	尼耶赫洛夫（Niechlów）	在产	0.05	—	0.02
12	帕科斯瓦夫（Pakosław）	详探	1	—	—
13	斯卢布夫（Ślubów）	在产	0.26	—	0.02
14	塔哈尔 Tarchały（d.g.+cz.s.）	在产	4.13	—	0.08
15	特日布什（Trzebusz）	在产	—	1.44	0.02
16	威尔奇-红色岩层（Wilcze-czerwony spąg.）	详探	0.8	0.72	—
17	威尔科夫（Wilków）	在产	0.34	—	0.13
18	维索科马莱 E（Wysocko Małe E）	在产	0.12	—	—
	合计		21.19	2.52	0.68

注：数据源于波兰地质研究所，数据更新至 2022 年 12 月 31 日。

六、加拿大

加拿大目前已探明的氦气资源通常位于富含氮气的储层中，并伴生有少量 CO₂ 或其他气体（贾凌霄等，2022），位于加拿大不列颠哥伦比亚省西北部的 Slave Point、Jean Marie 和 Wabamun 组气藏中发现了含量为 0.04%～0.24% 的氦气，Horn River 组 Evie 段的页岩气有 0.04% 的氦气显示（Johnson，2013）。

七、坦桑尼亚

Danabalan（2017）在坦桑尼亚西南部的鲁夸地区发现了氦气浓度达 2.5%～4.2% 的天然气。此外，坦桑尼亚中东部的巴兰吉达（Balangida）和埃亚西（Eyasi）裂谷盆地的温泉气中的氦气含量高达 10.5%。坦桑尼亚目前发现了 5 个富氦气苗，氦气含量为 2.7%～10.6%，^{3}He/^{4}He 值为 0.039～0.053Ra，为壳源成因。

第四节 中国富氦气田概述

中国氦气资源分布广泛，层位众多（表 1.5）。中西部的氦气资源主要分布在鄂尔多斯、四川、塔里木、柴达木、渭河等大型克拉通盆地和裂谷盆地中，以壳源为主；而东部的氦气资源主要分布在郯庐断裂带两侧的含油气盆地中，为幔源、壳源混合成因，以幔源为主（图 1.12）。

表 1.5 中国部分含氦天然气田（藏）特征统计表（据李玉宏等，2018）

分区	盆地	位置	层位	氦气含量	氦气来源	地质背景特征
中西部大型克拉通盆地和裂谷盆地	四川盆地	威远气田	震旦系	0.2%左右，最高0.36%	壳源为主	发育在前震旦纪花岗岩之上；储层富铀，断层、裂隙发育
	塔里木盆地	巴楚隆起、沙雅隆起等	古生界、中生界	0.05～2.19%	壳幔混源，壳源为主	二叠纪火山活动提供了丰富的氦源；有深大断裂
	柴达木盆地	北缘	中生界	0.075%～1.069%	壳源为主	中生代地层中有铀矿化异常，铀衰变产生氦气，断裂较发育
	渭河盆地	咸渭凸起、西安、固市凹陷	新生界	最高达10%以上	壳幔混源，壳源为主	盆地南部靠近秦岭，大面积分布燕山期花岗岩；盆地内有深大断裂
东部郯庐断裂带	松辽盆地	北部多个凹陷	中生界	0.102%～0.404%，最高2.104%	壳幔混源，幔源为主	周围分布火山岩；氦气与二氧化碳生成关系密切，二氧化碳生成在喜马拉雅期
	渤海湾盆地	济阳坳陷	新生界	2.08%～3.08%	壳幔混源，幔源为主	控制气藏形成的断层中生代以来持续活动，深大断裂是主控因素；与岩浆活动密切相关
	苏北盆地	黄桥、溱东、金湖地区	新生界	0.08%～1.34%	壳幔混源，幔源为主	靠近郯庐断裂；燕山期、喜马拉雅期有强烈的岩浆活动；形成幔源含氦二氧化碳气藏
	海拉尔盆地	乌尔逊断裂	中生界、新生界	0.003%～0.198%	壳幔混源，幔源为主	均分布于深大断裂、燕山期花岗岩侵入体附近

一、鄂尔多斯盆地

东胜气田位于鄂尔多斯盆地北缘杭锦旗地区的，天然气中氦气含量为 0.045%～0.487%，探明储量 $2.444 \times 10^8 m^3$，控制储量 $4.270 \times 10^8 m^3$，预测储量 $1.590 \times 10^8 m^3$，合计地质储量 $8.304 \times 10^8 m^3$（何发歧等，2022）。东胜气田上古生界天然气伴生氦气 $^3He/^4He$ 值为 1.83×10^{-8}～6.25×10^{-8}，均值为 3.14×10^{-8}，表明氦气为壳源成因（王杰等，2023）。

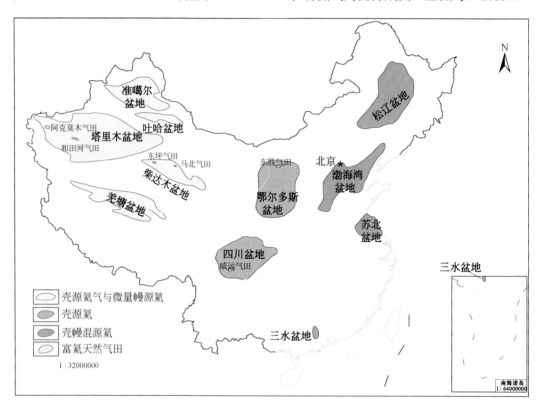

图 1.12　中国主要含油气盆地氦气成因类型（秦胜飞等，2022）

庆阳气田位于鄂尔多斯西南部，天然气三级地质储量超过了 $2000 \times 10^8 m^3$，具有可观的开发远景（夏辉等，2022），庆阳气田庆 1 区共 66 口井的氦气含量为 0.122%～0.205%，平均值为 0.141%（范立勇等，2023）。

二、四川盆地

威远气田位于四川盆地西南部，是我国最早进行氦气工业开采利用的富氦气田，也是我国乃至世界储集层最老（震旦系灯影组）的气田之一，威远气田于 1964 年发现，是我国第一个整装大气田，探明地质储量为 $408 \times 10^8 m^3$，对我国初期的天然气现代化工业发展，作出了重要贡献（戴金星，2003）。威远气田天然气中普遍含氦，含量为 0.19%～0.36%，$^3He/^4He$ 值为 2.9×10^{-8}，属于典型的壳源成因（王佩业等，2011；秦胜飞等，2022）。

三、塔里木盆地

塔里木盆地塔西南、塔北、塔中地区均展现出一定的氦气富集前景，氦气含量为0.05%~2.19%，且绝大部分天然气样品的 $^3He/^4He$ 值为 0.015~0.091Ra，属壳源成因（常兴浩和宋凯，1997；余琪祥等，2013）。位于塔里木盆地巴楚隆起东南缘的和田河气田氦气含量为 0.26%~0.53%，为壳源成因，折算氦气探明储量为 $1.9591\times10^8m^3$（陶小晚等，2019）。

四、柴达木盆地

柴达木盆地阿尔金山前东段自东向西依次分布有冷北、牛东、东坪、尖顶山等斜坡，东坪气田位于东坪斜坡，氦气含量为0.075%~1.069%，$^3He/^4He$ 值为 1.01×10^{-8}~2.21×10^{-8}，为壳源成因（张晓宝等，2020）。

马北油气田位于柴北缘东部，天然气中氦气含量为0.17%~0.81%，平均含量为0.28%，$^3He/^4He$ 值为 5×10^{-8}，为壳源成因（韩伟等，2020）。

柴达木盆地北缘的团鱼山地区和全吉山地区天然气样品中氦气含量为0.47%~1.14%，$^3He/^4He$ 值介于 3×10^{-8}~130×10^{-8}，表明氦气以壳源为主，幔源氦贡献份额为 0.12%~11.69%（张云鹏等，2016；杨振宁等，2018）。

五、渭河盆地

渭河盆地位于鄂尔多斯盆地与秦岭造山带之间，是近东西向展布的一个新生代断陷盆地，盆地内西安凹陷和固市凹陷的地热井中水溶氦气资源十分丰富。地热井伴生气氦气含量为0.38%~3.23%，$^3He/^4He$ 值为 2.2×10^{-8}~9.5×10^{-8}，为典型的壳源成因（韩元红等，2022）；按其井口气水分析资料，取气水比 1:10，按气体中氦体积分数为1%计算，渭河盆地的水溶氦气资源量可达 $14.78\times10^8m^3$（李玉宏等，2016）。

六、松辽盆地

松辽盆地位于中国东北部，地处伊兰-伊通断裂以西、大兴安岭以东地区，可依据边界断裂和基底形态划分为六个构造单元（赵欢欢等，2023）。松辽盆地北部氦气藏中氦气含量一般为0.102%~0.404%，但其中个别井（如汪9-12井）的氦含量达到了2.104%，其 $^3He/^4He$ 值范围为 1.43×10^{-7}~4.21×10^{-6}，为壳幔混合成因，并且存在南北差异，北部幔源氦的比例更高（冯子辉等，2001；赵欢欢等，2023）。

七、渤海湾盆地

渤海湾盆地东南部的济阳拗陷花沟地区内发现了多口具有氦气异常显示的气井，其中以花501井最为典型，氦气含量高达2.08%~3.08%，$^3He/^4He$ 值为 4.34×10^{-6}~4.47×10^{-6}，为壳幔混合成因（车燕等，2001；顾延景等，2022）。

八、苏北盆地

苏北盆地位于郯庐断裂带东侧，为大陆裂谷盆地，苏北盆地东台拗陷黄桥地区、溱潼凹陷、金湖凹陷和江苏溪桥地区都发现氦气显示。黄桥深层含氦二氧化碳气田氦气含量为0.01%～0.23%；浅层溪桥气田是以氮气为主、甲烷与二氧化碳为辅的混合气田，氦气含量为0.48%～1.34%，$^3He/^4He$ 值为 1.75×10^{-6}～4.9×10^{-6}，为壳幔混合来源（陶明信等，1997；张雪等，2018；陈践发等，2021）。

第五节　氦气资源基础研究面临关键科学问题

由于过去我国石油天然气工业发展效仿苏联，将氦气视作伴生资源，未对独立矿种开展针对性的研究和技术攻关，但近二十年来我国天然气勘探表明，我国天然气资源比较丰富、类型多样、分布广、含气层段复杂，俄罗斯或者美国、加拿大等的发展模式难以适应我国氦气勘探需求，我们必须攻关适合本国国情和资源禀赋特征的氦气基础理论与技术研究。

以油气资源为目标的勘探技术日渐成熟，而氦气作为新兴战略性资源的勘探技术鲜有报道。在国家多个层面专项的资助下，我国氦气基础理论和探测技术取得了阶段性进展，发现了独立的氦资源富集区，但我国氦气资源聚集机理和资源潜力仍不清晰，分布规律有待进一步厘清。我国天然气中氦气资源面临的基础研究问题主要包括以下几个方面。

（1）我国天然气中氦气资源丰富，但丰度偏低，亟待加强不同类型盆地、区带和天然气藏中氦气来源的研究，从氦气资源的供给上阐明氦气资源潜力。

（2）我国天然气中普遍含有氦气，但不同类型气藏氦气分布不均，亟待加强氦气聚集要素的研究，揭示氦气资源从源到储的驱动方式。

（3）我国天然气藏具有类型多、产层多等特点，但天然气与氦气富集层段不完全匹配，亟待加强氦气在不同岩石中赋存、吸附与扩散途径，揭示氦气富集机理。

（4）我国天然气往往经历了多期成藏过程，但氦气与天然气成藏过程存在显著差异性，亟待加强氦气分布规律研究，阐明富氦天然气成藏主控因素。

虽然我国已发现天然气中氦资源丰富，但贫氦资源多、富氦资源少，氦气资源分布不均，仅依托天然气勘探来发现富氦资源效率很低。富氦天然气成藏要素和氦气资源评价是阐明天然气中氦气资源前景的物质基础，典型富氦/含氦天然气藏的解剖与类比是查明氦气差异性富集的重要手段，加强天然气中氦气富集和分布规律研究是指导富氦资源探测的关键途径。

第二章 天然气中氦气地球化学特征

第一节 氦气含量及氦同位素

基于天然气中氦气的富集程度，前人提出了多种分类方案。美国于 1925 年颁布的氦保护条例规定，当天然气中氦气含量超过 0.3%时必须进行提氦，这表明氦气含量超过 0.3%的天然气具有非常好的经济价值（Danabalan，2017）。徐永昌等（1996）认为天然气中氦气含量达到0.05%～0.1%以上就具有工业制氦价值。Dai 等（2017）认为氦气含量小于0.005%为极度贫氦天然气、介于 0.005%～0.05%为贫氦天然气、介于 0.05%～0.15%为含氦天然气、介于 0.15%～0.5%为富氦天然气、超过 0.5%为特富氦天然气。参照前人的分类方案，结合现今的提氦工艺，本文中将天然气中氦含量小于 0.05%、0.05%～0.1%、0.1%～0.3%、大于 0.3%称为贫氦、含氦、富氦、特富氦天然气。

根据全球 1134 个天然气气体组分的数据体，天然气中氦气含量差异巨大，在 0～19.1%之间。其中，613 个天然气样品中氦气含量低于 0.05%，占比 54%，属于贫氦天然气；166 个天然气样品中氦气含量介于 0.05%～0.1%，占比 15%，属于含氦天然气；219 个天然气样品氦气含量介于 0.1%～0.3%，占比 19%，属于富氦天然气；136 个天然气样品中氦气含量大于 0.3%，占比 12%，属于特富氦天然气（图 2.1）。

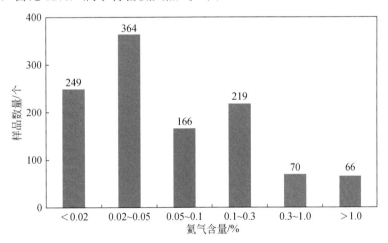

图 2.1　全球 1134 个天然气样品中氦气含量频率分布图

天然气中氦有三种来源：大气氦、壳源氦和幔源氦。大气氦主要通过火山喷发、岩浆脱气和岩石风化作用释放出来，由于氦气的分子质量小，大气中的氦气不断向外太空逸散，干燥大气中氦气的体积含量仅为 5ppm 左右，是地球脱气过程与外太空逸散过程动态平衡的结果（Ballentine and Burnard，2002；Ozima and Podosek，2002）。因此，大气氦通过地下水循环进入圈闭中富集成藏可忽略不计。壳源氦是岩石中的铀、钍元素通过 α 衰变（$^{238}U \rightarrow 8^4He+6\beta+^{206}Pb$，$T_{1/2}=4.468\times10^9$ 年；$^{235}U \rightarrow 7^4He+4\beta+^{207}Pb$，$T_{1/2}=7.1\times10^8$ 年；$^{232}Th \rightarrow 6^4He+4\beta+^{208}Pb$，$T_{1/2}=1.401\times10^{10}$ 年）形成的，主要为 ^4He，是目前工业开采利用的主要类型（Oxburgh et al., 1986；Ballentine and Burnard, 2002）。幔源氦是地球形成初期捕获原始大气中的氦，主要为 ^3He，在构造活动区，幔源氦伴随幔源组分沿深大断裂体系进入沉积壳层流体系统（Oxburgh et al., 1986；徐永昌等，1990）。

根据氦同位素（$^3He/^4He$ 值）可对天然气中氦气的成因进行判识。壳源 $^3He/^4He$ 值为 $n\times10^{-8}$ 量级，通常选取 2×10^{-8} 作为端元值。幔源 $^3He/^4He$ 值为 $n\times10^{-6}$ 量级，通常选取 1.1×10^{-5} 作为端元值（Lupton, 1983；徐永昌等，1990；Ballentine and Burnard, 2002）。我国含油气盆地天然气中氦同位素呈现显著的区带性。在西太平洋俯冲的构造背景下，幔源挥发分（含丰富的 ^3He）沿深大断裂体系向上运移进入沉积壳层聚集，因此，东部构造活动区 $^3He/^4He$ 值在 $n\times10^{-7}\sim n\times10^{-6}$ 量级，属于壳幔复合型，幔源氦贡献最大可达 88%。对于中西部克拉通盆地而言，因缺乏大量的幔源流体输入到沉积盆地，$^3He/^4He$ 值在 $n\times10^{-8}\sim n\times10^{-7}$ 量级，以壳源型为主（图 2.2），幔源氦贡献一般不超过 5%。

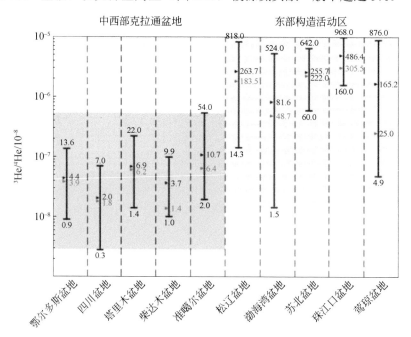

图 2.2　中国典型含油气盆地氦同位素特征

数值从下到上分别为最小值、中位数、平均值、最大值

第二节　中国典型氦气田地球化学特征

一、中西部克拉通盆地

总体来看，对于中西部克拉通盆地而言，柴达木盆地平均氦气含量最高，为 0.216%，

塔里木盆地次之，为 0.200%，鄂尔多斯盆地、四川盆地和准噶尔盆地平均氦气含量介于 0.040%~0.080%（图 2.3）。而且，中西部克拉通含油气盆地天然气中氦气含量平均值总是高于中值（图 2.3），表明存氦气含量低于平均值的天然气样品数量超过一半。He 的伴生组分主要为 CH_4，CH_4 含量通常超过 60%，N_2 含量不超过 30%，CO_2 含量不超过 10%。整体上，He 含量与 CH_4 含量呈负相关 ［图 2.4（a）］，而与 N_2 含量呈正相关 ［图 2.4（b）］，He 含量与 CO_2 含量无明显相关性 ［图 2.4（c）］。

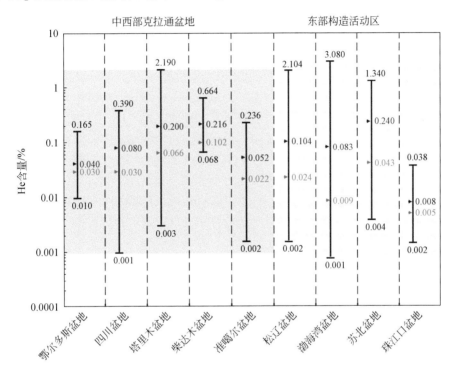

图 2.3　中国典型含油气盆地氦气含量特征

数值从下到上分别为最小值、中位数、平均值、最大值

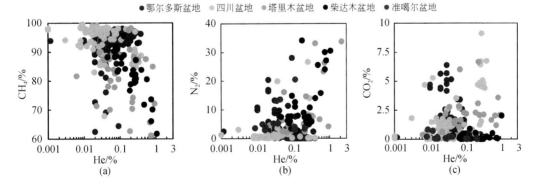

图 2.4　中西部克拉通盆地氦气与伴生组分相关性

数据来源于 Dai 等（2009a，2017）；刘全有等（2014）；Ni 等（2014）；Liu 等（2022）；陶小晚等（2019）；Peng 等（2022）；秦胜飞等（2022）

鄂尔多斯盆地北缘的东胜气田氦气含量为 0.045%～0.487%（166 口井）（何发岐等，2022），N_2 含量相对偏低（0～7.61%），平均为 0.7%，氦气主要分布在二叠系石盒子组致密砂岩中，初步分析表明氦气可能有多个来源，包括基底花岗岩-变质岩体、石炭系本溪组铝土岩、石炭系—二叠系煤系烃源岩。鄂尔多斯盆地东缘的石西区块氦气含量为 0.02%～0.23%（25 口井 81 个天然气样品），氦气在石炭系—二叠系煤系地层和二叠系石盒子组致密砂岩中均有分布（刘超等，2021），且来源复杂。庆阳和黄龙气田有良好的氦气资源显示，氦气含量分别为 0.068% 和 0.233%。大牛地、苏里格、榆林、神木、靖边、子洲气田的氦气含量普遍低于目前深冷法提氦工艺的下限（0.05%），属于贫氦天然气（Wang et al.，2022）。综上所述，鄂尔多斯盆地全盆含氦，富氦区集中分布在盆地边缘，尤其是北缘和东缘。

塔里木盆地和田河气田氦气含量为 0.27%～0.42%，N_2 含量为 7.05%～18.83%，平均为 12.74%，氦气主要分布在石炭系生屑灰岩和奥陶系碳酸盐层系中，主要来源于基底花岗岩（陶小晚等，2019）。寒武系烃源岩富含铀、钍元素，衰变形成的氦通量对和田河气田形成有益的补充。阿克莫木气田的氦气含量为 0.1%～0.12%，N_2 含量为 7.06%～7.86%，平均为 7.40%，氦气主要分布在白垩系砂岩储层中，可能来源于基底与石炭系烃源岩，需通过进一步研究证实。塔里木盆地麦盖提斜坡上的巴什托构造 M3 井和 M4 井二叠系天然气中氦气含量分别为 0.73% 和 0.68%；巴楚隆起上的亚松迪油气田具有良好的氦气资源显示，但当前油气探明储量偏低（彭威龙等，2023）。此外，塔里木盆地在沙雅隆起上的雅克拉、沙西 2 号构造、哈德逊、解放渠、轮南，卡塔克隆起上的塔中、顺北、富满等多个油气藏均有富氦天然气显示（彭威龙等，2023）。相比于台盆区，塔里木盆地前陆区氦气含量普遍低于 0.05%（彭威龙等，2023），属于贫氦天然气。综上可知，塔里木盆地西南部氦气资源开发潜力巨大。

四川盆地威远气田为我国发现的首个富氦气田，含气含量为 0.120%～0.404%（35 个样品），N_2 含量为 4.84%～15.46%（37 个样品），平均为 8.17%，氦气主要分布在震旦系灯影组白云岩中，主要来源于前震旦系花岗岩（794±11Ma）。另外，震旦系灯四段泥岩的伽马响应值明显高于相邻地层，表明该套泥岩层段的铀、钍元素的浓度较高，衰变形成的氦通量对威远气田形成了有益的补充（刘凯旋等，2022）。威远气田经过 60 余年的开采，天然气资源几乎枯竭，氦气年产量仅为 $3×10^4$～$5×10^4 m^3$。五峰-龙马溪组页岩气已实现商业化开采，资源潜力巨大，但氦气含量偏低，几乎不超过 0.05%（聂海宽等，2023）。寒武系页岩气仅在四川盆地及其周缘少数地区钻遇了商业气流，氦气含量普遍高于 0.1%（Cao et al.，2018；罗胜元等，2019；淡永等，2023）。金秋气田氦气含量为 0.05%～0.1%，平均为 0.07%，氦气主要分布在侏罗系沙溪庙组砂岩储层，初步分析氦气可能主要来源于该套砂岩储集层。

柴达木盆地东坪气田和马北气田的氦气含量分别为 0.08%～0.48% 和 0.06%～0.20%，氦气主要分布在风化的花岗岩-变质岩基底中，少量分布在古近系 E_{1+2} 和 E_3^1。氦气主要来源于花岗岩-花岗片麻岩基底（张晓宝等，2020）。此外，在阿尔金山前带东段冷东、冷北，柴北缘的冷湖四号、伊克雅吾汝、垣 1 井、台吉深 1 井、柴西南的扎 5 井，柴东的 QDC1 井、CHY2 井等有花岗岩和花岗片麻岩分布区带的天然气中发现了良好的氦气显示，含富氦天然气储量达上千亿立方米（张晓宝等，2020；许光等，2023）。

中西部克拉通盆地是天然气的主要探明区，同时也是天然气的主要生产基地。2022 年中西部克拉通盆地天然气产量约为 $1683.3\times10^8 m^3$，占全国天然气产量（不包括海域）的 87%，因此，中西部克拉通盆地是氦气勘探开发的重要区域。

二、东部构造活动区

在东部构造活动区，松辽盆地、渤海湾盆地、苏北盆地的氦气含量高于珠江口盆地。这些富氦气藏沿深大断裂及其周缘分布（徐永昌等，1998；冯子辉等，2001）。He 含量与 CH_4 含量、CO_2 含量无明显相关性 [图 2.5（a）、（c）]，与 N_2 含量成略微的正相关 [图 2.5（b）]。与中西部克拉通含油气盆地一样，东部构造活动区天然气中氦气含量平均值总是高于中值，表明存氦气含量低于平均值的天然气样品数量超过一半。

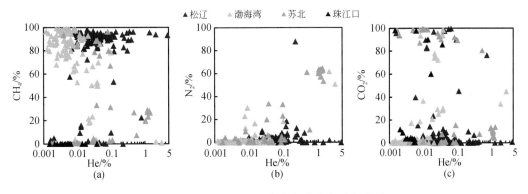

图 2.5 东部构造活动区氦气与伴生组分相关性

数据来源于戴金星等（1994）；Feng（2008）；Zhang 等（2008）；Dai 等（2009b，2017）；Zeng 等（2013）；Liu 等（2016）；Ni 等（2022）；Peng 等（2022）；Wang 等（2022）

松辽盆地氦气含量超过 0.1%主要为烃类气藏，埋深为 625～3630m，储层为中生代。松辽盆地北部 30 多口油气勘探井的氦气含量为 0.102%～0.404%，汪 9-12 井氦气含量高达 2.104%。中国地质调查局在松辽盆地周缘白垩系姚家组部署了多口探井，其中，GDI 井、HFD1 井、JBD1 井的氦气含量达到富氦天然气的标准，分别为 0.84%、0.5%、0.5%。

渤海湾盆地和苏北盆地氦气含量超过 0.1%，主要为非烃气藏，埋深为 376～813m，储层为新生代。济阳拗陷花沟地区花 501 井气藏储层为新近系明化镇组，He 含量为 2.08～3.08%，CH_4 含量低于 2%，N_2 含量超过 50%；$^3He/^4He$ 值为 4.34×10^{-6}～4.47×10^{-6}，幔源氦贡献超过 45%（曹忠祥等，2001）。苏北盆地溪桥气田储层为新近系盐城组，He 含量为 0.48%～1.206%，CH_4 含量低于 30%，N_2 含量超过 50%（杨方之等，1991）。然而，这两个含油气盆地大多数烃类气藏 He 含量通常较低，小于 0.05%。例如，渤海湾盆地东濮拗陷和黄骅拗陷气藏中 He 含量为 0.0008%～0.04%，$^3He/^4He$ 值为 10^{-7} 量级，幔源氦贡献普遍较低，东濮拗陷<5%，黄骅拗陷<10%（Zhang et al.，2008；Ni et al.，2022）。

第三节　天然气中氦气含量分布的影响因素

一、壳源氦和幔源氦端元的选取原则

天然气中氦气主要有两种来源：壳源氦和幔源氦。典型壳源成因氦气 R/Ra 为 0.02，其中 R 为天然气样品的 $^3He/^4He$ 值 [$(^3He/^4He)_{样品}$]，Ra 为空气的 $^3He/^4He$ 值 [$(^3He/^4He)_{大气}$]，而典型幔源成因氦气 R/Ra 为 8.0（Xu et al.，1998；Hiyagon and Kennedy，1992；Ballentine et al.，2001；Ballentine and Burnard，2002；Dai et al.，2005a），因此，利用 R/Ra 值可简单判识两种氦气成因。

根据对鄂尔多斯和四川这两个典型稳定克拉通盆地大量天然气数据统计，天然气的 $CH_4/^3He$ 值为 $10^9 \sim 10^{12}$，$CO_2/^3He$ 值为 $10^8 \sim 10^{10}$，且 R/Ra 小于 0.32（Xu et al.，1995a；Dai et al.，2005a；Ni et al.，2014）。美国最大的天然气田（Hugoton-Panhandle 气田）的 $CH_4/^3He$ 和 $^3He/^4He$ 值（$10^{10} \sim 10^{11}$ 和 $0.031 \sim 0.244$Ra）落在所选的端元区间之内，论证了壳源和幔源端元选取的合理性。而东太平洋洋中脊喷气、热泉气、火山喷气等典型天然气的 $CH_4/^3He$ 值为 $10^5 \sim 10^7$，$CO_2/^3He$ 值为 $10^{11} \sim 10^{14}$，且 R/Ra 大于 1.0（Dai et al.，2005a）。因此，我们通过 R/Ra 与 $CH_4/^3He$、$CO_2/^3He$ 值的相关性可区分天然气藏中不同成因来源氦气。

二、氦成因与来源判识

如果天然气中氦气仅为壳源与幔源两端元混合，所有数据点应该落入 R/Ra 值与 $CH_4/^3He$、$CO_2/^3He$ 值关系图的过渡区域内；然而，从图 2.6（a）和（b）可知，四川（含页岩气）、鄂尔多斯、塔里木、准噶尔、柴达木等盆地以及美国 Hugoton-Panhandle 气田、堪萨斯（Kansas）气田中的氦气以壳源氦气为主，而苏北、松辽以及渤海湾盆地天然气中的氦气具有幔源贡献。同时，我们发现不同沉积盆地存在大量数据点分布在壳幔二端元混合区域外，包括松辽、渤海湾、苏北、三水、珠江口、莺歌海以及美国的堪萨斯（Kansas）盆地和加拿大地盾，说明不同沉积盆地天然气中的氦气并非由简单的壳幔二端元混合而成。

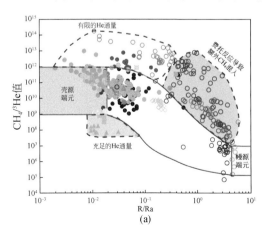

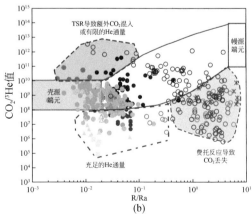

(a)　　　　　　　　　　　　　(b)

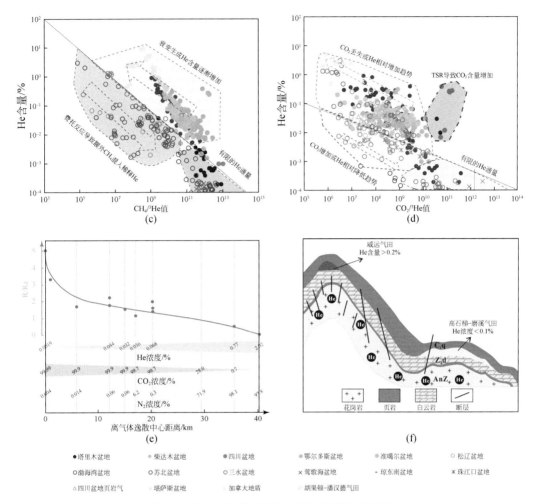

图 2.6　含油气盆地天然气中氦气地球化学特征

（a）R/Ra 与 $CH_4/^3He$ 的关系；（b）R/Ra 与 $CO_2/^3He$ 的关系；（c）$CH_4/^3He$ 值与氦气含量；（d）$CO_2/^3He$ 值与氦气浓度；（e）捷克埃格地堑的地热系统 R/Ra 和氦气含量随着远离气体逸散中心的演化；（f）四川盆地威远气田和高石梯-磨溪气田氦气含量分布

　　高的 $CH_4/^3He$ 和 R/Ra 值可能主要与深部活动有关，如松辽、渤海湾、苏北、三水等盆地，因为深部流体活动过程中 CO_2 和 H_2 可以通过费托反应合成 CH_4。在日本海的油气田中也发现类似情况，$CH_4/^3He$ 高达 $10^{11} \sim 10^{14}$，其 CH_4 主要是通过 CO_2 还原形成的（Wakita and Sano，1983），在松辽盆地庆深气田也发现存在费托合成 CH_4（Liu et al.，2016a）。因此，在 R/Ra 值大于 0.32 且处于壳幔二端元混合区域上方的气藏可能存在费托合成 CH_4 的贡献，从而导致 $CH_4/^3He$ 值高于壳幔二端元混合区域 [图 2.6（a）]。同时，在 R/Ra 值小于 0.32 的稳定克拉通区域，部分气藏数据处于壳幔二端元混合区域下方和上方，处于下方的气藏包括美国堪萨斯（Kansas）和加拿大地盾，其主要原因是该地区放射性氦源岩广泛发育且时代老（Guélard et al.，2017；Warr et al.，2019），从而导致 $CH_4/^3He$ 值小于壳-幔二端元混合区域；处于壳幔二端元混合区域上方的气藏可能是弱的放射性氦源岩供给氦气不足或者额外 CH_4 的混合，如渤海湾盆地和塔里木盆地塔北隆起等区域属于弱放射性氦源岩供给不足（Liu et al.，2008；Ni et al.，2022），而四川盆地威远和川东地区气藏可能与水溶气或者硫酸盐热化学还原作用（TSR）后期改造导致 CH_4 相对富集（Cai et al.，2013；Qin，2012），从而导致 $CH_4/^3He$ 值高于壳幔二端元混合区域。

由于地质体中 CO_2 来源多样，在不同地质背景下易于发生溶蚀和沉淀。从图 2.6（b）可知，沉积盆地不同类型气藏中不仅存在壳源和壳幔二端元混合的 $CO_2/^3He$ 和 R/Ra，如塔里木、四川、鄂尔多斯、柴达木、准噶尔、渤海湾以及美国堪萨斯（Kansas）等盆地，更多的数据点分布在壳幔二端元混合区域外，如松辽、渤海湾、苏北、三水、珠江口、莺歌海以及美国堪萨斯（Kansas）、加拿大地盾等气藏数据点，处于壳幔二端元混合区域的下方，而塔里木、四川、渤海湾和莺歌海的部分气藏数据点处于壳幔二端元混合的区域的上方。美国 Hugoton-Pandhandle 气田缺乏 CO_2 相关数据，因此在图 2.6 中没有体现。在 R/Ra 值大于 0.32 的壳幔二端元混合区域的下方主要包括松辽、渤海湾、苏北、三水、珠江口等气藏，由于这些气藏的 R/Ra 值大于 0.32，且深部流体较为活跃，地温梯度整体偏高。因此，$CO_2/^3He$ 值处于壳幔二端元混合区域的下方可能与 CO_2 丢失有关，包括 CO_2 通过费托合成转化为 CH_4、CO_2 以方解石等方式沉淀等，因为 $CO_2/^3He$ 值处于壳幔二端元混合区域下方，对应着 $CH_4/^3He$ 值高于壳幔二端元混合区域，即 CO_2 含量的相对丢失和 CH_4 含量的相对增加。Suda 等在研究温泉热液体系时指出，H_2 和 CO_2 在小于 150°C 的地质条件发生水岩反应并生成 CH_4。如果这一现象确实存在，那么在沉积盆地深部热液流体活跃区域将广泛存在通过费托合成形成的 CH_4。但是，这类 CH_4 的碳氢同位素组成与沉积盆地有机质热裂解形成的 CH_4 具有相似的分布范围，因此仅仅通过 CH_4 碳氢同位素组成很难识别这种费托合成形成的 CH_4（Liu et al.，2019）。在 R/Ra 值小于 0.32 的壳幔二端元混合区域，处于壳幔二端元混合区域下方的气藏主要与强放射氦源岩引起氦气含量增加有关，譬如四川盆地威远常规气藏和寒武系页岩气、鄂尔多斯盆地东胜气田、柴达木盆地东坪气田以及美国堪萨斯（Kansas）、加拿大地盾气藏；而在壳幔二端元混合区域上方的气藏可能与氦源岩供给不足或者额外 CO_2 含量的增加有关，比如四川和塔里木海相气藏广泛存在 TSR 改造，导致烃类通过氧化形成 CO_2（Cai et al.，2001；Cai et al.，2004；Liu et al.，2008），而在渤海湾盆地部分气藏可能与弱氦源供给不足有关。

三、天然气中氦气含量分布的影响因素

对于天然气藏中氦气含量受多因素控制，主要包括氦通量、伴生气体的改造、构造配置等。通常，氦源供给强、氦气累积富集时间长、保存条件良好的区域，气藏中氦气含量相对高；而氦源供给弱、氦气累积富集时间短的区域，气藏中氦气含量相对较低。对于自生自储的页岩气或者煤层气中氦气含量主要取决于源岩中放射性 U、Th、K 的丰度和年代累积效应，譬如我国四川盆地寒武系页岩气中氦气含量普遍高于上奥陶统—下志留统的五峰-龙马溪组页岩气（聂海宽等，2023；Wang et al.，2023）。对于华北地区石炭系—二叠系煤层气而言，氦气含量更低，一般小于 100ppm（Chen et al.，2019a）。

1）氦通量

在 $^3He/^4He$ 值小于 0.32Ra 且氦气含量大于 0.01%的区域，克拉通盆地 [如塔里木、四川（含页岩气）、鄂尔多斯、柴达木、准噶尔以及美国 Hugoton-Pandhandle、堪萨斯（Kansas）

和加拿大地盾]天然气中氦气含量往往随着 $CH_4/^3He$ 值的增加而增加[图 2.6（c）]，这主要是由于古老克拉通盆地的基底能够产生丰富的氦通量。此外，烃源岩通常含有较高浓度的铀、钍元素，其衰变也会产生氦通量。然而，渤海湾盆地和塔里木盆地前陆盆地古近系之上形成的一些气田的氦含量较低（小于 0.01%）[图 2.6（c）、（d）]，这主要是由于氦通量有限。因为氦源岩衰变形成氦气量不仅取决于铀、钍元素浓度，而且也与放射性氦气累积衰变时间有关，在放射性元素浓度等同条件下，放射性氦气累积聚集时间将决定气藏中氦气含量高低，放射性氦气累积聚集时间越短，气藏中氦气含量越低。

2）费托反应、TSR 和 CO_2 丢失

当 $^3He/^4He$ 值大于 1Ra 时，表明地幔的氦贡献超过 12%。在具有深部流体活跃的断陷盆地，如松辽、渤海湾、苏北、三水盆地等，氦气含量往往随着 $CH_4/^3He$ 值的增加而下降，这主要是由于费托反应导致 CH_4 增加（Dai et al.，2005；Liu et al.，2016a；Dai et al.，2017；Liu et al.，2017），其稀释效应导致气藏中氦气含量降低。

受 TSR 改造的影响，气藏中 CO_2 含量升高导致 $CO_2/^3He$ 值增大，该区域 He 含量在较大范围内波动[图 2.6（d）]，这可能受到海相碳酸盐岩气藏 TSR 改造程度和 He 供给条件的共同影响，如四川、塔里木盆地。对于威远气田，尽管存在较强的 TSR，导致 $CO_2/^3He$ 值增加，但由于前震旦纪花岗岩提供的充足氦通量，氦气含量仍在 0.2%左右。

无论是克拉通盆地的壳源氦，还是断陷盆地中壳幔复合型氦，氦气含量通常随着 $CO_2/^3He$ 值降低而增加[图 2.6（d）]。前者归因于充足的氦通量，但后者归因于 CO_2 的丢失。相反，在 $^3He/^4He$ 值大于 1Ra 的区域，如松辽、渤海湾和莺歌海盆地等，氦气含量（通常小于 0.1%）随着 $CO_2/^3He$ 值的增加而降低[图 2.6（c）]，这在一定程度上是气田中输入了大量的 CO_2 所致。

3）构造配置

构造活动诱导断裂系统的形成及演化，有利于含氦地质流体的运移和聚集；然而，强烈的构造活动往往会破坏盖层的完整性，导致气藏的封闭性被破坏。例如，在捷克 Egger Graben 地热系统中，靠近深大断层带的区域通常含有微量氦，且 R/Ra 值越接近幔源端元值；随着逐渐远离深大断裂带，地热水中氦气含量逐渐增加，且 R/Ra 值越接近壳源端元值[图 2.6（e）]。适度的构造活动通常因断裂系统的形成而使得疏导能力显著提升，同时不会导致天然气藏的封闭性遭到破坏，这与克拉通盆地富氦气田集中分布在隆起带及其周缘的事实相吻合。例如，四川盆地构造隆升区的威远气田平均 He 含量超过 0.2%，然而，高石梯-磨溪气田平均氦气含量普遍低于 0.1%[图 2.6（f）]（Wang 等，2020）。

第三章 氦气成藏要素

第一节 氦源岩与富铀、钍矿物

一、氦源岩

克拉通含油气盆地以壳源氦（^{4}He）为主。壳源氦是岩石中铀、钍元素放射性衰变的产物，放射性衰变反应为 $^{238}U \rightarrow 8^4He + 6\beta + ^{206}Pb$，$^{235}U \rightarrow 7^4He + 4\beta + ^{207}Pb$，$^{232}Th \rightarrow 6^4He + 4\beta + ^{208}Pb$（Oxburgh et al.，1986；Ballentine and Burnard，2002；Brown，2010）。壳源氦通量与氦源岩中铀、钍元素浓度、氦源岩地质年代、氦源岩体积密切相关。

与烃源岩不同的是，氦源岩的类型以及评价氦源岩的地球化学指标目前仍处于初期探索阶段，目前主要关注氦源岩中铀、钍元素的浓度。在以往的研究中，花岗岩被视为一种非常重要的氦源岩，这是因为在已发现富氦气田的下方均发育大规模古老的花岗岩-变质岩体，如美国的胡果顿-潘汉德（Hugoton-Panhandle）气田、阿尔及利亚哈西鲁迈勒（Hassi R'Mel）气田，以及中国的四川盆地威远气田、鄂尔多斯盆地东胜气田、柴达木盆地东坪气田等（Ballentine et al.，2002；李玉宏等，2018；Wang et al.，2020；张晓宝等，2020；何发岐等，2022；彭威龙等，2022）。胡果顿-潘汉德气田基底花岗岩的铀、钍元素浓度分别为 >2.5ppm 和 >10.7ppm（Brown，2019），鄂尔多斯东胜气田基底花岗岩-变质岩体铀、钍元素浓度分别为 2.59ppm 和 10.71ppm（王杰等，2023），柴达木东坪气田基底花岗岩-片麻岩体的铀、钍元素浓度分别为 3.20ppm 和 20.99ppm（刘雨桐等，2023），略高于地壳平均铀、钍元素浓度（2.2ppm 和 10.5ppm）。

除了基岩以外，富有机质泥页岩和铝土岩中铀、钍元素浓度相对较高，如四川盆地寒武系泥页岩的铀元素浓度超过 40ppm（蒙炳坤等，2021），塔里木盆地西北缘寒武系玉尔吐斯组 BG1 黑色页岩中铀元素含量高达 52.98ppm（陈践发等，2023），鄂尔多斯盆地石炭系铝土岩中铀、钍元素浓度高达 80.69～153.76ppm（平均为 102.1ppm）和 24.14～38.41ppm（平均为 28.7ppm）（刘蝶等，2022），明显高于上地壳铀、钍元素浓度。综上所述，富有机质泥页岩和铝土岩也可被视为重要的氦源岩。

二、典型富铀、钍矿物

氦源岩中富铀、钍矿物是生成氦气的有效组分。张文（2019）在秦岭北缘花岗岩体中观察到铀、钍独立矿物（铌钛铀矿、钍石、铀钍石、晶质铀矿）、钍分散矿物（磷钇矿、独居石、锆石、磷灰石、褐帘石、榍石、金红石、氟碳铈矿、铌钇矿）。蒙炳坤等（2021）通过对上扬子地区的花岗岩、页岩和砂岩进行镜下观测发现多种富铀、钍矿物，如锆石、独居石、铀钍石、磷灰石等（图 3.1），这些矿物主要赋存在造岩矿物石英和长石中。刘浩（2021）

对渭河盆地周缘的二长花岗岩中含（富）铀、钍矿物进行了相对系统的研究，发现二长花岗岩主要包含褐帘石、绿帘石、磷钇矿、锆石、晶质铀矿、榍石、磁铁矿等多种含铀、钍矿物。晶质铀矿多赋存在黑云母中，铀、钍元素衰变过程中释放的 α 粒子会使周围矿物发生电离形成放射性晕圈；褐帘石多镶嵌在长石、石英和黑云母等矿物之间，通常呈自形-半自形粒状/长柱状，颗粒较小时（50～200μm）多与绿帘石共生，颗粒较大时（300～600μm）呈斑晶形式。张乔等（2022）对渭河盆地南缘的华山复式岩体中富铀、钍矿物的赋存特征及其控制因素进行了详细研究，发现不同地质时期侵入体中铀、钍元素浓度受不同种类矿物制约，对于燕山期侵入体而言，铀元素浓度受控于岩体中的锆石和褐帘石，而钍元素浓度受控于岩体中的锆石。尽管研究者已经发现了多种类型富铀、钍矿物，但不同类型氦源岩中富铀、钍矿物的赋存特征以及不同种类富铀、钍矿物的共生关系等方面仍缺乏系统研究。

(a)LZH004 细粒石英砂岩

(b)DHS006 灰黑色粉砂质页岩

(c)XLP012 二长花岗斑岩

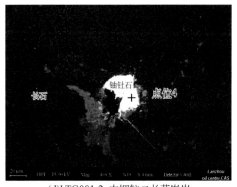

(d)LTG001-2 中细粒二长花岗岩

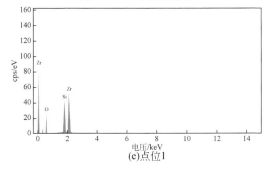

(e)点位1

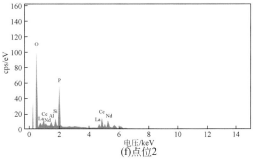

(f)点位2

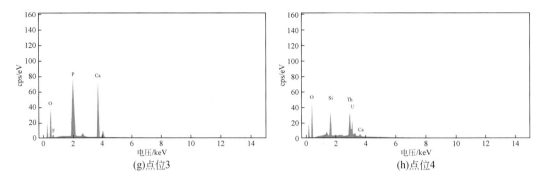

(g)点位3　　　　　　　　　(h)点位4

图 3.1　上扬子东南地区不同类型岩石中铀、钍矿物分布特征（据蒙炳坤等，2023）

第二节　氦气初次运移

一、氦气初次运移方式

氦气的初次运移是指铀、钍元素放射性衰变生成的氦气后，从矿物晶格、晶粒间或包裹体中扩散至孔隙中的过程。放射性成因 ^{4}He 自矿物中形成以后大部分保留在矿物晶格中，一般通过扩散［图 3.2（a）］、反冲［图 3.2（b）］、碎裂［图 3.2（c）］和矿物转化［图 3.2（d）］的方式从矿物中释放出来（Ballentine and Burnard，2002）。

扩散是氦气初次运移在矿物尺度的重要方式。上地壳（<150℃）细粒（0.1mm）矿物中氦气扩散系数为 $1\times10^{-18}\sim1\times10^{-22}$cm/s（Lippolt and Weigel，1988；Trull et al.，1991）。随着温度升高或者扩散域尺寸减小，氦气扩散系数呈增大趋势（Ballentine and Burnard，2002）。另外，晶体颗粒形态也会影响氦气扩散（Ballentine and Burnard，2002）。

铀、钍衰变产生的高能 α 粒子向远离母核方向的喷射称为反冲，在这个过程中会形成 α 损伤轨迹。α 粒子的反冲距离与细粒壳源岩石的晶体颗粒尺寸相当。铀、钍矿物密度、晶体颗粒大小和母体铀、钍位置均会影响子体氦的赋存位置。相比于干燥的岩石，水饱和的岩体更有利于子体氦滞留在矿物晶格间（Ballentine and Burnard，2002）。

膨胀破裂——脆性的岩体在压缩载荷的作用下发生非弹性破坏，是微观破裂早于宏观破裂的结果。晶格碎裂会导致矿物晶格中滞留的氦气快速释放到孔隙空间。Torgersen 和 O'Donnell（1991）针对岩石破裂对氦气释放的影响进行了数值研究。以无限长度的一维板为例，从岩石中释放的气体通量随着板状裂缝间距的增大而增加。

矿物转化也会导致滞留在矿物晶格中的氦气释放出来。常见的矿物转变过程包括成岩作用（如伊利石→蒙脱石）、变质作用（如黏土矿物通过重结晶形成黑云母、角闪石）和矿物改变（如基性矿物的蛇纹石化）。由于氦属于不相容元素，矿物转化过程中释放的氦气很难进入新生成的矿物晶格中（Ballentine and Burnard，2002）。

二、典型铀、钍矿物 ^{4}He 封闭温度

氦气在岩石中的扩散行为符合颗粒内扩散模型，如式（3.1）所示。真空破碎法和加热

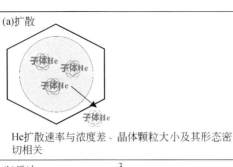

(a)扩散

He扩散速率与浓度差、晶体颗粒大小及其形态密切相关

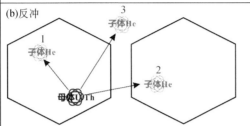

(b)反冲

子体He反冲距离与U/Th矿物密度、晶体颗粒大小和母体U/Th位置相关
情况1：子体He滞留在母体U/Th矿物所在的矿物晶格中
情况2：子体He进入相邻的矿物晶格中
情况3：子体He进入矿物晶格间

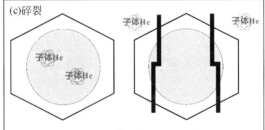

(c)碎裂

晶格碎裂前，子体He滞留在矿物晶格中
在压缩载荷作用下，矿物晶格碎裂，子体He沿碎裂通道快速释放进入孔隙空间

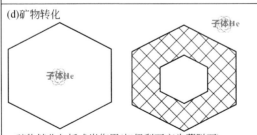

(d)矿物转化

矿物转化包括成岩作用(如伊利石变为蒙脱石)、变质作用(黏土矿物重结晶形成黑云母、角闪石)和矿物改变(基性矿物的蛇纹石化)。由于He属于不相容元素，子体He很难进入转化后的矿物晶格中

图 3.2 氦气初次运移模式图（据 Ballentine and Burnard，2002，修改）

熔融法是揭示岩石中氦气赋存特征的有效手段。前者用来释放包裹体中的氦气，如果样品是块状，可能会受到矿物晶格中氦气的干扰；而后者用来释放矿物晶格中的气体。以银额盆地花岗岩为例，氦气几乎完全赋存在矿物晶格中，占比超过 96%，而矿物晶粒间和包裹体中的氦气含量非常低（张文，2019）。

$$F(t) = 1 - \frac{6}{\pi^2} \sum \frac{1}{n} \exp\left(-n^2\pi^2\frac{Dt}{r^2}\right) \tag{3.1}$$

式中，D 为扩散系数；t 为岩石热释气的加热时间；r 为岩石颗粒半径。

对于连续分布加热熔融的脱气实验，可根据式（3.2）～式（3.4）定量表征氦气的扩散行为。氦气在花岗岩中的扩散系数随着温度的增加而增大（张文，2019）。

$$D_i = \frac{(F_i - F_{i-1})\pi r^2}{36t_i}, \quad F \leq 10\% \tag{3.2}$$

$$D_i = \frac{-r^2}{\pi^2 t_i}\left[\frac{\pi^2}{3}(F_i - F_{i-1}) + 2\pi\left(\sqrt{1-\frac{\pi}{3}F_i} - \sqrt{1-\frac{\pi}{3}F_{i-1}}\right)\right], \quad 10\% < F < 90\% \tag{3.3}$$

$$D_i = \frac{r^2}{\pi^2 t_i}\ln\left(\frac{1-F_{i-1}}{F_i}\right), \quad F \geq 90\% \tag{3.4}$$

式中，D_i 为第 i 步岩石热释气时氦气扩散系数；F_i 为第 i 步岩石热释气时氦气释放比例；t_i 为第 i 步岩石热释气时加热时间。

岩石矿物中氦气的扩散行为主要受温度制约，根据氦气在岩体中的活化能扩散过程，Dodson（1973）提出了 ^{4}He 封闭温度的概念，如式（3.5）所示。当地层温度高于矿物的 ^{4}He 封闭温度，铀、钍元素衰变形成的氦气将从岩石矿物晶格中释放出来，而且随着地层温度的升高，氦气的扩散能力显著增加，氦气从矿物晶格中释放所需的时间急剧缩短。以磷灰石为例，当温度低于 40℃时，氦气全部滞留在矿物晶格中；当温度高于 90℃时，在足够长的时间里氦气基本上全部从矿物晶格中释放出来进入孔隙；当温度在 40～90℃之间时，部分氦气滞留在矿物晶格中，部分氦气通过扩散作用释放出来进入孔隙（Wolf et al.，1996）。

$$T_c = \frac{E_a/R}{\ln\left[\left(ART_c^2 D_0/r^2\right)/\left(E_a dT/dt\right)\right]} \tag{3.5}$$

式中，T_c 为封闭温度；D_0 为温度无限高时的扩散系数；E_a 为活化能；r 为颗粒半径；R 为气体常数，8.314J/（mol·K）；A 为表征颗粒形状的常数，球形、圆柱形和板状分别取值为 55、27 和 8.7；dT/dt 为冷却速率。

不同富铀、钍矿物的 ^{4}He 封闭温度的差异非常大（图 3.3），晶质铀矿、磷灰石的 ^{4}He 封闭温度通常低于 100℃，铌钛铀矿、钛矿、锆石、榍石、赤铁矿、磁铁矿和独居石的 ^{4}He 封闭温度在 100～300℃之间，石榴子石的 ^{4}He 封闭温度高达 590～630℃（Bähr et al.，1994；Lippolt et al.，1994；Dunai and Roselieb，1996；Wolf et al.，1996；Reiners and Farley，1999；Farley，2000，2002；Boyce et al.，2005；Reiners，2005；Shuster et al.，2006；Reich et al.，2007；Cherniak et al.，2009；张文，2019）。

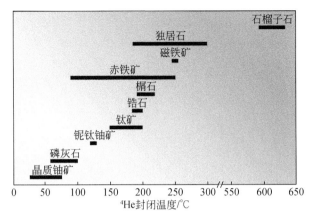

图 3.3　不同类型矿物 ^{4}He 封闭温度

数据来源于 Bähr 等（1994）；Lippolt 等（1994）；Dunai 和 Roselieb（1996）；Wolf 等（1996）；Reiners 和 Farley（1999）；Farley（2000，2002）；Boyce 等（2005）；Reiners（2005）；Shuster 等（2006）；Reich 等（2007）；Cherniak 等（2009）；张文（2019）

氦源岩通常包含不同种类的铀、钍矿物（张文，2019；蒙炳坤等，2021；刘浩，2021；张乔等，2022），因此，氦源岩的 ^{4}He 封闭温度范围更宽，评估氦气的释放行为变得更加复杂，加剧了氦气滞留额份定量评估的难度，制约了氦源岩释放氦气通量的精准预测。

第三节　氦 气 脱 溶

氦气在地层水中的溶解行为遵循亨利定律，该定律于 1803 年由 Henry 提出，即在一定温度条件下，地层水中气体的溶解度与平衡分压成正比（Brown，2010）。

温度会影响氦气在地层水中的溶解度（Pray et al.，1952；Potter and Clynne，1978；Crovetto et al.，1982；Fu et al.，1996；Brown，2010；Abrosimov and Lebedeva，2013）。随着温度逐渐降低，亨利常数呈现逐渐增加的趋势［图 3.4（a）］，这表明从深部向浅部运移过程中，氦气在地层水中的溶解度逐渐降低，即氦气的赋存状态从溶解态转变为游离态。在相同的埋深条件下，地温梯度高的地层水样品中氦气气水比较低［图 3.4（b）］，这是因为更多的氦气以溶解态赋存在地层水中。

在不同温度条件下，不同气体在地层水中的溶解性能有较大差异。在成岩温度条件下，氦气的亨利常数明显高于氮气和甲烷（相同的分压下），表明氦气的溶解度最低；在变质温度条件下，氦气的亨利常数最大，氮气和甲烷的亨利常数趋于相同，表明氦气的溶解度最低。地层水中气体溶解/解析实验采用的温度和压力较低，类似于深层高温、高压条件下多元体系（He-N$_2$-CH$_4$）溶解/解析数据非常少，仍需进一步研究。

随着地层水盐度的增加，亨利常数急剧增加［图 3.4（a）］，表明在高盐度地层水中氦气的溶解度急剧降低（Brown，2010）。东胜气田泊尔江海子断裂两侧的什股壕、独贵加汉和十里加汗区块的地层水为 CaCl$_2$ 型，总矿化度为 16.8～61.4g/L（赵永强等，2022）。统计结果显示，这三个区块氦气含量与地层水总矿化大致呈负相关［图 3.4（c）］，这可能是高矿化度地层水中氦气的溶解度较低所致。另外，根据苏林分类法，地层水的种类有多种类型，如 $MgCl_2$ 型、$CaCl_2$ 型、Na_2SO_4 型和 $NaHCO_3$ 型，不同类型地层水中氦气溶解度的差异鲜有报道。

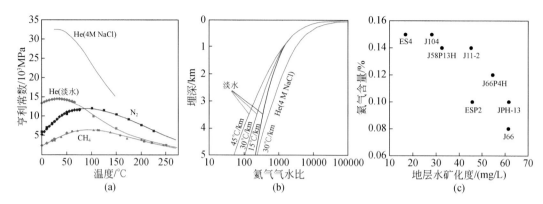

图 3.4　地层水中氦气溶解度影响因素

(a) 氦气亨利常数与温度相关性；(b) 氦气气水比与埋深相关性；(c) 东胜气田氦气含量与地层水矿化度相关性。(a) 和 (b) 据 Brown（2010）修改；(c) 中氦气含量和地层水矿化度数据分别来源于彭威龙等（2022）和赵永强等（2022）

氦气分压的急剧变化是氦气从地层水中脱溶的重要机制（Brown，2010；Sathaye et al.，2016；李玉宏等，2017；Cheng et al.，2023）。古老的克拉通盆地基底及上部发育的大部分富氦气藏中 N_2 含量较高，这些 N_2 和 He 可能大部分来源于古老的基底花岗岩-变质岩体。Cheng 等（2023）通过典型实例（Williston 盆地）剖析和数值模拟相结合的方式论证了初始富 He-N_2 流体中 He 的脱溶机制。如果地层水中 N_2 的溶解达到饱和状态，N_2 会形成单独的气相。在这个过程中，N_2 "萃取" 地层水中溶解态的 He，形成一个独特的 He-N_2 临时 "储存库"，最终运移至有利圈闭中富集（Cheng et al.，2023）。如果地层水中 N_2 的溶解未达到饱和状态，He 和 N_2 通常以溶解态的形式与地层水一起运移。一旦含氦地层水与气态烃类相遇，氦气分压显著降低，氦气发生解析后与气态烃类伴生。当含氦地层水与液态烃类混合，由于溶解度存在差异，氦气在两种地质流体中的溶解度发生重新分配。

另外，不同类型气体的竞争性溶解作用也可能是氦气富集的重要机制，这种氦气富集机制提出的前提条件是地层水中气相溶解位点是固定的。当地层水中气相溶解位点趋于饱和，氦气解析意味着其他气态组分占据了地层水中原有氦气的溶解位点。综上所述，哪种富集机制占主导作用、是否存在其他的富集机制等问题仍然需要开展进一步研究。

第四节　氦气二次运移与断裂系统

氦气二次运移是指氦源岩释放的氦气运移至有利圈闭中富集的过程。深大断裂被视作含氦流体二次运移的重要疏导体系，这与富氦气田主要分布在具有适度构造活动背景的稳定区的事实相吻合。除壳源同源型氦气藏外，氦气二次运移必须要有载体。含氦流体的类型多样，包括 He-烃类（气态和液态）混合体系、He-非烃（主要 CO_2、N_2 和 H_2）混合体系、含氦地层水、含氦幔源流体等，这与氦气成因来源及其通量、氦气伴生组分及其通量，地质流体性质及其规模、含氦流体与烃类流体的相互作用等多个因素相关。

尽管氦气可通过扩散进行运移,但我们认为通过这种方式运移的距离十分有限,从地质时间尺度来看,含油气盆地天然气中氦气含量在平面和垂向分布上存在强烈的非均质性说明扩散作用并非氦气运移的主要方式。

断裂系统的形成与演化控制着盆地的构造格局、圈闭发育及演化和油气成藏疏导体系(刘玉虎等,2017;汪泽成等,2017;李三忠等,2018;朱日祥和徐义刚,2019)。总体上来看,无论是古老克拉通盆地壳源型氦气藏还是构造活动区壳幔复合型氦气藏,在深大断裂不破坏气藏封闭性的情况下,距离断裂带越近,气藏中氦气异常越显著(Broadhead,2005)。

松辽盆地北部发育两组近垂直交叉的深大断裂,氦气含量高值区主要沿着深大断裂及其周缘分布,尤其两条起壳断裂——F4(任民镇-肇州断裂带)和F6(滨州断裂带)的交会处,三肇凹陷北部地区汪9-12井天然气中氦气含量高达2.104%(图3.5)(冯子辉等,2001;钟鑫,2017)。辽河盆地平行于断裂走向分布东部凹陷和西部凹陷,东部凹陷位于主断裂带及其西缘,西部凹陷则因被凸起相隔,与深大断裂不相接。因此,辽河盆地东部凹陷氦气含量为32~988ppm,平均为176ppm,明显高于西部凹陷(7~64ppm,平均为30ppm),而且东部凹陷的氦同位素 ^{3}He/^{4}He 值为 0.155×10^{-6}~5.46×10^{-6},平均为 2.55×10^{-6},然而西部凹陷氦同位素 ^{3}He/^{4}He 值明显偏低,在 10^{-7} 量级(徐永昌等,1998)。

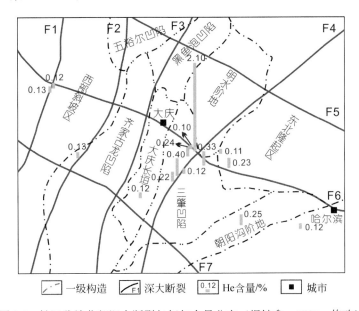

图 3.5 松辽盆地北部深大断裂与氦气含量分布(据钟鑫,2017,修改)

第五节 含氦流体示踪

稀有气体(He、Ne、Ar、Kr 和 Xe)不易受生物、化学条件变化的影响,因此,稀有气体同位素组成是研究地下流体相互作用(混合、溶解/解析、扩散)的理想示踪剂(Ballentine and Burnard,2002;Li et al.,2022)。一些稀有气体组分(如 ^{20}Ne、^{36}Ar、^{84}Kr 和 ^{130}Xe)

主要为大气成因，其他成因（如放射性成因、核成因和裂变成因）生成的通量极低，可忽略不计。大气成因的稀有气体通过达到溶解饱和的地表水进入地下流体系统，当与烃类流体相遇时，由于稀有气体在地层水和不同相态的烃类流体中溶解度有较大差异，它们会分异到油相或气相中（图 3.6）。根据大气成因的稀有气体地球化学特征可对烃类流体与地层水两者之间的相互作用程度进行评估，进而达到对氦气在地下水中的运移和聚集过程进行示踪的目的。

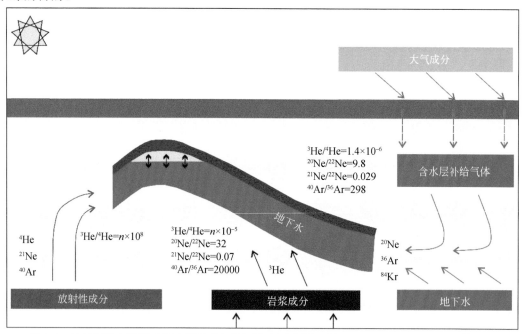

图 3.6　油气系统中不同成因来源稀有气体同位素示意图（据 Ballentine et al.，2002，修改）

当温度低于 77℃时，稀有气体在水中的溶解度与相对分子质量成正比，即 Xe＞Kr＞Ar＞Ne（Crovetto et al.，1982）。稀有气体在油相中的溶解度更大，故当水相与油相相接触时，水相中的稀有气体组分会优先转移到油相中，使得地层水中稀有气体含量下降。相比于 Ne，Ar 在油相中的溶解度更大，Ar 更倾向转移到油相中，故油水分馏平衡后油相中的 $^{20}Ne/^{36}Ar$ 值相对偏低，而水相中的 $^{20}Ne/^{36}Ar$ 值相对偏高。当水相与气相相遇，相比于 Ar，Ne 更倾向于转移到气相，故气水分馏平衡后气相中的 $^{20}Ne/^{36}Ar$ 值相对偏高，而水相中的 $^{20}Ne/^{36}Ar$ 值相对偏低（Battani et al.，2000）。基于稀有气体同位素的变化，一些学者对美国胡果顿–潘汉德（Hugoton-Panhandle）气田、田角地（Four Corners）地区、圣胡宅（San Juan）盆地、中国的渭河盆地和柴达木盆地北部地区的氦气运移、聚集历程进行了较为全面的论述（Ballentine and Sherwood，2002；Zhou et al.，2005；Gilfillan et al.，2008；Danabalan，2017；Zhang et al.，2019a，2019b；Halford et al.，2022）。

针对地层水与油气两相相互作用中稀有气体的分异过程，前人提出了两种基本的分馏模式：即封闭体系中的批分馏（batch fractionation）和开放体系中的瑞利分馏（Rayleigh fractionation）。批分馏和瑞利分馏分别用式（3.6）和式（3.7）表示（Ballentine et al.，2002）。根据稀有气体同位素比值交汇图版，如 $^{84}Kr/^{36}Ar$ 值与 $^{20}Ne/^{36}Ar$ 值交汇图版、$^{130}Xe/^{36}Ar$ 值

与 $^{20}Ne/^{36}Ar$ 值交汇图版，可用来判别油-水、气-水分馏时体系的封闭性。

$$\left(\frac{A}{B}\right)_{水} = \left(\frac{A}{B}\right)_{ASW} \times \left(\frac{V_{水}\rho_{水}}{V_{油}\rho_{油}} + \frac{(K_B)_{水}}{(K_B)_{油}} \middle/ \frac{V_{水}\rho_{水}}{V_{油}\rho_{油}} + \frac{(K_A)_{水}}{(K_A)_{油}}\right) \quad (3.6)$$

式中，$\left(\dfrac{A}{B}\right)_{水}$ 和 $\left(\dfrac{A}{B}\right)_{ASW}$ 分别为油水分馏后地层水和空气饱和地下水中稀有气体 A 与 B 的比值；$V_{水}$ 和 $V_{油}$ 分别为水相和油相的体积；$\rho_{水}$ 和 $\rho_{油}$ 分别为水相和油相的密度；$(K_A)_{水}$ 和 $(K_A)_{油}$ 分别为稀有气体 A 在水相和油相中的亨利常数；$(K_B)_{水}$ 和 $(K_B)_{油}$ 分别为稀有气体 B 在水相和油相中的亨利常数。

$$\left(\frac{A}{B}\right)_{水} = \left(\frac{A}{B}\right)_{ASW} f^{\alpha-1} \quad (3.7)$$

式中，f 为稀有气体 B 在油水分馏平衡后保留在水相中的比例；α 为分馏系数。

对于瑞利分馏而言，溶解作用和扩散作用控制的分馏过程都可能发生，溶解作用控制的水气分馏过程的 α 可用式(3.8)进行表示，扩散作用控制的水油分馏过程的 α 可用式(3.9)进行表示，而扩散作用控制的分馏过程的 α 可用式(3.10)进行表示(Ballentine et al., 2002)。

$$\alpha = (K_A)_{水} \middle/ (K_B)_{水} \quad (3.8)$$

式中，$(K_A)_{水}$ 和 $((K_B)_{水}$ 为稀有气体 A 和 B 在水中的溶解度。

$$\alpha = \frac{(K_A)_{水}}{(K_B)_{水}} \middle/ \frac{(K_A)_{油}}{(K_B)_{油}} \quad (3.9)$$

$$\alpha = \sqrt{\frac{M_B}{M_A}} \quad (3.10)$$

式中，M_A 和 M_B 为稀有气体 A 和 B 的分子质量。

基于稀有气体同位素分馏理论，一些学者对美国胡果顿-潘汉德（Hugoton-Panhandle）气田、田角地（Four Corners）地区、圣胡宅（San Juan）盆地、中国的渭河盆地和柴达木盆地北部地区的氦气运移、聚集过程进行了较为全面的论述(Ballentine and Sherwood，2002；Zhou et al.，2005；Gilfillan et al.，2008；Danabalan，2017；Zhang et al.，2019a，2019b；Halford et al.，2022)。

第六节　氦气聚集与保存

Yakutseni（2014）对全球富氦气田的地质特征进行总结发现，这些气田集中分布在古元古代—古生代地台背景下的克拉通盆地内部及周缘，而且自中-新生代以来深部经历了相对强烈的构造运动或岩浆活动，形成的断裂体系是氦气运移的重要通道（Kennedy et al.，2006）。此外，岩浆活动携带的热量"烘烤"岩石，有利于氦气的快速释放（Hand，2016），从构造部位来看，全球已发现且商业开采的富氦气田主要分布在古老克拉通盆地内隆起区，如美国的胡果顿-潘汉德（Hugoton-Panhandle）气田位于北美克拉通阿马里洛-威奇托隆起，阿尔及利亚的哈西鲁迈勒（Hassi R'Mel）气田位于东非克拉通提勒盖姆隆起，中国四川的威远气田位于上扬子板块西南缘的乐山-龙女寺古隆起。

隆起区有利于氦气聚集有以下三方面原因：①构造隆起导致在源-储体系之间形成有效的疏导体系；②地层抬升导致储层压力显著降低，有利于氦气解析；③隆起区烃类气体的稀释作用弱。

盖层的封闭能力对气藏中氦气的保存至关重要。氦气的动力学直径仅为0.26nm，明显小于 CH$_4$、CO$_2$ 和 N$_2$（分别为0.38nm、0.33nm 和 0.364nm），扩散能力更强；再者，氦气的生成速率很低，氦气的有效成藏要求气藏中散失量必须低于供给量。因此，相比于烃类气藏，氦气藏对盖层的要求更加苛刻。全球已发现的部分富氦气田的盖层特征见表3.1，盖层主要为封闭能力强的蒸发岩和厚层泥页岩。相比于泥页岩，蒸发岩的封闭能力更强，因此，气藏中氦气含量通常较高。

表 3.1　全球富氦气田的储层和盖层特征

富氦气田	平均氦气含量/%	盖层	参考文献
中国塔里木盆地和田河气田	0.34	石炭系泥岩	周新源等（2006）
中国鄂尔多斯盆地东胜气田	0.13	二叠系上石盒子组和石千峰组粉砂质泥岩、泥岩	何发岐等（2022）；彭威龙等（2022）
中国四川盆地威远气田	0.26	寒武系暗色泥质岩	刘方槐（1992）；刘树根等（2008）；刘凯旋等（2022）
美国胡果顿-潘汉德（Hugoton-Panhandle）气田	0.53	二叠系 Leonard 统 Wichita 组石膏层	Pippin（1970）
美国克利夫赛德（Cliffside）气田	1.8	二叠系 Panhandle 石膏层	Tade（1967）；李玉宏等（2018）
美国 Doe Canyon 气田	5.01	宾夕法尼亚系 Paradox 盐岩和石膏层	Gilfillan 等（2008）
美国 Big Piney-La Barge 地区	0.5	密西西比系 Madison 组盐岩和蒸发岩	Becker 和 Lynds（2012）

氦气通过扩散散失是氦气藏破坏的主要方式之一。扩散系数是定量表征气体扩散能力的广泛应用的参数（Li et al.，2018；Sun et al.，2023）。目前工业开采的富氦气田主要为 He-CH$_4$ 类型，因此，本书计算了不同 He-CH$_4$ 混合条件下的氦气扩散系数。He-CH$_4$ 气藏中氦气扩散系数用式（3.11）～式（3.13）进行表示（Civan，2010；Wu et al.，2017；Sun et al.，2023）。

$$D_{He} = \frac{v_{He}\lambda_{He}}{3} \qquad (3.11)$$

$$v_{He} = \sqrt{\frac{8RT}{\pi M_{He}}} \qquad (3.12)$$

$$\lambda_{He} = \frac{4K_B T}{\pi P \sum_{j=1}^{2} n_j (\delta_{He}+\delta_j)^2 \sqrt{(1+M_{He}/M_j)}} \qquad (3.13)$$

式中，D_{He} 为扩散系数，m^2/s；v_{He} 为热平均速度，m/s；λ_{He} 为分子平均自由程，m；R 为气体常数，8.314J/（mol·K）；T 为热力学温度，K；M 为分子摩尔质量，g/mol；K_B 为玻尔兹

曼常数，1.3806×10^{-23}J/K；δ_{He} 为分子动力学直径，m；δ_j 为第 j 相气体组分的分子动力学直径，m；P 为气体压力，Pa；n_j 为第 j 相气体组分含量，%；j 为气体组分的种类。

图 3.7 展示了不同 He-CH$_4$ 混合条件下的氦气扩散系数（T=323.15K，P=20MPa）。随着 He-CH$_4$ 气藏中氦气含量的升高，氦气扩散系数增大，这表明在不考虑盖层封闭性的条件下，含氦天然气中氦气含量越高，通过扩散散失的氦气通量越大。

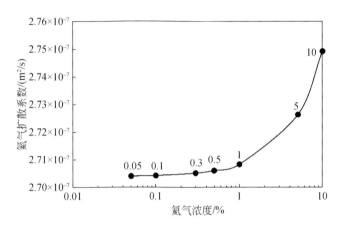

图 3.7　不同 He-CH$_4$ 混合中氦气扩散系数

综上所述，富氦气田的形成需要活动性与稳定性的合理配置，适度的构造活动可以确保源-储体系之间形成有效沟通，有助于含氦流体的运移；同时不会破坏盖层的封闭性，有利于氦气的保存。

第七节　氦 气 成 藏

虽然氦气大多与烃类气体在特定圈闭中共聚，但是这两者的成藏要素既有联系，也存在显著的差异。氦气与烃类气体成藏系统都存在"生、储、盖、圈、运、保"六个要素，都遵循从源岩到圈闭聚集的共性，是氦气在地质体中赋存的一种特殊场景。

有机烃类天然气主要是沉积有机质在热力作用下分解形成的以甲烷为主的气体，其生成主要受烃源岩有机质丰度以及地温条件的控制。而氦气主要是岩石矿物中的铀、钍元素放射性衰变的产物，其生成主要与铀、钍元素的含量以及衰变时间有关。幔源氦通量主要与幔源流体规模以及活动期次密切相关。

对于壳源同源型氦气藏而言，氦气和烃类气体属于原位或近源聚集，两者初次运移机制存在显著差异，但两次运移几乎等同。氦气初次运移主要受控于地层温度，一旦突破 ^{4}He 封闭温度，氦气将持续释放。而烃类初次运移的动力来源于生烃增压，运移方式为幕式释放。

除了原位或近源成藏外，氦气与烃类的运聚体系存在显著的差异。在热应力作用下，烃源岩在短时间内（相比于氦源岩的半衰期）生成大量的烃类，在流体压力和浮力驱动下，这些烃类以连续流体的形式从烃源岩运移至有利圈闭中聚集。然而，氦源岩的生氦速率非常低，氦气长距离运移必须借助载体（幔源流体、地层水、烃类流体、N$_2$ 等）。含氦流体运移动力与载体类型密切相关，可能为流体压力、热作用和浮力。至于运移通道，含氦流体和烃类流体的运移通道部分共用。在两者相遇前，它们的运移通道完全不同，含氦流体的运移通道不局限在沉积地层，可延伸至基底、下地壳，甚至岩石圈地幔；在两者相遇后，它们共同运移至有利圈闭中聚集。

确定含氦流体的充注时序是揭示氦气富集成藏过程的重要内容。明确含氦流体的充注期次不仅关乎到地层水中氦气的脱溶机制，而且可为判断氦气是否能够独立成藏提供参考。断裂系统是大规模地质流体运移的有效通道（Pei et al.，2015），因此确定断裂系统的形成时间、期次以及空间展布特征至关重要，特别是沟通源-储体系的断裂系统，其形成时间可被视为含氦流体有效充注的起始时间。结合区域埋藏史等资料，分析古应力场与断裂特征之间的相关性或采用包裹体测温，可以推断断裂系统的形成时间和期次（田蜜等，2010；马新民等，2015）。此外，对于有方解石和白云石等碳酸盐胶结物充填的断裂系统，其形成时间和期次可通过碳酸盐矿物激光原位 U-Pb 同位素测年技术进行确定（沈安江等，2019；胡安平等，2020），断裂系统的空间展布特征可通过三维地震数据解释获取。

无论哪种类型的氦气藏，氦气和烃类气体的成藏条件几乎可视为等同，储层、圈闭和盖层共用。从全油气系统的视角来看，烃类在沉积中心、斜坡带和构造高部位均可形成工业性聚集（贾承造，2017）。然而，氦气主要在（古）隆起及其周缘形成工业性聚集。氦气与烃类气体共同在有利圈闭中成藏，烃类气体有两方面的作用：①显著降低了含氦流体中氦气分压，氦气相态从溶解态迅速转变为游离态，使得氦气在气藏中高效富集；②作为氦气的赋存载体，显著降低了氦气的扩散性能，减少氦气的逸散通量。

氦气成藏涉及氦源岩中富铀、钍矿物赋存特征、氦气释放动力学机制、氦气运聚规律、相态转变机制、扩散-保存机制、氦气与烃类气体耦合成藏等多个关键科学问题，加强对这些关键科学问题的研究不仅可以丰富和完善不同地质背景条件下氦气富集成藏理论体系，而且可以为摸清我国氦气资源家底、优选富氦有利区、降低氦气资源勘探风险提供重要科学依据。

第四章　我国东部深部流体活跃型氦气藏

第一节　氦气富集主控因素与成藏模式

中国东部自侏罗纪以来，受西太平洋板块俯冲作用导致地幔隆起和地壳减薄。强烈的岩浆和火山活动，使得该地区转变为张性活动构造环境，形成了一系列伸展正断层和巨型深大断裂带，同时在大陆边缘形成了一系列边缘海盆地和断陷-拗陷盆地，盆地内发现了不同类型的富氦天然气藏（He＞1000ppm），包括富氦 CO_2 气藏、富氦 N_2 气藏和富氦烃气藏。本节通过大量气体地球化学数据分析，讨论了这些富氦天然气中氦气的来源及其富集成藏机理。

中国东部主要是指大兴安岭-太行山-武陵山重力梯度带以东的滨太平洋地区，地处欧亚、太平洋和印度-澳大利亚等板块的交会处（图 4.1）。该区，特别是华北地台，自侏罗纪以来，受西太平洋板块俯冲作用，发生了一系列构造活化现象，进入了一个新的大地构造发展阶段（Wu et al.，2005；Zhou et al.，2006；Li and Li，2007；Sun et al.，2007；Zheng，2008；Niu et al.，2015）。由于地幔蠕动进入活跃期，地幔隆起，地壳减薄，发生底辟作用，强烈的岩浆和火山活动，使得该地区转变为张性活动构造环境，形成了一系列伸展正断层和巨型深大断裂带，其中一些超壳或岩石圈断裂成为壳幔物质与能量交换（特别是幔源 CO_2 上升）的主要构造通道（Tao et al.，1997，2005）。同时在大陆边缘形成了一系列边缘海盆地和断陷-拗陷盆地，包括松辽、渤海湾、苏北、东海、珠江口、三水、琼东南和莺歌海等众多含油气盆地（Ren et al.，2002；赵斐宇等，2017）。这些盆地具有明显较高的地温梯度，且流体中普遍含有一定丰度的幔源挥发分（Wang and Wang，1986；Xu et al.，1990，1997a，1997b；Hu et al.，1992，2000；Liu et al.，2021；Wang et al.，2022）。

在中国东部盆地发现了大量油气资源，成为中国重要的石油及天然气产区之一，其中松辽盆地、渤海湾盆地以产油为主，大陆架上的东海盆地、莺歌海盆地、琼东南和珠江口盆地以产气为主（戴金星等，2009）。该区的另一个显著特点是 CO_2 气藏分布广泛（图 4.1），陆续发现了 30 多个 CO_2 气藏（CO_2＞60%）和大量含 CO_2 较高的烃类气藏（Dai et al.，1996；Huang et al.，2004，2015；Liu et al.，2017，2021）。

一、中国东部天然气地球化学特征

（一）富氦天然气组成特征

中国东部含油气盆地中天然气的化学组成主要包括 C_1-C_5 烷烃气体、CO_2、N_2、微量的稀有气体和 H_2。天然气中氦气含量差异巨大，分布在 4～30800ppm 之间。已发现富氦天然气（He≥1000ppm）主要分布在陆上的松辽盆地、渤海湾盆地济阳拗陷、苏北盆地和三

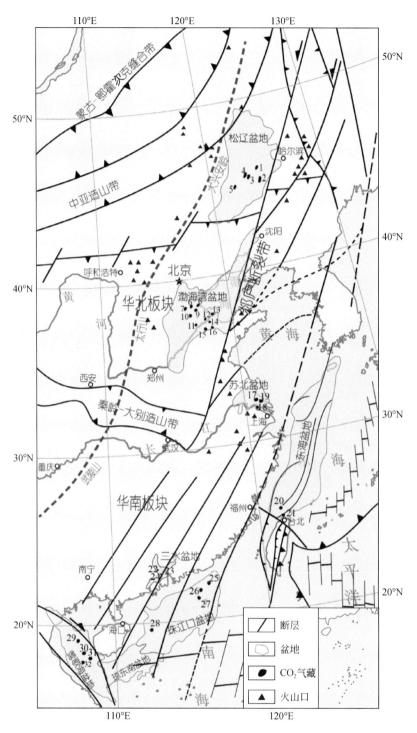

图 4.1　中国东部含油气盆地及 CO_2 气藏分布图（据廖凤蓉等，2012；赵斐宇等，2017 修改）

数字 1~32 为 CO_2 气藏名称。1. 农安村；2：乾安；3：万金塔；4：孤店；5：长岭；6：旺 21；7：旺古 1；8：友爱村；9：翟庄子；10：齐家务；11：八里泊；12：阳 25；13：平方王；14：平南；15：高 53-高气 3；16：花沟；17：纪 1；18：丁家垛；19：黄桥；20：石门潭；21：温州 13-1；22：南岗；23：沙头圩；24：坑田；25：惠州 18-1；26：惠州 22-1；27：番禺 28-2；28：文昌 15-1；29：东方 1-1；30：乐 18-1；31：乐东 15-1；32：乐东 21-1

水盆地。天然气甲烷含量分布在 0.01%～99.34%之间，甲烷同位素组成特征以有机成因为主，He 含量与甲烷含量之间无相关关系 [图 4.2（a）]。氮气含量分布在 0～87.91%之间，绝大部分样品的 N_2 含量小于 20%，只有在苏北盆地溪桥气田、济阳拗陷花沟地区以及松辽盆地尚深 1 井的天然气中，N_2 的含量超过 50% [图 4.2（b）]。N_2 含量相对较高的样品（N_2 ＞50%）的 He 含量也相对较高。同时也有部分松辽盆地样品的 He 含量相对较高，但是 N_2 的含量小于 10% [图 4.2（b）]。CO_2 含量分布在 0～99.48%之间，22%的样品中 CO_2 的含量超过 70%，CO_2 含量与 He 含量无相关关系 [图 4.2（c）]。我国东部含油气盆地中天然气的 $^3He/^4He$ 值分布在 0.03～8.80Ra，平均为 1.91Ra，所有天然气样品均表现出不同程度幔源流体参与的特征 [图 4.2（d）]。

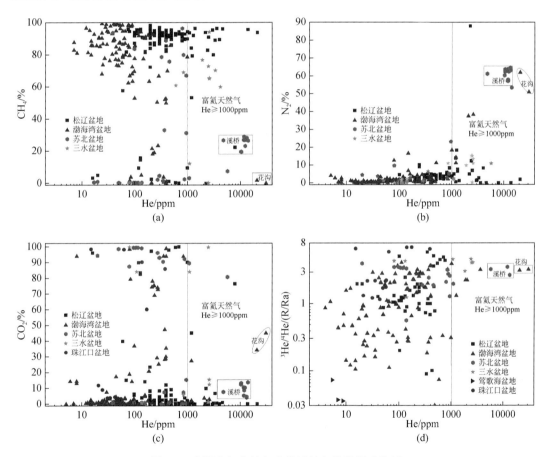

图 4.2 中国东部含油气盆地天然气化学组成特征

部分数据来源于 Xu 等（1990，1997a，1997b，1998）；杨方之等（1991）；戴金星等（1994）；戴春森等（1995）；Tao 等（1997）；霍秋立等（1998）；郭念发等（1999）；Zheng 等（2001）；曹忠祥等（2001）；冯子辉等（2001）；丁巍伟等（2004）；何家雄等（2005）；Feng（2008）；Dai 等（2009b）；Zeng 等（2013）；刘全有等（2014）；Su 等（2014）；Liu 等（2016a，2017）；陈红汉等（2017）

从富氦天然气（He≥1000ppm）的化学组成特征来看，既存在以甲烷为主的富氦烃气藏，同时也存在以非烃气体为主的富氦 CO_2 气藏和富氦 N_2 气藏。但是无论是哪种富氦天然气类型，其共同特征是具有相对较高的 $^3He/^4He$ 值 [图 4.2（d）]。富氦天然气的 $^3He/^4He$

值主要分布在 0.88～4.91Ra，平均为 2.82Ra，幔源 He 贡献比例相对较高。

（二）CH₄、CO₂ 和 N₂ 的成因

中国东部盆地烃类天然气主要分布在中新生界地层，成因类型多样，以有机热成因的烷烃气藏为主。除此之外，在松辽盆地徐家围子断陷发现了具有无机成因地球化学特征的烷烃气藏（Dai et al.，1996；2005a；Liu et al.，2016a），但是这些气藏的 He 含量相对较低（<500ppm）。中国东部的 CO_2 气藏分布与中生代以来西太平洋板块俯冲造成的高地热流区、深大断裂分布及火山岩带展布一致（Tao et al.，1997，2005；Hu et al.，2009；赵斐宇等，2017）。CO_2 气藏的储集层位在古生界至新生界都有发现，其中以新生界古近系和新近系，以及古生界碳酸盐岩地层最为富集，其运聚主要受火山活动、沟通深部气源的基底深大断裂以及泥底辟热流体的局部上侵活动的影响和控制（赵斐宇等，2017）。这些气藏 CO_2 含量相对较高，碳同位素组成相对较重（-6‰～-2‰），除莺歌海盆地部分 CO_2 气藏属于壳源型碳酸盐岩热分解成因之外，其他地区主要属于典型的幔源岩浆脱气成因（何家雄等，2005a，2005b）。高 N₂ 天然气主要包括溪桥和花沟气藏，两者均位于大型 CO_2 气藏的上部层系，埋藏深度小于 1000m。天然气中氮气的来源包括大气成因、有机成因、变质成因、火山岩浆成因和地幔脱气（Krooss et al.，1995）。由于不同成因 N₂ 的氮同位素组成特征差异不明显，目前对溪桥、花沟等高氮天然气中 N₂ 的成因和来源没有明确的认识。

二、富氦天然气氦气的主要来源

（一）³He/⁴He 值与 He 来源

天然气中的 He 主要来自地壳和地幔两个端元，可根据壳幔二元复合模式计算天然气中不同来源的比例（Ballentine and O'Nions，1992）。前人一般将洋中脊玄武岩（MORB）的 ³He/⁴He 平均值（8Ra）作为上地幔端元进行计算，认为这些富氦天然气中幔源 He 的份额占 10%～60%，平均为 34.6%（Xu et al.，1998）。这一结果说明壳源 He 仍然是这些富氦天然气中氦气的重要来源。

实际上，地幔物质的化学和同位素组成是不均匀的，远离热点喷发的 MORB 具有相对均匀的 ³He/⁴He 值，中值为 8±1Ra，反映了上地幔的成分（Jackson et al.，2017）。相比之下，洋岛玄武岩在许多板内火山热点地区喷发，被认为是起源于深部地幔的浮力上涌地幔柱的熔融，喷发熔岩的 ³He/⁴He 值为 5～50Ra（Jackson et al.，2017）。洋壳物质俯冲是引起地幔不均一性的重要机制。中生代以来，中国东部断裂/裂谷的动力机制主要与西太平洋板块的俯冲有关，这一过程将大量洋壳物质带入中国东部陆下地幔并形成混合源区（Ma et al.，2006；Dai et al.，2019）。由于西太平洋板块的俯冲和地幔交代作用，中国东部不同地区地幔岩包体的 ³He/⁴He 值存在一定的差异，且很多地区明显低于 MORB（Xu et al.，1995a，1995b；Xu and Liu，2002；Li，2002；Ma et al.，2006），所以将 MORB 的 ³He/⁴He 值作为地幔端元低估了中国东部天然气中幔源 He 的贡献比例。

中国东部不同盆地 CO_2 气藏（≥70%）的 ³He/⁴He 值同样存在一定差异［图 4.3（a）］。其中莺歌海盆地主要以碳酸盐岩热分解成因 CO_2 气藏为主（何家雄等，2005a，2005b），具

有较低的 $^3He/^4He$ 值($<1Ra$），其他地区 CO_2 气藏以幔源为主，$^3He/^4He$ 值整体较高（$>1Ra$），但也存在明显差异 ［图 4.3（b）］。我们统计了不同盆地 $CO_2>98\%$ 气藏的 $^3He/^4He$ 平均值，其中东海和珠江口盆地具有显著较高的 $^3He/^4He$ 值（平均为 6.7Ra），接近 MORB 的 $^3He/^4He$ 值；琼东南、松辽和三水盆地次之（平均为 4.61Ra），苏北和渤海湾盆地明显较低（平均为 3.45Ra）［图 4.3（b）］。如果将这些气藏（$CO_2>98\%$）的 $^3He/^4He$ 值作为该地区地幔端元值，中国东部不同地区富氦天然气中幔源 He 的比例更高，平均达 70% 左右。其中，苏北盆地溪桥气藏和渤海湾盆地花沟气藏 N_2 含量均高于 50%，但是其 $^3He/^4He$ 值平均为 3.11Ra，幔源 He 占比 90% 左右。三水盆地富氦天然气 $^3He/^4He$ 值平均为 3.58Ra，幔源 He 占比 78%。

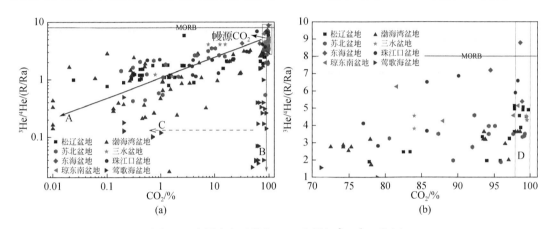

图 4.3　中国东部天然气 CO_2 含量与 $^3He/^4He$ 特征

图（b）为图（a）的局部放大。其中，A 表示壳源 He 与有机成因烷烃气体加入；B 表示碳酸盐岩热分解成因 CO_2 加入；C 表示与有机烷烃气体混合；D 表示 $CO_2>98\%$ 气藏的 $^3He/^4He$ 值

（二）地幔流体的 He 含量

幔源气体作为地球深部流体的重要组成部分，是在地幔脱气过程中，与玄武岩浆喷溢、侵入活动相伴随，气体主要包括 CO_2、H_2O、SO_2、H_2S、N_2、CH_4、H_2 和稀有气体等。幔源气体中稀有气体的绝对浓度显示了巨大差异，在玄武岩包裹体中，氦浓度的绝对变化可以相差 1000 倍（Trull et al.，1993）。全球洋中脊玄武岩具有较为一致的 $CO_2/^3He$ 摩尔比值，分布在 $3\times10^8\sim8\times10^9$，平均值为 2×10^9（Marty and Jambon，1987，Marty et al.，1995；Marty and Zimmermanm，1999）。虽然不同地区玄武岩包裹体的 $CO_2/^3He$ 摩尔比值略有差异，但都基本上在 10^9 量级，这一特征在洋岛、大陆玄武岩及幔源热液中也具有普遍意义（Watson and Brenan，1987；O'Nions and Oxburgh，1988；Trull et al.，1993；Giggenbach et al.，1993；Marty and Zimmermanm，1999）。基于幔源 He 的 $^3He/^4He$ 值，MORB 中的 CO_2/He 摩尔比值大约在 2×10^4 ［图 4.4（a）］，这意味着以 CO_2 为主体的地幔原始气体中，He 的含量仅为 200ppm 左右，幔源气体本身并不富氦。另外，MORB 中 N_2/He 摩尔比值在 $1\sim60$ 之间，中国东部 CO_2 气藏的 N_2/He 值与 MORB 无显著差异 ［图 4.4（b）］。

中国东部 CO_2 气藏的 CO_2/He 值如图 4.4 所示，其中 CO_2 含量大于 90% 样品的 CO_2/He 特征与 MORB 基本一致，He 含量相对较低。CO_2 含量在 80%~90% 之间的样品，He 含量超过 1000ppm。造成这些样品 CO_2/He 值减小的主要原因是 CO_2 的丢失（Liu et al.，2017；Palcsu et al.，2014）。

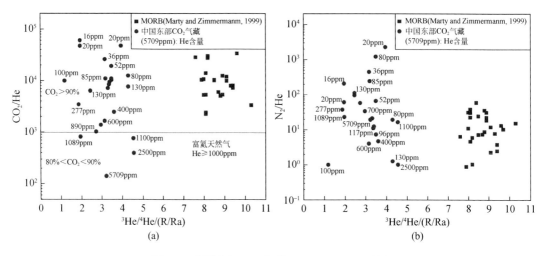

图 4.4　中国东部 CO_2 气藏 CO_2/He、N_2/He 特征

图中样品的 CO_2 含量>80%；中国东部 CO_2 气藏的 $^3He/^4He$ 明显低于 MORB，但是 CO_2/He、N_2/He 值与 MORB 基本一致

三、幔源氦的富集过程

（一）$CO_2/^3He$ 值与 CO_2 的丢失

中国东部富氦天然气中的 He 以幔源为主，但是幔源挥发分本身并不富 He。幔源挥发分在沉积地层发生的一系列次生作用是幔源 He 富集的主要原因。CO_2 是幔源稀有气体的主要载体，但是与稀有气体不同，CO_2 是一种活性组分，容易受到地壳各种次生作用而丢失，比如溶解、矿化、被还原等（Ballentine et al.，2001）。

$CO_2/^3He$ 值通常用来研究气体的来源与演化，上地幔的 $CO_2/^3He$ 值为 $1\times10^9\sim1\times10^{10}$，地壳具有相对较高的 $CO_2/^3He$ 值（$>1\times10^{10}$）（Ballentine et al.，2001）。碳酸盐岩热分解成因的 CO_2 气藏具有明显较高的 $CO_2/^3He$ 值，其中莺歌海盆地 CO_2 气藏以碳酸盐岩热分解成因为主，含少量幔源 CO_2，其 $CO_2/^3He$ 平均值为 1×10^{11}，He 的含量平均为 15ppm（何家雄等，2005a，2005b）。沉积地层有机成因天然气的 $CO_2/^3He$ 值介于幔源和碳酸盐岩热分解成因 CO_2 气藏之间，He 含量与烃源岩和储层的 U、Th 含量及地层年代有关。

在中国东部，以非烃气体为主的天然气（非烃>95%）的 $CO_2/^3He$ 值与 He 含量存在很好的负相关关系，随着 $CO_2/^3He$ 值的不断降低，He 含量逐渐升高了 3 个数量级（图 4.5），说明 CO_2 的丢失是这些气藏 He 富集的主要机制。另外，随着沉积层有机成因烃类气体的加入，He 含量被稀释。如果不考虑烃烃气体对 He 的稀释作用，研究 He 在非烃气体中的相对含量（用 He^* 表示），几乎所有样品的 $CO_2/^3He$ 和 He^* 存在非常好的负相关关系。当 CO_2 被溶解消耗时，保留在气体中的 He 浓度与 CO_2 浓度成反比地增加，说明这个过程中稀有气体 He 是几乎不溶解的，而是以气相形式存在（Dubacq et al.，2012）。

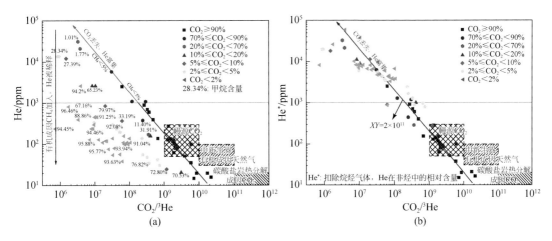

图 4.5 中国东部天然气 $CO_2/^3He$ 值与 He 含量变化关系

莺歌海盆地 CO_2 气藏以碳酸盐岩热分解成因为主，未统计在内；（b）中 $CO_2/^3He$ 和 He* 呈很好的负相关关系（$XY=2\times10^{11}$）

（二）$N_2/^3He$ 值与 N_2 的来源

除 CO_2 之外，N_2 是天然气中另一个主要的非烃气体。地幔挥发分中的 N_2 含量较低，CO_2/N_2 值为 535 ± 224，N_2/He 值在 10 左右，$N_2/^3He$ 值为（3.8 ± 1.2）$\times10^6$（Marty and Zimmermanm，1999），中国东部幔源 CO_2 气藏原始 CO_2/N_2 值、N_2/He 值和 $N_2/^3He$ 值与地幔挥发分基本一致（图 4.4、图 4.6）。但是随着 CO_2 的消耗，$CO_2/^3He$ 值逐渐降低，N_2 和 He 相对含量逐渐增加，CO_2/N_2 值由最初的 500 左右，最终减小为 0.1 左右（图 4.6、图 4.7）。但是在这个过程中，$N_2/^3He$ 值基本不发生变化（图 4.6），与地幔挥发分的比值保持一致。N_2 和 He 化学性质为惰性，同时两者在地下流体中的溶解度较小，且溶解度相近，这是 $N_2/^3He$

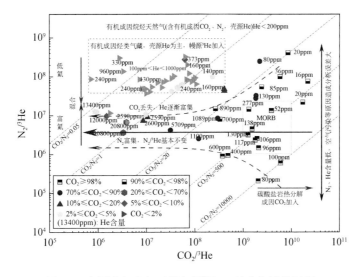

图 4.6 中国东部富氦天然气幔源 He 的富集演化过程

幔源 CO_2 中，N_2 和 He 含量极低，由于分析误差和空气污染等原因，$N_2/^3He$ 值变化范围较大；部分样品的 $CO_2/^3He$ 值大于 1×10^{10} 可能与部分碳酸盐岩热分解成因 CO_2 的混入有关

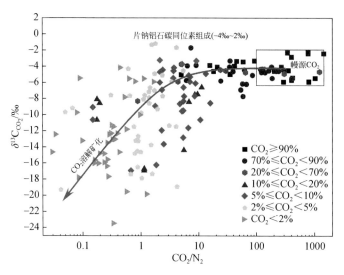

图 4.7　幔源 CO_2 溶解矿化过程中碳同位素组成变化特征

从前文分析可知，N_2 和 He 一样，在幔源 CO_2 溶解矿化过程中相对稳定，因此 CO_2/N_2 值可以反映 CO_2 丢失的程度

值保持稳定的重要原因。这些特征说明 N_2 同样主要来自地幔，即使 N_2 含量较高的富氦气藏也是如此。$N_2/^3He$ 值的稳定说明在 CO_2 溶解消耗过程中，N_2 以气相为主，溶解丢失可以忽略不计。

（三）碳同位素组成与 CO_2 矿化

片钠铝石是 CO_2 气藏中常见的自生矿物，该矿物是 CO_2 运移和聚集的指示标志，形成于高浓度 CO_2 环境。在中国东部的 CO_2 储层，已经发现大量的片钠铝石矿物，如松辽盆地（Liu et al.，2011；Qu et al.，2016）、渤海湾盆地（Li and Li，2017）、苏北盆地（Zhu et al.，2018）、东海盆地（Zhao et al.，2018）和莺歌海盆地（Yu et al.，2020）等，这些片钠铝石的形成与幔源 CO_2 密切相关，是幔源 CO_2 溶解矿化的主要产物。

与 CO_2 相比，片钠铝石的碳同位素组成相对富集 ^{13}C，岩浆 CO_2 形成的片钠铝石碳同位素组成分布在-4‰～4‰（Baker et al.，1995），中国东部含油气盆地中的片钠铝石碳同位素组成主要分布在-4‰～2‰（Li and Li，2017）。随着 CO_2 的溶解与矿化，剩余 CO_2 气体的碳同位素组成逐渐变轻（图 4.7）。中国东部很多有机成因烷烃气藏中含有少量的 CO_2 气体，一般认为这些碳同位素组成相对较轻（<-10‰）的 CO_2 属于有机成因。但是幔源物质参与程度较低的辽河拗陷，CO_2 的含量明显较低（平均 0.15%）。因此中国东部天然气中的 CO_2 除莺歌海盆地等以碳酸盐岩热分解成因为主外，其他地区以幔源为主，碳同位素特征主要与 CO_2 的溶解矿化作用有关（图 4.7）。

四、富氦天然气成藏模式

深大断裂是控制幔源 CO_2 流体向沉积盆地运聚的关键因素。幔源 CO_2 流体以气相向上运移成藏过程中，在运移通道和储层孔隙水中溶解的长期累积的壳源 He 也会快速脱溶出来，随气相流体一起运移（Brown，2010）。另一个壳源 He 的来源是有机成因烷烃气体形成与成藏过程中，烃源岩和储层中生成的 He。中国东部的所有天然气样品，无论是来自 CO_2 气藏还是有机成因的烷烃气藏，都存在不同程度幔源 He 的贡献，而且所有的富氦天然气藏都具有相对较高的 $^3He/^4He$ 值［图 4.2（d）］，以幔源 He 的贡献为主。

根据 He 含量和天然气化学组分特征，中国东部的天然气可以分为五种类型（图 4.8、图 4.9）。①贫氦 CO_2 气藏：幔源 CO_2 为主（$CO_2 \geq 80\%$），$CO_2/^3He > 2 \times 10^8$，氦含量相对

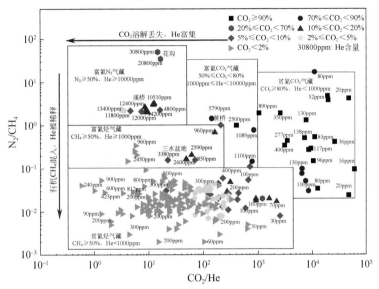

图 4.8 中国东部不同类型富氦天然气藏地球化学特征

溶解矿化使得幔源 CO_2 大量消耗，CO_2/He 值由原来的 10^4 降低为 10 左右，幔源 He 相对丰度增加了上千倍

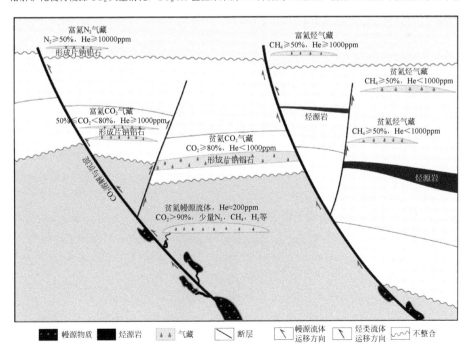

图 4.9 中国东部不同类型富氦天然气藏成藏模式

较低（He<1000ppm）；②富氦 CO_2 气藏：CO_2 含量分布在 50%～80%，$CO_2/^3He$ 值介于 2×10^7～2×10^8 之间，大量的 CO_2 发生了溶解矿化，氦气含量高于 1000ppm，黄桥气藏就属于这种类型；③富氦 N_2 气藏：天然气以氮气为主要成分（$N_2\geq50\%$），含一定量 CO_2，$CO_2/^3He<2\times10^7$，绝大部分 CO_2 发生了溶解矿化，氦气含量异常高（He≥10000ppm），这种类型主要分布在相对较浅的层系，溪桥气藏和花沟气藏属于这种类型；④贫氦烃气藏：以有机成因烷烃气体为主，甲烷含量大于 50%，氦气含量较低（$N_2<5\%$），部分样品含有一定量的 CO_2，He 含量小于 1000ppm；⑤富氦烃气藏：以有机成因烷烃气体为主，甲烷含量大于 50%，属于贫氦烃气藏与富氦 N_2 气体或富氦 CO_2 气体混合的结果，He 含量大于 1000ppm，三水盆地的富氦天然气属于这种类型。

第二节　松辽盆地松南气田

　　松南气田是发育在松辽盆地长岭断陷中部的老英台-达尔罕断裂带腰英台深层断鼻构造上的一个白垩系营城组火山岩气藏（图4.10），紧邻长岭1号气田。长岭断陷是断拗叠置的中新生代盆地，位于中央断陷带南部，面积约为 $7240km^2$，断陷地层最大埋深为9000m，具有良好的油气地质条件，油气资源总量达 4.95×10^8t 油当量（郑伟，2013）。

　　2006 年，中国石油化工集团有限公司在腰英台深层断鼻构造上部署的腰深1井，在营城组火山岩储层试获天然气无阻流量 $30\times10^4\ m^3/d$，成为松南气田的发现井。截至2020 年底，松南气田天然气探明地质储量为 $505.2\times10^8\ m^3$，含气面积为 $20.36\ km^2$。钻井揭示的地层自下而上主要包括下白垩统火石岭组（K_1h）、沙河子组（K_1sh）、营城组（K_1yc）、登娄库组（K_1d）和泉头组（K_1q），以及上白垩统青山口组、嫩江组、明水组和四方台组。营城组火山岩是该区深部天然气勘探的主要层位，其埋深一般在3700m 左右。

一、氦地球化学特征

1. 氦气含量

　　松南气田登娄库组和营城组天然气中氦的含量分别介于 0.0186%～0.0507%和 0.0300%～0.0607%，平均值分别为 0.0286%（样品数 $N=3$）和 0.0328%（$N=8$）。不同层位天然气中氦的含量均小于 0.10%，而松辽盆地庆深气田白垩系天然气中氦的含量整体偏低，介于 0.002%～0.046%（Liu et al.，2016a），平均为 0.020%（$N=14$）[图4.11（a）]。

2. 氦、氩同位素组成

　　松南气田登娄库组和营城组天然气 $^3He/^4He$ 值分别介于 15.6×10^{-7}～38.5×10^{-7} 和 10.1×10^{-7}～38.0×10^{-7}，对应的 R/Ra 值分别为 1.11～2.75 和 0.72～2.71，平均值分别为 2.02（$N=3$）和 2.23（$N=8$）。除腰平9井营城组天然气样品 R/Ra 值小于1 外，其余样品 R/Ra 值均大于 1，且 R/Ra 值分布范围与庆深气田整体较为一致 [图4.11（b）、图4.12（a）]。在氩同位素组成方面，本次分析测试的松南气田登娄库组和营城组天然气 $^{40}Ar/^{36}Ar$ 值分别介于 318～3683 和 2049～4611，均显著高于大气值（295.5）（Allègre et al.，1987）[图4.12（b）]。

3. $CH_4/^3He$ 值和 $CO_2/^3He$ 值

　　松南气田登娄库组和营城组天然气的 $CH_4/^3He$ 值分别为 0.480×10^9～1.276×10^9 和

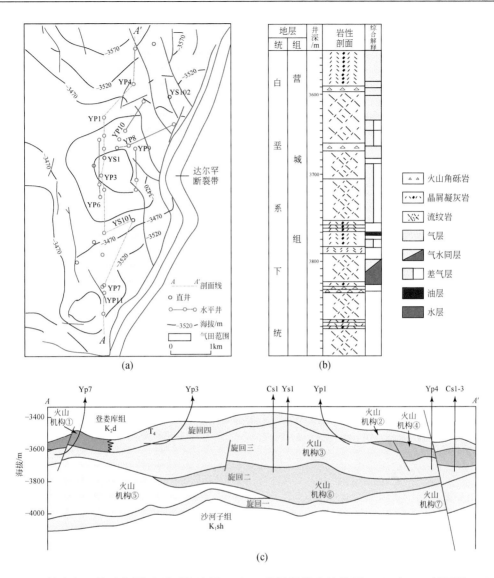

图 4.10 松南气田构造位置及顶面构造图（a）、营城组综合柱状图（b）和 AA′剖面图（c）

（据李永刚，2017；陈为佳等，2014）

$0.261 \times 10^9 \sim 1.156 \times 10^9$，平均分别为 0.953×10^9 和 0.432×10^9；$CO_2/^3He$ 值分别为 $0.009 \times 10^9 \sim 0.248 \times 10^9$ 和 $0.081 \times 10^9 \sim 0.508 \times 10^9$，平均分别为 0.121×10^9 和 0.197×10^9。

二、天然气中氦的丰度特征

松辽盆地松南气田登娄库组和营城组天然气中氦的含量介于 0.0186%～0.0607%，平均值为 0.051%。在 11 个样品中，有 8 个达到了含氦天然气的标准（0.050%≤He%＜0.150%）（Dai et al.，2017），另外 3 个则为贫氦天然气（0.005%≤He%＜0.050%）（Dai et al.，2017）[图 4.2（a）]。庆深气田白垩系天然气中氦的丰度整体略低于松南气田，氦含量最高仅为 0.046%，其主体为贫氦天然气，个别样品甚至为特贫氦天然气 [图 4.2（a）]。

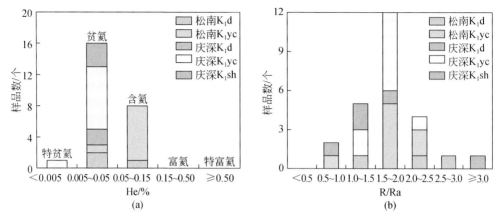

图 4.11　松辽盆地松南气田天然气中 He 含量分布图（a）和 R/Ra 分布图（b）

庆深气田样品据 Liu 等（2016a，2016b）

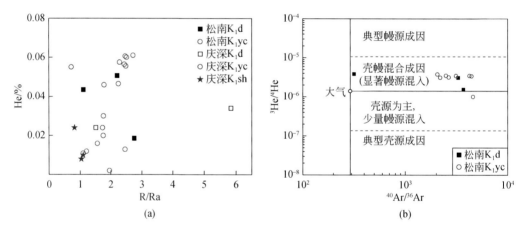

图 4.12　松南气田天然气 He 含量与 R/Ra 值相关图（a）及 ^{3}He/^{4}He 与 ^{40}Ar/^{36}Ar 相关图（b）

庆深气田样品据 Liu 等（2016a）

Dai 等（2017）根据探明天然气储量中 He 的总量将氦气田的规模划分为特小型、小型、中型、大型、特大型气田，其氦储量分别为<$5×10^6$m^3、$5×10^6$～$25×10^6$m^3、$25×10^6$～$50×10^6$m^3、$50×10^6$～$100×10^6$m^3 和 ≥$100×10^6$m^3。松南气田天然气探明储量为 $505.2×10^8$m^3，根据氦平均含量 0.051%计算可得，探明储量中 He 的总量为 $25.8×10^6$ m^3，达到了中型氦气田的标准。这表明，松南气田中氦的总量较为可观，具有一定的勘探开发潜力。

三、氦的成因和来源

松南气田天然气中氦的含量（0.0186%～0.0607%）明显高于大气中氦的含量，^{40}Ar/^{36}Ar 值（318～4611）［图 4.12（b）］也显著高于大气的值（295.5）（Allègre et al.，1987），这表明天然气中没有大气的明显混入。根据松南气田不同层位天然气样品的 R/Ra 值及壳幔二端元混源模拟计算公式计算可得，松南气田天然气中幔源氦的混入比例为 9.0%～34.7%，平均为 27.5%。在 $^3He/^4He$ 与 $^{40}Ar/^{36}Ar$ 相关图上，松南气田 11 个天然气样品中有 10 个表现出壳幔混合成因，且其中有显著幔源氦的混入，只有 1 个样品表现出以壳源为主、有少量幔源氦的混入的特征 [图 4.12（b）]，这也与幔源氦混入比例计算结果一致。

松南气田天然气中氦的含量与氦同位素比值不具有良好的正相关性，与庆深气田白垩系天然气特征较为一致 [图 4.3（a）]，氦的含量并未随着氦同位素比值的增大而增大。这表明，尽管松南气田天然气中混入了部分幔源氦，但并未使得天然气中氦的含量显著增加。

四、He 与 CH_4、CO_2 的相关性

典型地壳和岩浆/地幔来源的天然气在 $CH_4/^3He$ 与 R/Ra 相关图上表现出截然不同的特征（Poreda et al.，1986；Jenden et al.，1993）。例如，我国中西部克拉通盆地（如四川、鄂尔多斯、塔里木等）天然气主体表现出典型的壳源成因，其 $CH_4/^3He$ 值介于 $10^{10}\sim10^{12}$，R/Ra＜0.1，而东部裂谷盆地（如渤海湾和松辽等）天然气则表现出幔源组分加入的特征，其 $CH_4/^3He$ 值主体介于 $10^6\sim10^{11}$，R/Ra＞0.1（Ni et al.，2014；Dai et al.，2017）。松南气田白垩系天然气 $CH_4/^3He$ 值介于 $2.61\times10^8\sim1.276\times10^9$，明显低于典型壳源成因天然气，而落在我国东部典型裂谷盆地天然气范围内，整体与庆深气田天然气特征一致，均表现出壳幔混合的特征 [图 4.13（a）]。

此外，地壳来源流体具有高 $CO_2/^3He$ 值、低 R/Ra 值的特征，岩浆/地幔来源流体则往往具有低 $CO_2/^3He$ 值、高 R/Ra 值的特征，而活动大陆边缘的天然气在 $CO_2/^3He$ 值和 R/Ra 值相关图上表现出二端元混合的趋势（Poreda et al.，1988）。在 $CO_2/^3He$ 与 R/Ra 相关图上，我国典型克拉通盆地（如四川、鄂尔多斯）天然气表现出典型壳源天然气特征（Wu et al.，2013），而典型裂谷盆地（如渤海湾）天然气表现出幔源流体的贡献（Ni et al.，2022）。松南气田天然气 $CO_2/^3He$ 值介于 $9.0\times10^6\sim5.08\times10^8$，主体与庆深气田天然气特征一致，表现出幔源天然气的混入特征 [图 4.13（b）]。

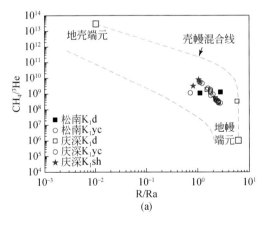
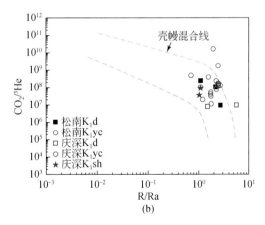

图 4.13　松辽盆地松南气田天然气 $CH_4/^3He$（a）和 $CO_2/^3He$（b）与 R/Ra 相关图

（a）地壳和地幔端元及壳幔混合线据 Jenden 等（1993）；（b）壳幔混合线据 Poreda 等（1988）；庆深气田样品据 Liu 等（2016）

第三节 渤海湾盆地东濮凹陷

渤海湾盆地位于我国东部，面积约为 $20\times10^4km^2$ [图 4.14（a）、（b）]，是发育于中新元古界和古生界克拉通基底之上、由石炭系—二叠系残余煤系和中新生界裂陷层相叠加的盆地（Dai et al.，2017）。东濮凹陷位于渤海湾盆地西南部，整体呈近北东向 [图 4.14（c）]，南宽北窄，总面积约 5300km^2（刘景东等，2017）。受裂陷期基底断裂活动的影响，凹陷内形成了"两洼一隆一斜坡"的构造格局 [图 4.14（c）]，自东向西依次发育东部洼陷带、中央隆起带、西部洼陷带和西部斜坡带（倪春华等，2015）。

东濮凹陷古近系自上而下发育东营组（E_3d）、沙河街组（$E_{2-3}s$）和孔店组（E_1k），其中沙河街组自上而下可以分为沙一段～沙四段（E_3s^1、E_3s^2、E_2s^3、E_2s^4）。下伏石炭系—二叠系自上而下发育石千峰组（P_2sh）、上石盒子组（P_2s）、下石盒子组（P_1x）、山西组（P_1s）、太原组（C_3t）和本溪组（C_2b）（Lyu and Jiang，2017）。东濮凹陷目前已经在文留、桥口、白庙等地区发现了多个古近系致密砂岩气藏（图 4.14），胡状集地区 HG2 等井在上二叠统也发现了天然气，天然气主要来自古近系（E_3s^1、E_2s^3）和上古生界（P_1s、C_3t）两套主力烃源岩（倪春华等，2015；Lyu and Jiang，2017；刘景东等，2017；Wang et al.，2018）。

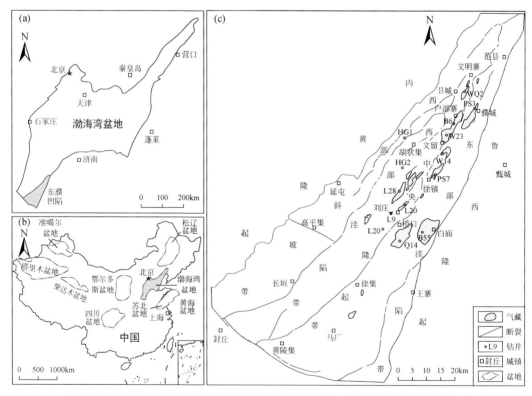

图 4.14 东濮凹陷（a）和渤海湾盆地（b）位置分布与东濮凹陷气藏分布图（c）

本次工作中利用带双阀门的不锈钢瓶，采集了渤海湾盆地东濮凹陷古近系沙河街组二～四段和上二叠统共 19 个天然气样品。天然气地球化学分析在中国石化油气成藏重点实验室进行，其中天然气组分采用 Varian CP-3800 型气相色谱仪进行，稀有气体氦、氩的含量和同位素组成采用 Noblesse 稀有气体同位素质谱仪进行，详细测试流程可参考 Cao 等（2018）发表的文献。测试结果详见表 4.1。

表 4.1　渤海湾盆地东濮凹陷天然气中稀有气体氦、氩含量和同位素组成

地区	井号	地层	CH_4/%	C_{2-5}/%	CO_2/%	N_2/%	He/10^{-6}	Ar/10^{-6}	$^3He/^4He$/10^{-7}	R/Ra	$^{40}Ar/^{36}Ar$	$CH_4/^3He$/10^9	$CO_2/^3He$/10^9	幔源He/%
文留	W108-4	E_2s^4	94.81	2.80	1.80	0.61	130	79.3	2.719	0.194	1965.3	26.8	0.51	2.33
	W23-40	E_2s^4	95.69	2.44	1.28	0.60	135	85.5	2.891	0.206	1589.5	24.5	0.33	2.49
	W109-1	E_2s^4	95.42	2.40	1.59	0.59	132	94.9	2.904	0.207	1116.2	24.9	0.41	2.50
	W72-462	E_2s^3	82.35	15.86	1.58	0.20	31	11.4	0.148	0.011	757.8	1826.3	35.04	0.01
	W13-353	E_2s^3	81.03	16.52	1.97	0.49	49	43.8	0.194	0.014	487.2	847.0	20.59	0.05
	WC194	E_3s^2	92.97	4.32	1.60	1.03	94	64	0.191	0.014	690.8	516.7	8.89	0.05
户部寨	B17-2	E_2s^4	93.57	3.45	1.76	1.18	202	122	2.680	0.191	736.9	17.3	0.33	2.30
	B6	E_2s^4	92.87	3.82	2.29	1.03	183	73.2	2.732	0.195	2028.8	18.6	0.46	2.35
	B1-2	E_2s^4	93.00	3.93	2.10	0.94	171	78.6	2.970	0.212	1787.0	18.3	0.41	2.56
	B1-7	E_2s^4	93.12	4.15	1.84	0.88	168	77.6	2.693	0.192	1784.4	20.6	0.41	2.31
徐集	X14-33	E_2s^3	90.65	6.49	1.98	0.88	133	69.2	3.089	0.221	1191.9	22.1	0.48	2.67
桥口	Q102	E_2s^3	59.78	7.08	1.00	32.08	48	29.8	0.318	0.023	677.7	392.3	6.56	0.16
刘庄	L20-10	E_3s^2	92.54	4.59	1.88	1.00	93	101	2.534	0.181	758.6	39.3	0.80	2.17
	L9-6	E_3s^2	95.38	1.49	2.26	0.87	98	83.8	2.072	0.148	996.2	47.0	1.11	1.75
	L9-6	E_3s^2	95.52	1.69	1.87	0.90	91	78.9	2.388	0.171	915.4	44.0	0.86	2.04
白庙	BC20-1	E_3s^2	90.96	6.38	1.19	1.46	204	189	11.986	0.856	1133.6	3.7	0.05	10.72
	BC52	E_2s^3	88.60	9.23	1.32	0.85	162	114	8.052	0.575	770.0	6.8	0.10	7.16
胡状集	HG2	P_2sh	90.88	1.36	6.18	1.55	188	263	1.107	0.079	3270.4	43.7	2.97	0.88
	HG2-1	P_2s	91.74	2.16	5.32	0.64	217	195	1.093	0.078	747.3	38.7	2.24	0.86

一、氦的地球化学特征

（一）氦的含量

东濮凹陷沙二段～沙四段和上二叠统天然气中氦的含量分别介于 0.0091%～0.0204%、0.0031%～0.0162%、0.0130%～0.0202%、0.0188%～0.0217%，平均值分别为 0.0116%（样品数 N=5）、0.0085%（样品数 N=5）、0.0160%（样品数 N=7）、0.0202%（样品数 N=2）[图 4.14、图 4.15（a）]。不同层位天然气中氦的含量均小于 0.05%，与前人对渤海湾盆地不同地区天然气中氦的含量研究结果较为一致 [图 4.15（b）]。

（二）氦、氩同位素组成

东濮凹陷不同层位天然气 $^3He/^4He$ 值介于 0.148×10^{-7}～11.986×10^{-7}（表 4.1）。沙二段～

沙四段和上二叠统天然气 R/Ra 值分别介于 0.014~0.856、0.011~0.575、0.191~0.212、0.078~0.079，平均值分别为 0.274（$N=5$）、0.169（$N=5$）、0.200（$N=7$）、0.079（$N=2$）（表 4.1）。不同层位天然气 R/Ra 值均小于 1（表 4.1，图 4.16、图 4.17）。在氩同位素组成方面，本次分析测试的东濮凹陷天然气 $^{40}Ar/^{36}Ar$ 值介于 487.2~3270.4（表 4.1），均显著高于大气的值（295.5）（Allègre et al.，1987）。

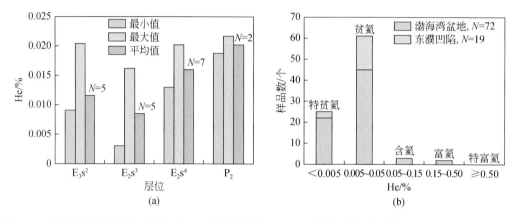

图 4.15　东濮凹陷不同层位天然气中 He 含量分布图（a）及与渤海湾盆地天然气中 He 含量对比（b）
渤海湾盆地样品据 Zhang 等（2008）和 Dai 等（2017）

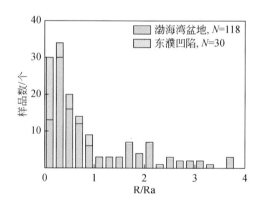

图 4.16　东濮凹陷天然气 R/Ra 值分布图
渤海湾盆地样品据 Zhang 等（2008）和 Dai 等（2017），东濮凹陷部分样品据王淑玉等（2011）

（三）$CH_4/^3He$ 和 $CO_2/^3He$ 值

东濮凹陷沙二段~沙四段和上二叠统天然气的 $CH_4/^3He$ 值分别介于 3.7×10^9~516.7×10^9、6.8×10^9~1826.3×10^9、17.3×10^9~26.8×10^9、38.7×10^9~43.7×10^9，平均值分别为 130.1×10^9、618.9×10^9、21.6×10^9、41.2×10^9；$CO_2/^3He$ 值介于 0.05×10^9~8.89×10^9、0.10×10^9~35.04×10^9、0.33×10^9~0.51×10^9、2.24×10^9~2.97×10^9，平均值分别为 2.34×10^9、12.56×10^9、0.41×10^9、2.61×10^9。

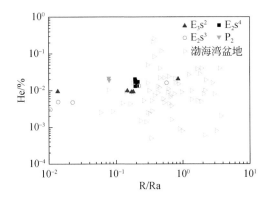

图 4.17　东濮凹陷天然气 He 含量与 R/Ra 值相关图

渤海湾盆地样品据 Zhang 等（2008）和 Dai 等（2017）

二、天然气中氦的丰度特征

根据氦含量的不同可以将天然气划分为五类，特贫氦（He%＜0.005%）、贫氦（0.005%≤He%＜0.050%）、含氦（0.050%≤He%＜0.150%）、富氦（0.150%≤He%＜0.500%）和特富氦（He%≥0.500%）（Dai et al.，2017）。美国 Panhandle-Hugoton 气田天然气样品中氦含量平均为 0.586%（Brown，2019），为特富氦天然气。我国四川盆地威远气田 215 个天然气样品氦含量平均为 0.251%（Dai et al.，2017），塔里木盆地和田河气田氦含量介于 0.30%～0.37%（陶小晚等，2019），均达到了富氦天然气的标准。

渤海湾盆地天然气中氦含量介于 0.0005%～0.26%，平均为 0.0197%（Zhang et al.，2008；Dai et al.，2017），主体为贫氦和特贫氦天然气；72 个样品中仅有 3 个和 2 个分别达到了含氦和富氦天然气的标准［图 4.15（b）］。东濮凹陷天然气样品中氦的含量介于 0.0031%～0.0217%，平均值为 0.0133%；尽管不同层位的天然气中的氦含量有一定差异，但均为贫氦和特贫氦天然气，没有样品达到含氦或富氦天然气的标准（图 4.15）。

根据探明天然气储量中 He 的总量，可以将氦气田的规模划分为特小型、小型、中型、大型、特大型气田，其氦储量分别为＜$5 \times 10^6 \mathrm{m}^3$、$5 \times 10^6 \sim 25 \times 10^6 \mathrm{m}^3$、$25 \times 10^6 \sim 50 \times 10^6 \mathrm{m}^3$、$50 \times 10^6 \sim 100 \times 10^6 \mathrm{m}^3$、$\geq 100 \times 10^6 \mathrm{m}^3$（Dai et al.，2017）。美国 Panhandle-Hugoton 气田发现时的 He 总量为 $18000 \times 10^6 \mathrm{m}^3$（Brown，2019），我国塔里木盆地和田河气田氦气总探明储量为 $195.91 \times 10^6 \mathrm{m}^3$（陶小晚等，2019），均达到了特大型氦气田的标准。渤海湾盆地东濮凹陷天然气探明储量为 $1382 \times 10^8 \mathrm{m}^3$，结合 He 平均含量 0.0133%计算可得探明储量中 He 的总量为 $18.38 \times 10^6 \mathrm{m}^3$，达到小型氦气田的标准。这表明，尽管东濮凹陷天然气中氦的丰度相对较低，但总量仍较为可观。

从含氦天然气中提取氦是工业制氦的唯一途径，以往一般认为，工业制备氦气的标准是氦含量达到 0.1%（陶小晚等，2019；陈践发等，2021）。氦的沸点低于甲烷的沸点，因此在卡塔尔等国家通过压缩天然气生产液化天然气（LNG）的过程中，残余气体中会相对富集 He（陶小晚等，2019），即相对富氦天然气是生产 LNG 的副产物。通过这种途径制氦对于天然气中氦含量的要求可以降低到 0.04%（Anderson，2018）。渤海湾盆地 72 个天然气样品中有 8 个氦的含量达到了 0.04%（Zhang et al.，2008；Dai et al.，2017），满足了通过 LNG 法生产氦气的要求。尽管东濮凹陷天然气及渤海湾盆地多数天然气样品中氦的含量低于 0.04%，但随着氦的分离和富集技术的持续进步，未来制备氦气对天然气中氦丰度的要求可能会进一步降低，这也为后续有效动用更多氦资源创造了可能。

三、氦成因和来源

东濮凹陷天然气中氦的含量为 $31\times10^{-6}\sim217\times10^{-6}$（图 4.15），明显高于大气中氦的含量（$5.24\times10^{-6}$）（Porcelli et al.，2002），$^{40}Ar/^{36}Ar$ 值（487.2～3270.4）（表 4.1，图 4.18）也显著高于大气的值（295.5）（Allègre et al.，1987），这表明天然气中没有明显的大气混入。根据东濮凹陷不同层位天然气样品的 R/Ra 值（表 4.1）及壳幔二端元混源模拟计算公式计算可得，东濮凹陷天然气中幔源氦的混入比例为 0.01%～10.72%，平均为 2.39%；部分样品中幔源氦的混入比例小于 1%，表现出典型壳源特征（表 4.1）。

渤海湾盆地天然气 R/Ra 值介于 0.059～3.74（图 4.17），平均为 1.013（Zhang et al.，2008；Dai et al.，2017），表明其中普遍有不同程度的幔源氦的混入（图 4.18）。东濮凹陷天然气 R/Ra 值介于 0.011～0.856（表 4.1），表现出典型壳源成因和壳幔混合型的特征，且 R/Ra 值分布特征与渤海湾盆地其他地区天然气分布特征较为一致（图 4.16）；在 $^{3}He/^{4}He$ 与 $^{40}Ar/^{36}Ar$ 相关图上，东濮凹陷 29 个天然气样品中有 9 个表现出典型壳源成因，其余表现出以壳源为主、有少量幔源氦混入的特征（图 4.18），这也与幔源氦混入比例计算结果一致。

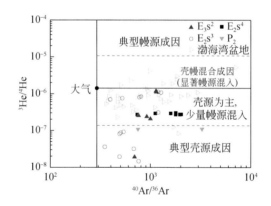

图 4.18　东濮凹陷天然气 $^{3}He/^{4}He$ 与 $^{40}Ar/^{36}Ar$ 相关图

底图据 Li 等（2017）；渤海湾盆地样品据 Zhang 等（2008）和 Dai 等（2017）；东濮凹陷部分样品据王淑玉等（2011）

四川盆地南部震旦系和前震旦系中的天然气与盆地内其他地区天然气相比，具有更高的 He 丰度，平均值为 0.24%，达到了商业性开采的标准，反映了随着时间增加，壳源氦也开始增加（Ni et al.，2014），这主要源自岩石中铀、钍等元素发生放射性衰变的年代积累效应。而我国东部松辽、苏北等含油气盆地的一些气井中，氦含量达到 0.05%～0.1%，其中幔源氦的贡献达 33.5%～65.4%，表明沉积壳层中的幔源氦也可以形成工业性聚集（Xu et al.，1997a，1997b）。渤海湾盆地天然气中 He 含量和 R/Ra 值之间没有明显的正相关性，少量样品 He 含量达到 0.05%甚至 0.1%，但其 R/Ra 值仅为 0.5 左右，而在 R/Ra 更高的样品中并未表现出更高的 He 含量（图 4.17）。这可能与天然气中原先壳源氦的含量差异较大有关。对东濮凹陷天然气而言，He 含量与 R/Ra 值之间具有一定的正相关性，R/Ra 值低于 0.03 的样品其 He 含量均低于 0.01%，而 R/Ra 值高于 0.1 的样品其 He 含量则普遍高于 0.01%（图 4.17），这反映了幔源氦的混入在一定程度上提高了氦的丰度。此外，东濮凹陷上二叠统天然气并未表现出比沙河街组天然气明显更高的 He 含量（图 4.17），即壳源氦的年代积累效应不明显。

四、氦与 CH_4、CO_2 的相关性

天然气中的氦往往与 CH_4 等烃类气体和 CO_2 伴生，因此氦与 CH_4、CO_2 在地球化学特征和成因上的联系引起了广泛关注（Poreda et al.，1986；Liu et al.，2016a；Dai et al.，2017）。在东濮凹陷天然气中，烷烃气占主导，CH_4 含量除一个样品为 59.78% 外，其余均超过 80%，CO_2 含量为 1.0%～6.18%（表 4.1），且 CH_4 和 CO_2 含量与 R/Ra 值之间均没有明显的相关性 [图 4.19（a）、（b）]。我国主要含油气盆地天然气均表现出类似的特征，仅苏北、松辽和渤海湾盆地的少部分气样中 CO_2 含量和 R/Ra 值均较高，表现出典型的幔源气体显著混入的特征 [图 4.19（a）、（b）]。Dai 等（2017）研究指出，在以四川和鄂尔多斯为代表的中西部克拉通盆地天然气中 CO_2 含量一般小于 5%，往往来自生烃过程和碳酸盐岩的分解或溶蚀，而以渤海湾盆地为代表的东部裂谷盆地具有更高的 CO_2 含量，最高可达近 100%，这些较高含量的 CO_2 往往为火山-岩浆活动或地幔成因。

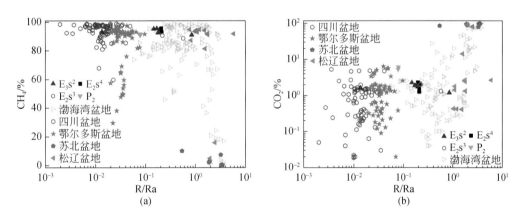

图 4.19　东濮凹陷天然气 CH_4（a）和 CO_2（b）含量与 R/Ra 相关图
渤海湾盆地样品据 Zhang 等（2008）和 Dai 等（2017）；四川盆地样品据 Dai 等（2008）、Ni 等（2014）、Wu 等（2013）；鄂尔多斯、苏北和松辽盆地样品分别据 Dai 等（2017）、Liu 等（2017）、Liu 等（2016a，2016b）

$CH_4/^3He$ 与 R/Ra 相关图常被用于约束天然气为地壳还是岩浆/地幔来源（Poreda et al.，1986；Jenden et al.，1993）。我国四川、鄂尔多斯、塔里木等克拉通盆地天然气主体表现出典型壳源成因，其 $CH_4/^3He$ 值介于 10^{10}～10^{12}，R/Ra<0.1，而渤海湾和松辽等裂谷盆地则表现出幔源组分加入的特征，其 $CH_4/^3He$ 值主体介于 10^6～10^{11}，R/Ra>0.1（Ni et al.，2014；Dai et al.，2017）。东濮凹陷不同层位天然气 $CH_4/^3He$ 值介于 $3.7×10^9$～$1.8263×10^{12}$（表 4.1），主体与渤海湾盆地其他地区天然气特征一致，表现出壳幔混合的特征；也有部分沙二段、

沙三段样品 CH₄/³He 值较高、R/Ra 值偏低，表现出与四川等典型克拉通盆地天然气一致的特征 [图 4.20（a）]。

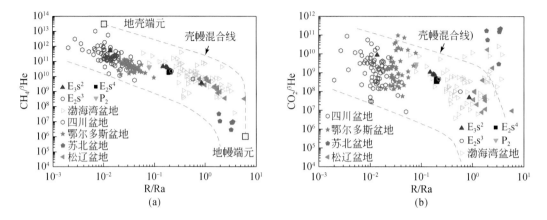

图 4.20　东濮凹陷天然气 CH₄/³He（a）和 CO₂/³He（b）与 R/Ra 相关图

（a）地壳和岩浆端元及壳幔混合线据 Jenden 等（1993）；（b）壳幔混合线据 Poreda 等（1988）。渤海湾盆地样品据 Zhang 等（2008）和 Dai 等（2017），四川盆地样品据 Dai 等（2008）、Ni 等（2014）、Wu 等（2013），鄂尔多斯、苏北和松辽盆地样品分别据 Dai 等（2017）、Liu 等（2017）、Liu 等（2016a）

Poreda 等（1988）研究指出，岩浆/地幔来源流体往往具有低 $CO_2/^3He$ 值、高 R/Ra 值特征，而地壳来源流体则具有高 $CO_2/^3He$ 值、低 R/Ra 值特征，活动大陆边缘的天然气在 $CO_2/^3He$ 值和 R/Ra 值相关图上表现出二端元混合的趋势。四川、鄂尔多斯等典型克拉通盆地天然气在 $CO_2/^3He$ 与 R/Ra 相关图上表现出典型壳源天然气特征（Wu et al.，2013），而以渤海湾为代表的裂谷盆地天然气表现出幔源流体的贡献 [图 4.20（b）]。东濮凹陷天然气 $CO_2/^3He$ 值介于 $0.05×10^9～35.04×10^9$（表 4.1），主体与渤海湾盆地其他地区天然气特征一致，表现出幔源天然气的混入特征；沙二段、沙三段部分样品 CH₄/³He 值较高的样品 $CO_2/^3He$ 值也较高，与四川等典型克拉通盆地天然气特征较为一致，表现出典型壳源天然气的特点 [图 4.20（a）]。

第四节　苏 北 盆 地

一、地质概况

苏北盆地是位于江苏东北部的一个大型断陷盆地，属于苏北-南黄海盆地的陆上部分，总体呈北东走向，面积约为 $35000km^2$。盆地北邻苏鲁隆起，南邻苏南隆起，西侧为郯庐断裂带，东侧为南黄海盆地。苏北盆地是前震旦陆壳和扬子古地台双层基底上发展起来的中新生代断拗复合盆地。盆地的构造格架明显受到郯庐断裂、苏鲁隆起、苏南隆起三个区域构造单元的影响，其中郯庐断裂带的右行走滑对苏北盆地"多凸多凹"的网状构造格局的形成和凹陷的沉积充填演化具有主控作用，自北向南形成了盐阜拗陷、东台拗陷、建湖隆起和高邮凹陷等展布的次级构造单元（图 4.21）。

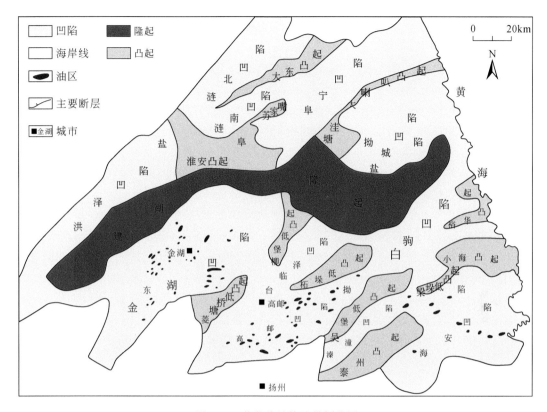

图 4.21　苏北盆地构造带划分图

苏北盆地的构造演化经历了四个阶段。

（1）初始裂陷阶段：从早侏罗世—白垩纪，沉积了一套内陆红色碎屑岩建造和火山碎屑岩建造。

（2）强烈陷阶段：从晚白垩世至古新世，盆地进入强烈拉张沉降期，沉积了泰州组至阜宁组，为一套广湖、三角洲及河流相沉积。

（3）强烈断陷阶段：始新世至渐新世，吴堡运动使盆地整体上升，断裂活动加剧，完整湖盆解体，分割成一系列以箕状凹陷为特征的小断陷，沉积了戴南组及三垛组湖泊及河流相沉积。

（4）拗陷衰亡阶段：中新世以来断裂活动渐趋停止，全盆地统一成向东倾斜的凹陷盆地，沉积了盐城组河流相砂砾岩为主的沉积。

二、黄桥与不同地区富氦气藏差异性

（一）组分含量特征

对中国东部松辽盆地松南气田、渤海湾盆地花沟气田、平方王气田和苏北盆地黄桥气田，以及国内外不同地质背景的地球化学数据进行对比分析。大多数天然气地球化学数据来自已发表的文献，包括松辽盆地庆深（Liu et al.，2016a，2016b）、渤海湾盆地济阳拗陷平方王和平南（Dai et al.，2005；Zhang et al.，2008）、四川盆地（Dai et al.，2008；Ni et al.，2014；Wu et al.，2013）、塔里木盆地（Qin et al.，2022）、鄂尔多斯盆地（Dai et al.，2017；Peng et al.，2022）、柴达木盆地（Shuai et al.，2010；Zhang et al.，2020）、腾冲温泉（戴金星等，1995）、美国二叠盆地（Ballentine et al.，2001）、堪萨斯盆地（Guélard et al.，2017；Jenden et al.，1993）、科罗拉多高原（Halford et al.，2022）、加州蛇纹石化区域 Cedars 温泉（Morrill et al.，2013）、黄石温泉（Bergfeld et al.，2014）、Von Damm 热液温泉（McDermott，2015）、印度洋中脊 Solitaire 和 Dodo 热液温泉（Kawagucci et al.，2016）、加拿大地盾基德溪（Kidd Creek）矿区（Sherwood et al.，2008）、大西洋中脊 Lost City 热液（Proskurowski et al.，2008）、意大利 Po 盆地（Elliot et al.，1993）和 Elba 岛（Sciarra et al.，2019）、土耳其 Chimaera Ⅺ（Vacquand et al.，2018）、Cirali 奥运圣火采集点（Hosgormez，2007）、Amik 盆地（Yuce et al.，2014）和 Kizildag 蛇绿杂岩体（D'Alessandro et al.，2018）、菲律宾 Nagsasa 和 Los Fuegos Eternos 蛇绿岩带（Abrajano，1988；Vacquand et al.，2018）、阿曼盆地（Vacquand et al.，2018；Zgonnik et al.，2019）。

稀有气体同位素组成特征表明中国东部典型非生物气藏都受到了幔源组分的影响。苏北盆地黄桥、渤海湾盆地济阳拗陷花沟气藏、松辽盆地松南和庆深气田中多数钻井天然气的稀有气体的 ^{3}He/^{4}He 值都大于 1Ra，其中黄桥地区最高达 4.9Ra，花沟气田最高达 3.19Ra，松南气田最高达 6.87Ra，庆深气田最高达 5.84Ra，表明深部幔源流体组分和幔源氦的强烈影响（图 4.22）。

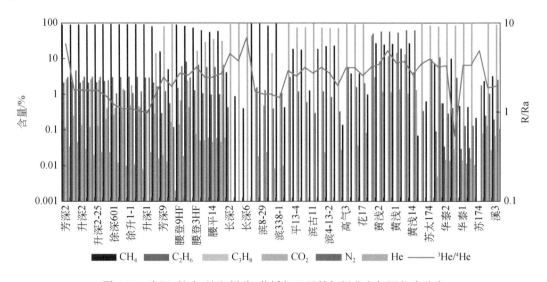

图 4.22　庆深-松南-济阳拗陷-黄桥气田天然气组分和氦同位素分布

中国东部气藏中，天然气组分发生了显著变化（图 4.22）。从黄桥和花沟气藏向东北方向的松南和庆深气藏，天然气组分逐渐由 CO_2 为主变为以 CH_4 为主。黄桥气藏溪 3、苏 174、华泰 2 等钻井揭示的三叠系青龙组、二叠系龙潭组、志留系等地层中的天然气以 CO_2 为主，含有少量的 CH_4、N_2 和 He 等。花沟气藏中的天然气以 CO_2 为主，部分钻井含有一定量的 CH_4。从松南向庆深气田钻井的天然气由以 CO_2 为主逐渐变为以 CH_4 为主，含有少量的 N_2、

He 等组分。从 He 含量上来看，东部地区花沟气藏氦气含量最高，花 501 井氦气含量可达 3.08%。黄桥气藏氦气含量略低于花 501 井，黄浅 1、黄浅 2 等钻井 He 含量位于 1.05%～1.42%之间。

（二）成因来源识别

依据 CO_2 碳同位素和 CO_2 含量可以对不同地区 CO_2 成因来源进行判识（戴金星等，1995）（图 4.23）。稳定克拉通沉积盆地中的 CO_2 以有机成因为主，如塔里木盆地、鄂尔多斯盆地油气藏中的 CO_2 一般较低，大多低于 5%，并具有较轻的碳同位素组成，其$\delta^{13}C_{CO_2}$大多低于-10‰，表明 CO_2 为有机成因。受岩浆火山活动影响的温泉热液中的 CO_2 多是非生物成因。如美国黄石、中国腾冲、菲律宾 Zambales、土耳其 Cirali、意大利 Elba 等区域的温泉热液，印度洋中脊、中开曼海隆、Lost City 等洋中脊温泉热液中具有较高的 CO_2 含量，多数高于 60%。CO_2 具有较重的碳同位素组成，其$\delta^{13}C_{CO_2}$大多高于-8‰；表明这些构造位置的 CO_2 以非生物成因为主。

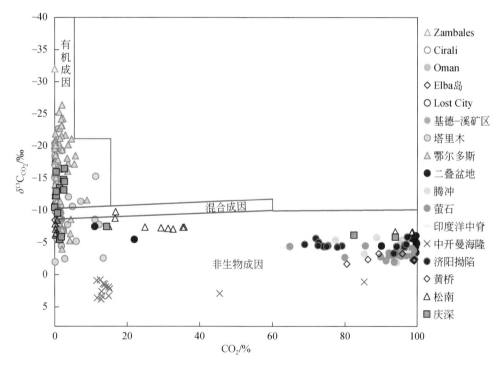

图 4.23 东部地区$\delta^{13}C_{CO_2}$与 CO_2 含量关系图

在中国东部黄桥、济阳拗陷花沟、平方王气藏中，CO_2 含量普遍大于 60%，$\delta^{13}C_{CO_2}$大多高于-8‰，表明为非生物成因的 CO_2。在松辽盆地松南和庆深气田中，CO_2 含量差别较大。部分钻井产出的 CO_2 含量小于 1%，这些钻井的$\delta^{13}C_{CO_2}$多低于-8‰，表明为有机成因的。部分钻井的 CO_2 含量大于 10%，甚至高于 80%，其$\delta^{13}C_{CO_2}$普遍高于-8‰，表明为非生物成因的 CO_2。美国二叠盆地中 CO_2 含量多数大于 90%，其$\delta^{13}C_{CO_2}$都高于-8‰，是火山活动影响的非生物 CO_2，至今已经稳定存在 300Ma。

对于深部来源无机成因 CH_4 等烷烃气体的鉴别，主要的地化指标为 CH_4 碳氢同位素组成、烷烃气系列碳同位素（$\delta^{13}C_{CH_4}$、$\delta^{13}C_{C_2H_6}$、$\delta^{13}C_{C_3H_8}$、$\delta^{13}C_{C_4H_{10}}$）、稀有气体 $^3He/^4He$ 值等（Ballentine et al.，2001；Dai et al.，2005；Hiyagon and Kennedy，1992；Sherwood et al.，1997）。通常认为，有机成因 CH_4 的 $\delta^{13}C_{CH_4}$ 范围为-55‰>$\delta^{13}C_{CH_4}$>-30‰，深部来源非生物 CH_4 的 $\delta^{13}C_{CH_4}$ 范围为 $\delta^{13}C_{CH_4}$>-30‰；有机成因烷烃气体碳同位素组成具有正序特征，即 $\delta^{13}C_{CH_4}<\delta^{13}C_{C_2H_6}<\delta^{13}C_{C_3H_8}<\delta^{13}C_{C_4H_{10}}$，而无机成因烷烃气体碳同位素组成具有反序特征，即 $\delta^{13}C_{CH_4}>\delta^{13}C_{C_2H_6}>\delta^{13}C_{C_3H_8}>\delta^{13}C_{C_4H_{10}}$（Proskurowski et al.，2008）。松辽盆地松南气田腰登 3HF 和腰登 9HF 以及庆深气田芳深 2、升深 2、升深 2-25 等钻井天然气中的 CH_4 等烷烃含量相对较高（图 4.22），其烷烃碳同位素序列表现出了典型的反序特征，与大西洋中脊 Lost City 热液喷泉产出的非生物烷烃气体一致（Proskurowski et al.，2008），表明为非生物成因的烷烃气体。

甲烷碳氢同位素（图 4.24）以及甲烷碳同位素与 $^3He/^4He$ 值关系图（图 4.25）能较好地识别区分不同成因类型的天然气。对全球范围不同构造部位的天然气碳氢和氦同位素数据进行了汇总，包括中国东部黄桥、花沟、松南、庆深等裂谷型盆地中的气田，稳定克拉通盆地，如塔里木盆地、鄂尔多斯盆地、Po 盆地、堪萨斯（Kansas）等气田，岩浆火山活动影响的温泉热液区，如土耳其 Kizildag 蛇绿岩杂岩体、Cirali、Lost City 等（图 4.24）。

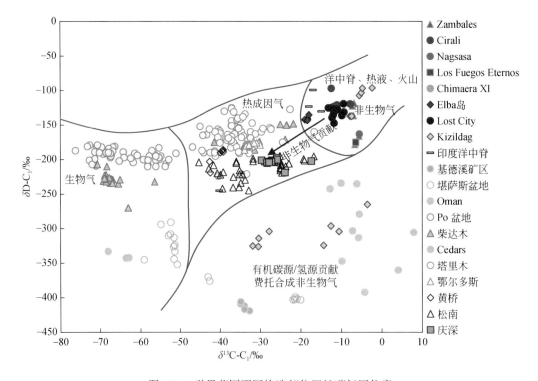

图 4.24　世界范围不同构造部位甲烷碳氢同位素

典型地幔来源非生物气位于碳-氢同位素和碳-氦同位素相关图的右上角。这些非生物气主要产出于现今构造活跃位置，包括土耳其 Kizildag（D'Alessandro et al.，2018）和 Cirali 蛇绿岩杂岩体（奥运圣火取火点）（Hosgormez，2007）、大西洋中脊 Lost City（Proskurowski et al.，2008）、菲律宾 Zambales 蛇绿岩（Abrajano，1988）、印度洋中脊（Kawagucci et al.，2016）、意大利 Elba 岛橄榄岩体（Sciarra et al.，2019）、西加勒比海中开曼海隆热液温泉（McDermott，2015）等。地幔来源的非生物气 CH_4 的 $\delta^{13}C$ 值和 δD 值分别大于-20‰和-150‰，稀有气体同位素 $^3He/^4He$（R）值多大于 0.5Ra，最大可达 18Ra，表明幔源组分影响非常显著（图 4.25）。

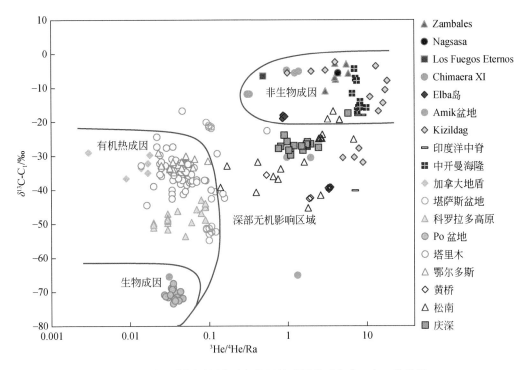

图 4.25　世界范围不同构造部位甲烷碳同位素与 $^3He/^4He$ 关系图

浅表地层中生物发酵形成的 CH_4 位于碳-氢同位素组成相关图的左下侧（图 4.24）。典型的生物气产出位置包括 Po 盆地（Mattavelli et al.，1983）和柴达木盆地（李谨，2019）。CH_4 的 $\delta^{13}C$ 值大多数位于-76‰～-51‰之间，δD 值大多数位于-350‰～-180‰之间，$^3He/^4He$（R/Ra）值位于 0.003～0.1 之间。此外，堪萨斯（Kansas）盆地东北部 Sue Duroche 钻井揭示前寒武地层裂缝中的 CH_4 是生物发酵形成的生物气（Guélard et al.，2017），其 $\delta^{13}C$ 位于-59.1‰～-20.1‰之间，δD 值位于-403‰～-291‰之间，$^3He/^4He$（R/Ra）值位于 0.09～0.15 之间，表明受幔源组分影响较小（图 4.25）。

大型稳定沉积盆地油气藏中的天然气大多数属于有机质热演化形成的热成因天然气，包括干酪根热演化、煤热演化和油热裂解形成的天然气。根据对塔里木、四川、鄂尔多斯等稳定克拉通盆地的天然气数据的汇总统计，热成因 CH_4 的碳氢同位素 $\delta^{13}C$ 值和 δD 值分布范围较广，其 $\delta^{13}C$ 值大多位于-50‰～-20‰之间，δD 值大多位于-250‰～-125‰之间，$^3He/^4He$（R/Ra）值多数<0.1，表明受幔源来源组分影响较小（图 4.24、图 4.25）。

受表层有机质碳氢组分影响，洋中脊、温泉热液等位置水岩反应（蛇纹石化-费托合成）形成的非生物气的碳氢同位素分布较为广泛，位于图 4.24 右下方。如加拿大地盾基德溪（Kidd Creek）矿区（Sherwood et al.，2008）、阿曼盆地等地区、希腊 Othrys 盐湖（Etiope et al.，2013；Etiope et al.，2017）等位置产出的非生物气。其中基德溪（Kidd Creek）矿区的 CH_4 含量位于 69.3%～74.2%之间，N_2 含量位于 8.41%～12.7%之间，H_2 含量位于 1.3%～2.45%之间，He 含量位于 1.83%～2.45%之间；CH_4 的碳氢同位素 $\delta^{13}C$ 值和 δD 值分别位于 −35.0‰～−32.7‰和-419‰～−406‰之间，与典型非生物成因 CH_4 相比，其碳氢同位素组成都显著偏轻，表明受到了有机成因烷烃气的影响。

中国东部地区黄桥、花沟、松南、庆深等气藏的 $^3He/^4He$（R）值大多大于 0.5Ra，多数＞1Ra（图 4.22），表明受到了显著的幔源流体的影响。这些气藏中 CH_4 的碳氢同位素并不位于典型深部非生物气的区域，而是位于典型稳定盆地热成因气的下方（图 4.24）；在碳同位素-He 同位素关系图中位于非生物成因气和有机成因气之间（图 4.25）。这些特征表明非生物成因 CH_4 具有一定的贡献。

三、火山岩气体组成分析

世界上众多不同类型的构造部位都见有非生物气的产出，主要由 CO_2、SO_2、N_2、CH_4、H_2、He 等组成。在美国黄石公园、中国腾冲温泉气中以非生物 CO_2 为主，含量大多数大于 90%（Shangguan and Huo，2002；Bergfeld et al.，2014）。大西洋中脊 Lost City 洋底热液气体中产出非生物 CH_4（Proskurowski et al.，2008）；印度洋中脊也有非生物 CH_4、H_2、He 等产出（Kawagucci et al.，2016）。Oman 橄榄岩-蛇绿岩杂岩体裂缝中释放高 pH（多大于 10）的碱性流体中富含 H_2、CH_4、He 等，分别高达 87.3%、16.7%和 0.2%（Vacquand et al.，2018）。活动火山区域释放的气体除含有 CO_2 之外，还都含有一定量的 CH_4、H_2、SO_2 等气体（Capaccioni et al.，2004；Ajayi and Ayers，2021；Salas-Navarro et al.，2022）。在一些裂谷盆地的油气藏中，也会有一定量的非生物 CO_2、CH_4、He 聚集（Liu et al.，2016a，2023）。这些构造部位非生物气的产出一般都与火山活动有关，或者直接来自于岩浆的分离释放，或者产生自超基性橄榄岩的水岩反应。在地质历史时期大火成岩省地幔柱活动导致非生物 CH_4、CO_2 和 He 的释放并影响盆地内油气藏中富氦天然气的富集（Chen et al.，2022）。

对中国东部的南京六合盘山和练山、蓬莱迎口山、栖霞方山、张北汉诺坝、双辽、汪清等地区的新生代玄武岩中的橄榄石斑晶和地幔橄榄岩捕虏体分别进行了取样。对于玄武岩样品，通过显微镜观察确保其中没有橄榄石等矿物斑晶，并且结构均匀、没有发生次生蚀变，破碎后挑选新鲜的颗粒，粉碎至 60～80 目。对玄武岩中的地幔橄榄岩捕虏体，破碎后手工挑选其中的橄榄石矿物。所挑选出来的橄榄石矿物粉碎至 60～80 目。共挑选出玄武岩样品 8 个，橄榄石样品 11 个。

玄武岩和橄榄石样品先经 5%盐酸浸泡 48h，以去除次生碳酸盐岩矿物，再用 CH_2Cl_2 浸泡以去除表面有机质污染。用蒸馏水清洗 3～5 遍，再在 100℃下烘干。称取约 0.5g 样品放入双真空炉中，于常温抽真空 12h，升温到 250℃，再抽真空约 5h。经约 26min 升温到 1200℃，保持 40min。把所释放的气体送入 MAT253 质谱仪进行气体组分的测定，送入 MM5400 质谱仪进行稀有气体含量和 He、Ar 等稀有气体同位素测定。详细的实验测试方法见 Li 等（2002）、Ye 等（2007）和 Zhang 等（2002）的文献。

玄武岩和橄榄石加热释气获得气体组分测试的结果见图 4.26。玄武岩加热释气量位于 0.0882～3.8598mL·STP/g，平均为 0.5759mL·STP/g。所得到的气体组分以 CO_2 和 CO 为主，CO_2 的含量为 78.43%～93.55%，平均为 87.69%；CO 的含量为 1.43%～10.70%，平均为 4.47%。部分样品含有较多的 SO_2，高达 17.1%，平均为 4.5%。此外，含有少量的 H_2、CH_4 等，其中 H_2 含量位于 0.2%～3.72%，平均为 1.09%；CH_4 含量位于 0.047%～1.68%，平均为 0.78%。

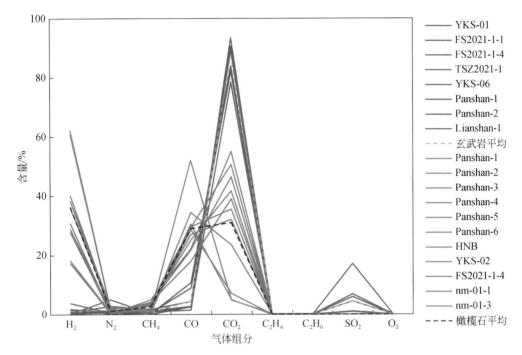

图 4.26　玄武岩和橄榄石加热释气获得气体组分

蓝色样品为玄武岩加热释气组分，红色样品为橄榄石加热释气组分

橄榄石加热释气量位于 0.0515～0.4683mL·STP/g，平均为 0.2300mL·STP/g。所得到的气体中都含有较多的 CH_4 和 H_2，其中 CH_4 的含量为 0.66%～4.98%，平均为 2.61%，H_2 含量为 17.2%～62.24%，平均为 36.18%。气组分中还含有较多的 CO_2 和 CO，其中 CO_2 含量为 4.8%～55.07%，平均为 30.99%；CO 含量为 17.98%～52.09%，平均为 29.0%。气体组分中含有少量的 N_2，几乎不含 SO_2。

玄武岩释放气体中的 He 气含量为 0.129×10^{-6}～4.91×10^{-6}mL·STP/g，平均为 2.44×10^{-6} mL·STP/g；$^3He/^4He$（R/Ra）值为 0.01～1.67Ra，平均为 0.24Ra。橄榄石释放气体中的 He 气含量为 0.5×10^{-8}～4.54×10^{-8}mL·STP/g，平均为 1.44×10^{-8}mL·STP/g；$^3He/^4He$（R/Ra）值为 0.84～12.29Ra，平均为 6.28Ra。橄榄石所释放气体的 $^3He/^4He$ 值明显比玄武岩高（图 4.27）。

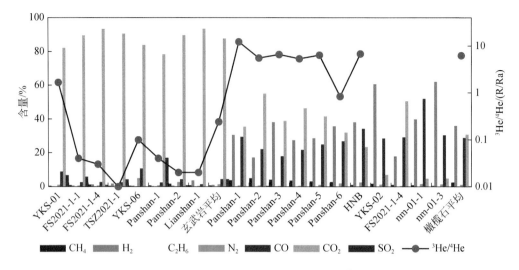

图 4.27　玄武岩和橄榄石加热释气组分柱状图和 $^3He/^4He$ 关系图

岩浆和火山活动过程中释放的气体的属性特征与岩浆和火山性质本身有着密切的关系。对中国东部地区来说，岩浆和火山活动受西太平洋板块俯冲直接影响，因此岩浆和火山所释放出的气体受到俯冲板块所携带的 C、H、N、S、He 等挥发分物质循环的影响。在洋壳俯冲过程中，部分俯冲物质熔融并以岩浆的形式喷发至地表，所携带的 C、H、N、S、He 等物质会以挥发分的形式随岩浆喷发释放出来，形成 H_2O、CO_2、CH_4、H_2、N_2、SO_2、He 等气体。除受俯冲物质影响之外，在岩浆侵入和火山喷发过程中，地幔物质和地幔流体组分会随岩浆向浅部释放，也会影响浅部所释放的气体组分和属性。

玄武岩加热释放稀有气体 $^3He/^4He$ 值（R/Ra）普遍小于 1。除迎口山的一个样品为 1.67Ra 之外，其他样品的值均小于 0.1Ra，位于 0.01～0.1Ra 之间，平均值为 0.24Ra，表明玄武岩中的气体组分基本不受地幔影响，以壳源挥发性组分的循环来源为主。因此，玄武岩加热释放气体代表了俯冲地壳携带的循环的流体组分，以 CO_2 为主，同时含有少量的 SO_2、H_2 和 CH_4 等。玄武岩加热释气氦气含量位于 0.129×10^{-6}～4.91×10^{-6}mL·STP/g 之间，平均为 2.44×10^{-6}mL·STP/g。

地幔橄榄石释放气体的 $^3He/^4He$ 值（R/Ra）普遍大于 1。除练山的一个样品为 0.84Ra 之外，其他值均大于 1.0Ra，位于 0.84～12.29Ra 之间，平均值为 6.28Ra。表明橄榄石所释放的气体组分反映了地幔来源的挥发性组分，主要包括 CO_2、CO、H_2、CH_4、N_2 等组分。橄榄石中一定量的碳酸盐岩含量导致橄榄石加热释气中含有较多的 CO_2。橄榄石加热释气氦气含量位于 0.50×10^{-8}～4.54×10^{-8}mL·STP/g 之间，平均为 1.38×10^{-8} mL·STP/g。

研究表明，地球内部地幔中保存了地球的原始流体组分（Caffee et al.，1999）。由于地幔上隆或者以捕虏体的形式被玄武岩携带着，地幔橄榄岩岩浆向浅部圈层迁移。地幔中的流体组分随着橄榄岩结晶逐渐分异出来，或以流体包裹体的形式捕获在橄榄石等矿物中，或束缚在矿物晶格内及晶体之间。东部地幔橄榄岩中存在大小、形状各异的流体包裹体，激光拉曼表明这些流体包裹体的气相组分大多是 CO_2（Liu et al.，2010），少数可见含 CH_4、H_2 等组分（Liu et al.，2015）。通过加热方法释放气体的量随着颗粒粒度减小和温度增加而显著增加，表明流体包裹体中流体组分含量相对较低，流体组分主要赋存在矿物晶格中（Zhang et al.，2005）。岩浆从地幔向地表侵入喷发过程中，流体物质会逐渐从岩浆分异出来，富含的 CO_2、H_2、CH_4、He 等会在适当部位聚集成藏。

四、氦气富集成藏主控因素

（一）氦气特征

苏北盆地中具有工业意义的氦气钻井均分布在盆地南部的东台拗陷内，主要包括黄桥、金湖、溱潼等地区（表4.2）。这些地区氦气的 $^3He/^4He$ 值基本都大于 1Ra，表明以幔源氦气为主。这些地区氦气含量分别高达 1.42%和 0.096%，表明幔源氦气在盆地适当圈闭中富集形成了富氦气藏。

表 4.2 苏北盆地天然气组分和同位素值

地区	钻井	层位	组分含量/%					$\delta^{13}C$/‰（PDB）		$^3He/^4He$		数据来源
			CH_4	C_{2+}	CO_2	N_2	He	CH_4	CO_2	$\times10^{-7}$	R/Ra	
黄桥	黄浅2	N_1y	27.39	6.11	8.8	57.87	1.200	-39.5	-10.6	48.9	3.49	徐永昌等（1996）
黄桥	黄浅2	N_1y	25.28		11.65	58.24	1.168	-39.2	-8.56		4.90	
黄桥	黄浅1	N_1y	26.4		14.8	54.9	1.420	-39.2	-8.6		3.60	
黄桥	黄浅4	N_1y	19.5		13.23	63.7	1.050	-40.3	-5.6		3.71	
黄桥	黄浅14	N_1y	27.44	2.72	4.26	63.26	1.340	-40.3	-9.2	37.1	2.65	
黄桥	黄验1	P_1q	0.07		99.5	0.34		-38.9	-3.9	49	3.49	
黄桥	苏174	D_3w	0.65		87.3	9.65		-31.3	-4.1	55.4	3.96	
黄桥	华泰3	P_1q	7.54		80.56	10.95	0.5709	-39.4	-1.7	45.4	3.24	Liu等（2017）
黄桥	华泰2	P_1q	0.57		98.95	0.29	0.0138	-39.9	-2.3	46.6	3.33	
黄桥	华泰1	P_1q	0.48		99.22	0.13	0.0117	-39.2	-2.2	47.3	3.38	
黄桥	黄验1	P_1q	0.45		99.24	0.13	0.0106	-39.6	-2.4	47.7	3.4	
黄桥	苏174	P_1q	0.22			1.8	0.08	-31.3	-2.87		4.9	
黄桥	苏174	D_3w	0.47		99.3	0.07	0.0096	-39.2	-2.4	49.1	3.51	
黄桥	溪平1	P_2l	2.37		95.94	1.04	0.0277	-42.6	-3.3	26.3	1.88	
黄桥	溪3	P_2l	3.264		89.38	2.54	0.1089	-42.4	-3.3	27.5	1.96	
金湖	闵7	Ef^2	67.16	8.51	0.55	23.12	0.096	-57.3		17.5	1.25	徐永昌等（1996）
金湖	天深6	Ef	75.87	22.72	1.23		0.046	-43.3		25.8	1.84	
金湖	天深33	Ef^3	79.97	12.13	7.56		0.085	-51.3		43.9	3.14	
金湖	天深45	Ef^3	96.46	0.67	0.41	2.73	0.081	-47.4		28.7	2.05	
金湖	欧101	Ef^3	93.63	1.8	0.74	3.78	0.004	-51.3		30	2.14	
金湖	卞3-2	Ef^2	88.86	10.66	0.3		0.040	-55.3		22.8	1.63	
金湖	卞9-2	Ef^3	78.73	0.87	0.18	20.08	0.033	-56.9		20	1.43	

地区	钻井	层位	组分含量/%					$\delta^{13}C$/‰（PDB）		$^3He/^4He$		数据来源
			CH_4	C_{2+}	CO_2	N_2	He	CH_4	CO_2	$\times10^{-7}$	R/Ra	
溱潼	肖1	Ed^1	84.62	0.18	0.92	2.64	0.016	-44		8.22	0.59	徐永昌等（1996）
溱潼	永7	Ed^1	83.74	14.16	1.09	1.01	0.014	-45.9		7.68	0.55	
溱潼	富23	Es^1	83.72	13.67	1.11	1.26	0.010	-43.6		15.4	1.10	
溱潼	苏202	Es^1	33.19	25.1	7.7	33.84	0.037	-47.6		33.2	2.37	
溱潼	苏190	Es^1	31.38	16.62	15.45	33.07	0.096	-43		35.6	2.54	
溱潼	苏203	Ed^1	2.65		92.06	5.09	0.096		-4.6	38.4	2.74	陶明信等（1997）

1. 金湖凹陷

在金湖凹陷内，逐渐发现的富氦气藏钻井主要有闵7、卞9-2、天深6、天深33、天深45、欧101等。天然气的 $^3He/^4He$ 值分别1.25Ra和3.14Ra，表明以幔源氦为主。氦气含量位于0.004%~0.096%之间。金湖凹陷天然气主要组分类型为 CH_4，普遍高于75%。CH_4 的 $\delta^{13}C$ 值为-53.3‰~-47.3‰，表明为生物有机成因烷烃。闵7井天然气在该区氦气含量最高，其氮气含量也最高，为23.12%。

靠近天长隆起的天深33井中氦的浓度为0.085%，$^3He/^4He$ 值为3.14Ra，为大气值的3倍多，$^{40}Ar/^{36}Ar$ 为1805，相对于古近系气源岩 ^{40}Ar 明显过剩。以上特征表明天深33井氦气主要来自地幔。邻近的天深45等井的氦含量和来源也具有类似的特征。

2. 溱潼凹陷

溱潼凹陷内天然气中氦气含量相对较低，位于0.01%~0.096%。$^3He/^4He$ 值为0.59~2.54Ra，表明部分钻井以幔源He为主，也有壳源氦的贡献。钻井天然气以 CH_4 为主，部分钻井有较高的 N_2 和 CO_2 含量，分别高达33.84%和92.06%。苏203井高浓度 CO_2 的 $\delta^{13}C$ 值为-4.6‰，为无机成因或幔源。CH_4 的 $\delta^{13}C$ 值为-47.6‰~-43‰，表明为有机成因烷烃。

3. 黄桥地区

黄桥油气藏位于江苏省泰兴市黄桥镇，在构造位置上属于苏北盆地中的次一级构造单元南京凹陷东北端的黄桥复向斜带中。在燕山运动中期，黄桥地区处于挤压应力为主的应力场中，在挤压应力持续作用下，形成多条区域性近乎垂直的断裂并伴随大规模中酸性岩浆侵入与喷发。燕山晚期（J_3-K）—喜马拉雅运动期（E-N），苏北地区发生大规模裂陷与抬升，并伴有若干期基性岩浆侵入与喷发，导致深源幔源成因 CO_2 等气体大规模地释放，并运移至盆地聚集。

1983年，黄桥地区的苏174井在二叠系栖霞组（P_2q）获 $20\times10^4m^3/d$ 的高产 CO_2，CO_2 含量高达99%；随后许多钻井在志留系坟头组（$S_{2-3}f$）、泥盆系五通组（D_3w）、石炭系黄龙组（C_2h）、石炭系船山组（C_3c）、二叠系龙潭组（P_2l）和栖霞组（P_2q）、三叠系青龙组（$T_{1-2}q$）、白垩系浦口组（K_2p）等层位中也获高产 CO_2，揭示了垂向多层位的 CO_2 聚集与封存现象。

中-上志留统坟头组（$S_{2-3}f$）主要为灰色中细粒砂岩、粉砂岩和深灰色泥岩；上泥盆统五通组（D_3w）主要为灰白色石英细、中砂岩夹深灰色泥岩；中石炭统黄龙组（C_2h）和上石炭统船山组（C_3c）主要为浅灰色至深灰色泥晶灰岩和生屑灰岩；下二叠统栖霞组（P_1q）主要为灰色泥晶灰岩，夹深灰色至黑色泥岩；上二叠统龙潭组（P_2l）和大隆组（P_2d）主要为浅灰色中细粒砂岩和黑色泥岩，加薄层煤层；中-下三叠统青龙组（$T_{1-2}q$）主要为灰色至深灰色泥晶灰岩和生屑灰岩，加深灰色白云质泥岩；上白垩统浦口组（K_2p）主要为浅棕色至红棕色泥岩、粉砂质泥岩，夹灰棕色岩屑长石细砂岩和灰色砂砾岩。

黄桥地区在 CO_2 产出层位中，还发现有原油的聚集和产出，原油以轻质油为主，伴生少量凝析油（图 4.28）。二叠系等层位的原油主要来源于 P_2l 泥岩烃源岩，该套烃源岩于侏罗纪末期进入生排烃高峰，其主成藏期也发生在这个时期（黄俨然等，2012）。目前黄桥地区共探明 CO_2 地质储量 $200 \times 10^8 m^3$，探明油储量 $96 \times 10^4 t$。

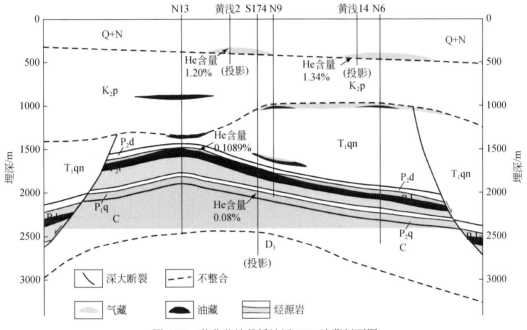

图 4.28　苏北盆地黄桥地区 CO_2-油藏剖面图

黄桥地区早些年主要是在浅层气藏中发现高含氦气的天然气。主要有黄浅 1 井、黄浅 2 井、黄浅 14 井等，储层为中新统盐城组的碎屑岩。这些钻井的天然气为富氮含二氧化碳的气藏。氮气含量为 54.9%～63.7%，CO_2 含量为 4.26%～14.8%。氦气的 $^3He/^4He$ 值为 2.65～3.90Ra，以幔源氦气为主，氦的浓度高达 1.05%～1.42%。CO_2 的 $\delta^{13}C$ 值为 -10.6‰～-5.6‰，主体为无机成因。$^{40}Ar/^{36}Ar$ 为 716～717，相对于中新统储层，^{40}Ar 的丰度偏高。CH_4 的含量为 19.5%～27.44%，CH_4 的 $\delta^{13}C$ 值为 -40.3‰～-39.2‰之间，表明以有机成因为主。

近年来，在黄桥地区深层也越来越多的钻井发现富氦天然气，如苏 174 井、华泰 2 井、华泰 3 井、溪平 1 井、溪 3 井等。富氦气藏的主要产出层位为二叠系栖霞组生屑灰岩、龙潭组砂岩、泥盆系五通组砂岩等。这些钻井的天然气高含二氧化碳，含量多数超过 90%，最高达 99.5%（黄验 1 井），氮气含量普遍小于 1%。氦气的 $^3He/^4He$ 值为 1.88～4.9Ra，以幔源氦气为主，氦的浓度为 0.0096%～0.5709%，低于浅层气藏中的氦气。CO_2 的 $\delta^{13}C$ 值为 -4.1‰～-1.7‰，为无机成因。CH_4 的含量多数也低于 1%，CH_4 的 $\delta^{13}C$ 值为-42.6‰～-31.3‰之间，表明以有机成因为主。

（二）片钠铝石产出与氦气富集

黄桥地区钻井天然气中普遍具有较高的 CO_2 含量，特别是深层二叠系以下的层位中，CO_2 含量可高达 99%以上。高含量 CO_2 往往与长石作用形成片钠铝石的沉淀，客观上会导致 CO_2 的消耗以及 He 含量的提高。

片钠铝石一般认为是高含 CO_2 地层中的典型矿物（Worden，2006）。黄桥地区 CO_2 气藏主要聚集和产出层位，如志留系和二叠系砂岩，其中都发现了大量的放射状片钠铝石（图 4.29）。在中国东部的其他 CO_2 气藏中也相继发现了与高含量 CO_2 有关的片钠铝石（高玉巧和刘立，2007；Gao et al.，2009）。这表明深部来源的 CO_2 一部分以气田或气藏等资源形式存在外，另一部分与含水的储集岩发生物理化学作用，以片钠铝石、铁白云石等碳酸盐矿物形式被固化在岩石中。在 CO_2 气藏中，片钠铝石与气相 CO_2 具有相同的碳来源（高玉巧和刘立，2007）。

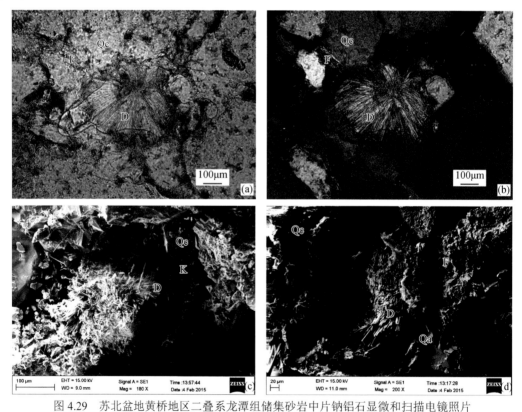

图 4.29 苏北盆地黄桥地区二叠系龙潭组储集砂岩中片钠铝石显微和扫描电镜照片

Qc：碎屑石英；Qa：自生石英；F：长石；K：高岭石；D：片钠铝石。（a）砂岩孔隙中见放射状片钠铝石，单偏光，×200 倍，P_2l，溪 3 井；（b）砂岩孔隙中见放射状片钠铝石，正交偏光，×200 倍，P_2l，溪 3 井；（c）砂岩中的长石颗粒发生蚀变，形成片钠铝石和高岭石，扫描电镜照片，溪 3 井，P_2l；（d）砂岩中的长石颗粒发生蚀变，形成片钠铝石和高岭石，扫描电镜照片，溪平 1 井，P_2l

在富 CO_2 流体作用下,砂岩中的长石发生溶蚀,转变成为片钠铝石,并伴随自生石英(Worden,2006),反应式如下:

$$NaAlSi_3O_8(钠长石)+CO_2+H_2O \Longrightarrow NaAlCO_3(OH)_2(片钠铝石)+3SiO_2$$

在富 CO_2 流体溶蚀作用下,溪 3 井二叠系龙潭组砂岩中的长石多被溶蚀掉,在石英颗粒间形成丰富的晶间孔隙,孔隙中也发现有大量的放射状片钠铝石矿物(图 4.29)。片钠铝石附近往往可见蚀变后的长石残余,并见有自生石英和高岭石的形成(图 4.29)。除二叠系龙潭组砂岩外,S174 井在志留系的砂岩地层中也揭示了片钠铝石的存在。从反应式来看,片钠铝石形成过程中会消耗气藏中的 CO_2,从而能在一定程度上提高氦气含量。

详细的岩石矿物学观察表明,长石在高盐度卤水中与 CO_2 作用形成片钠铝石的温度一般在 $85\sim100℃$(Worden,2006)。黄桥地区富 CO_2 流体温度一般大于 $100℃$,最高可达 $180℃$,仍能见有片钠铝石的存在。因此,高 CO_2 分压环境中,片钠铝石能在较高温度范围内形成。

(三)氦气富集机理

根据大地构造、地球物理、岩浆活动和成藏的局部地质构造特征,对苏北盆地幔来源氦气形成工业储聚的主要地质条件包括地幔裂谷的构造背景、地幔岩浆携带流体物质的上涌、断裂沟通深部地幔和浅部地层、有利的储层和盖层条件(陶明信等,1997)。

地幔裂谷的构造环境为苏北盆地幔源氦形成工业聚集提供了基础的地质条件。苏北盆地基本大地构造特征为地幔凸起的背景,地壳厚度小且断裂发育。断裂一般为张性正断层,是深部气体向上运移的良好通道。不同构造层中的一些深大断裂长期继承性活动,连通盆地地层与上地幔。盆地南缘的沿江断裂带即为一典型的深大断裂,是黄桥幔源氦气富集成藏的重要条件。

在地幔裂谷的构造环境中,上地幔的岩浆物质会沿着断裂运移乃至喷溢到地表。苏北盆地内大量发育的基性火山岩即是这一特定大地构造环境的产物,有关玄武岩中镁铁岩包体的研究成果证明其来自上地幔。上地幔岩浆物质在上侵的同时,会携带有上地幔中流体组分,包括氦气在内的挥发分。更为重要的是,上地幔岩浆物质上侵运移的途径可成为其后幔源氦继续向上运移的通道。苏北盆地在整个古近纪—新近纪均有基性岩浆活动,尤其在东台拗陷全区几乎都有发育,并呈裂隙式和中心式两种喷溢类型,表明在东台拗陷内有众多的断裂和构造部位与上地幔连通。

位于盆内东台拗陷中东部的溱潼凹陷具有典型的箕状断陷结构。断陷中发育地堑式伸展正断层系统,且部分断层规模较大。在南侧断阶带发育的 1 号断层垂直断距可达 2000m,水平断距可达 4000m,为同生断层,沟通浅部沉积地层和深部上地幔。靠近郯庐断裂的金湖凹陷内也发育规模较大的断裂,如杨村断裂,最大断距可达 4000m 以上,也是长期活动的同生断层。

从苏北盆地幔源氦气藏的局部地质构造特征来看,氦气基本是与常规石油和天然气伴生的,其油气藏储、盖层均属于正常的油气藏储盖与圈闭类型,并无特别之处。形成幔源氦工业气藏的条件除上述一般的储、盖与圈闭条件外,与一般常规天然气气藏相比,其最重要也是最基本的两个条件之一是裂谷构造环境,这意味着地壳厚度很小,伸展性断裂发育并与上地幔沟通,从而发育开启性良好的通道。另外,由于氦的渗透性极强,氦气藏需有源源不断的氦补给，而且补给量不能小于气藏中的散失量。这意味着该区现今仍然是一构造活动区，主要深断裂为活动断裂。

总体上看，苏北盆地的形成与郯庐大断裂带的活动也有密切关系。由本区地壳厚度变化特征及本区构造线可知，苏北裂谷盆地的伸展轴相当于盆地的长轴，为北东向，其西南端以锐角与郯庐断裂带相交，而且地壳厚度也在近郯庐断裂带处收缩为喇叭型而趋于尖灭。苏北盆地是郯庐断裂带的派生次级构造，两者实际上组成一张扭性"人"字形构造，其锐交角指向南南西，显示郯庐断裂带的东侧苏北盆地一侧相对向南运动；而其西侧相对向北运动，从而表明郯庐断裂带在新生代发生过顺时针向右行剪切运动。应在包括苏北盆地在内的郯庐断裂带两侧的裂谷或地堑式盆地中加强幔源氦工业气藏的研究与寻找工作。事实上，在西侧的华夏裂谷系内，北自松辽的万金塔、南至广东三水盆地，已发现了一批富氦气藏。所以，就大地构造环境而言，中国东部濒太平洋的郯庐断裂带两侧是巨大的张性伸展构造裂谷或地堑构造带，是幔源氦工业气藏发育的极有利区域，而具体寻找的最佳部位应是深断裂和深源岩浆岩发育地区，并辅以适当的储、盖与圈闭条件。同时，类似于黄桥地区的箕状断陷与毗邻隆起区过渡的斜坡部位也是很重要的有利构造部位。

第五章　我国中西部稳定克拉通型氦气藏

第一节　氦气富集主控因素与成藏模式

中西部稳定壳源型氦气藏的成藏模式如图 5.1 所示。这种类型气藏中氦气与烃类气体来自不同的源岩，烃类气体来自富有机质烃源岩（含古油藏热裂解），而氦气来源于盆地基底的古老花岗岩-变质岩体，或者富含铀、钍元素的烃源岩和铝土岩等。全球已发现或工业开采的富氦气藏多属于这种类型，如美国胡果顿-潘汉德（Hugoton-Panhandle）气田、阿尔及利亚哈西鲁迈勒（Hassi R'Mel）气田，以及中国四川盆地威远气田、鄂尔多斯盆地东胜气田、塔里木盆地和田河气田、柴达木东坪气田等。氦源岩中铀、钍衰变形成充足的氦通量是形成富氦气藏的基础，断裂疏导体系是氦气从氦源岩运移至圈闭中的高效运移通道，氦气与天然气耦合充注的空间匹配关系是氦气有效聚集的关键，天然气是氦气在有利圈闭中长期有效赋存的载体，良好的盖层条件是氦气有效保存的重要保障。

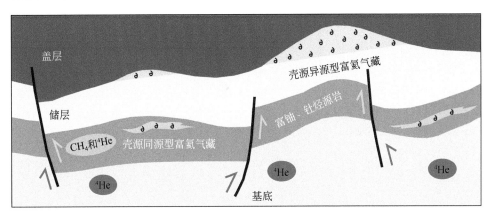

图 5.1　壳源型氦气藏成藏模式

氦源岩中富含的铀、钍元素是生成氦气的有效成分。由于 U、Th 元素的半衰期非常长，高达数亿年到上百亿年，如 ^{238}U、^{235}U、^{232}Th 半衰期分别为 44.68 亿年、7.1 亿年、140.5 亿年，^{238}U、^{235}U 分别占 U 总量的 99.28%和 0.72%，^{232}Th 占 Th 总量的 99.995%，它们衰变形成的氦气富集需要一个漫长的地质时间积累。因此，越是古老地层中的氦气含量往往就会越高，天然气中氦气规模也越大。加拿大地盾基底中的氦气含量为 1.51%～19.1%，平均为 6.46%（Sherwood et al.，2008）。全球 75 个富氦气田中，分布在古生界及以前沉积地层的数量为 62 个，占比高达 83%。美国胡果顿-潘汉德（Hugoton-Panhandle）气田的储层为二叠系 Wolfcampian 和 Pennsylvanian 系 Virgilian 碳酸盐，天然气可采储量为 $2.3×10^{12}m^3$，氦气含量为 0.293%～1.047%，平均为 0.53%（31 个样品），依据体积法评估该气藏氦气地

质储量高达 $122 \times 10^8 m^3$。然而，中国苏北盆地溪桥气田的储层为新近系盐城组砂岩，氦气含量介于 0.48%～1.34%之间，氦气地质储量仅为 $13 \times 10^4 m^3$（Liu et al.，2023）。

稳定克拉通型富氦气藏通常分布在古老克拉通盆地内的隆起区及周缘活化带，主要归因于：①地层在隆升过程中产生了断裂，改善了疏导体系，有利于氦气从源到储运移；②隆起区储层压力偏低，有利于含氦流体的充注；③隆起区烃类气体充注量相对较少，对氦气的稀释作用弱。

天然气是氦气在浅层地壳中长期有效聚集的赋存载体之一，但由于受天然气的稀释作用，绝大多数天然气中氦气含量偏低，通常低于 1%。这种类型富氦气藏的 R/Ra 值一般小于 0.32，并且氦气含量随 $^3He/^4He$ 值的降低而表现出升高的趋势，氦气含量高值区域 R/Ra 值一般小于 0.1。富氦气田的盖层主要为膏岩、盐岩和厚层泥页岩，良好的保存条件为氦气的长期稳定保存提供了保障。

第二节　四川盆地威远气田

四川盆地属扬子准地台四川台坳，地处古扬子板块西缘，是基于上扬子克拉通发展起来的大型、古老、多旋回叠合盆地。盆地构造活动强烈，先后历经加里东、海西、印支、燕山、喜马拉雅等多期构造运动改造，逐渐形成断褶构造格局并延续至今。盆地基底由厚 1～10km 的中新元古界岩浆岩和变质岩组成，根据基底形态特征，可将盆地划分为川东、川南、川西、川中四个油气聚集区（图 5.2）（Wu et al.，2013；Wang et al.，2020）。

威远气田位于川南油气聚集区，地处乐山-龙女寺古隆起带东南斜坡，探明地质储量 $408 \times 10^8 m^3$，是我国最早发现的整装天然气藏，也是我国乃至全球最古老（震旦系灯影组，Z_2d）的天然气藏（Chen et al.，2008；Li et al.，2021），还是我国最早开展工业提氦的天然气田，为我国天然气工业现代化发展作出了重要贡献（戴金星，2003；Li et al.，2021）。

四川盆地共发育有海相、海陆过渡相、陆相三种类型六套烃源岩层系（图 5.3）。海相烃源层系主要分布于奥陶系五峰组—志留系龙马溪组、寒武系筇竹寺组和震旦系陡山沱组；海陆过渡相烃源层系主要位于二叠系龙潭组和梁山组；陆相烃源层系主要分布于三叠系须家河组和侏罗系自流井组。其中下寒武统筇竹寺组海相页岩（€_1q）分布广泛，TOC 平均含量为 2.2%，是威远气田和安岳气田的主力烃源岩层（Zou et al.，2014）。

一、氦含量和同位素特征

威远气田天然气组分以烃类气体为主，以非烃类气体为辅（表 5.1）。烃类组分又以 CH_4 为首，含量介于 85.07%～90.71%，平均为 86.94%，仅含微量 C_2H_6。非烃组分以 N_2 和 CO_2 为主，平均含量分别为 7.19%、4.65%，He 含量介于 0.15%～0.34%之间，平均含量高达 0.23%，属富氦天然气藏，$^3He/^4He$ 值为 3×10^{-8}，为典型的壳源成因。

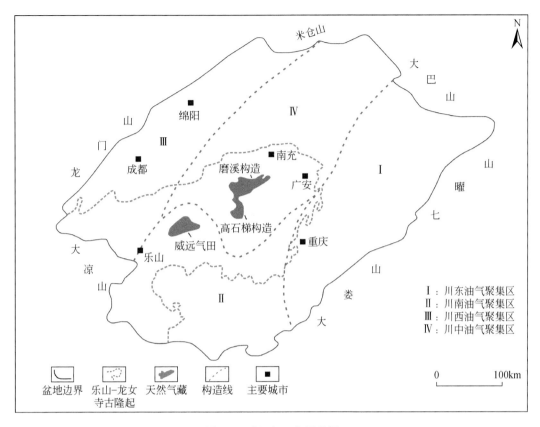

图 5.2　威远气田位置简图

二、威远气田 He 资源富集成藏机理

四川盆地基底由厚 1000～10000m 的中新元古界岩浆岩和变质岩组成，钻井资料揭示该套基底平均 U、Th 含量分别为 $6.96×10^{-6}$ 和 $31.04×10^{-6}$（Zhao et al.，2023），高于陆壳花岗岩平均 U（$3×10^{-6}$）、Th（$13×10^{-6}$）含量，被认为是威远气田氦资源的主要来源。

四川盆地中部乐山-龙女寺古隆起是一长期继承性古隆起，早在桐湾期（震旦纪晚期—早寒武世）即形成了高石梯-磨溪和威远-资阳两个相互独立的巨型古隆起（魏国齐等，2015），而后历经海西、印支、燕山等多期构造运动，直至喜马拉雅期遭受强烈挤压，快速隆升为大型穹隆背斜（Chen et al.，2008）。基底的急剧抬升（41～107.2m/Ma）使原本处于资阳圈闭南翼的威远地区快速隆升成为新的构造高点（Qin et al.，2016），并捕获了来自资阳古气藏的天然气，形成如今的威远气田（图 5.4）（Liu et al.，2008；Li et al.，2016）。经此构造改造，威远地区累计抬升近 4600m（Liu et al.，2008），在基底隆升过程中，地层能量场（温度、压力）大幅减小，He 溶解度迅速降低，深埋状态下赋存于孔隙水中的溶解 He 得以规模性脱溶，游离 He 从异常高压区向正常压力区转移，并在向上运移过程中与烃类气体形成新的溶解平衡，进而形成氦资源富集。

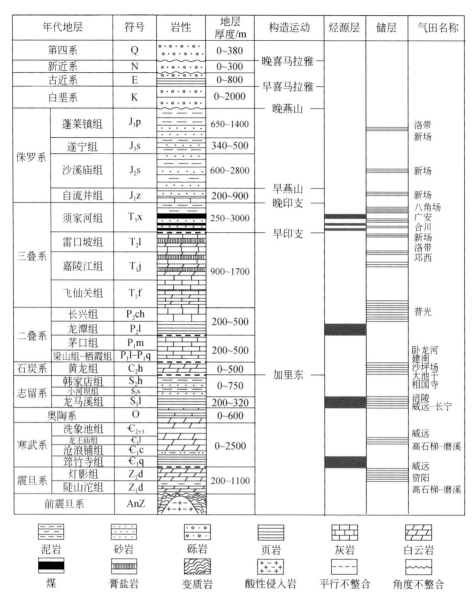

图 5.3 四川盆地地层综合柱状图

表 5.1 威远、安岳气田井口气组分含量

气田名称	井名	埋深/m	地层	CH₄/%	C₂H₆/%	N₂/%	CO₂/%	He/10⁻⁶	N₂/He	参考文献
威远气田	W2	2920.75	$Z_2d_4^2$	85.07	0.11	8.33	4.86	2500	33.32	Dai（2003）
	W23	3079.04	Z_2d_3	85.44	0.15	8.14	4.75	2620	31.07	Wang 等（2011）
	W27	2923	Z_2d_4	85.85	0.17	7.81	4.70	2180	35.83	Dai（2003）
	W27	—	Z_2d_{3-4}	86.7	0.09	7.39	5.04	3050	24.23	
	W30	2897.25	Z_2d_{1-2}	86.57	0.14	7.55	4.4	3420	22.08	
	W30	—	Z_2d_{3-4}	87.21	0.08	7.33	4.12	2040	35.93	Wang 和 Li（1999）

续表

气田名称	井名	埋深/m	地层	CH_4/%	C_2H_6/%	N_2/%	CO_2/%	He/10^{-6}	N_2/He	参考文献
威远气田	W39	2909.75	Z_2d_{3-4}	86.74	0.12	7.08	4.53	2730	25.93	Dai（2003）
	W46	2921.5	Z_2d	85.66	0.11	8.11	4.66	2520	32.18	
	W93	2887.2	Z_2d	86.03	0.1	7.44	5.17	2260	32.92	Liang 等（2016）
	W68	2929.15	Z_2d	86.02	0.1	7.6	5.05	2420	31.40	
	W51	2932.25	Z_2d	85.82	0.13	8.51	4.63	2950	28.85	
	W100	3000	Z_2d^{1-2}	86.80	0.13	6.47	5.07	2980	21.71	Dai（2003）
	W106	2831.75	Z_2d^{1-2}	86.54	0.07	6.26	4.82	3150	19.87	
	W026	2083.5	$\text{C}_{2+3}x$	88.35	0.067	6.21	4.669	1830	33.96	
	W052	2092	$\text{C}_{2+3}x$	86.79	0.07	6.41	6.066	1790	35.78	
	W79	2053.5	$\text{C}_{2+3}x$	85.58	0.056	7.52	6.017	1750	42.98	
	W088	2188	$\text{C}_{2+3}x$	90.25	0.118	6.32	3.577	1500	42.13	
	W089	2077.5	$\text{C}_{2+3}x$	86.30	0.286	7.00	5.917	1770	39.56	Liang 等（2016）
	W93	2024	$\text{C}_{2+3}x$	86.95	0.073	7.08	5.004	1910	37.06	
	WH1	2204	$\text{C}_{2+3}x$	88.45	0.074	6.38	4.517	1850	34.46	
	WH1	2404	C_1c	86.68	0.072	6.51	6.017	1740	37.40	
	WH10	2090.54	$\text{C}_{2+3}x$	85.66	0.13	7.01	—	2320	30.22	
	WH101	2448.5	C_1c	90.45	0.078	7.36	1.684	2170	33.94	
	WH101	2556.5	C_1q	90.71	0.14	6.91	1.67	2050	33.70	
平均值				86.94	0.11	7.19	4.65	2312.50	32.35	

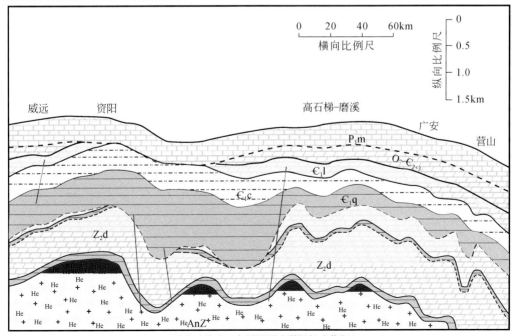

(a)晚三叠世—白垩纪原油裂解气成藏期

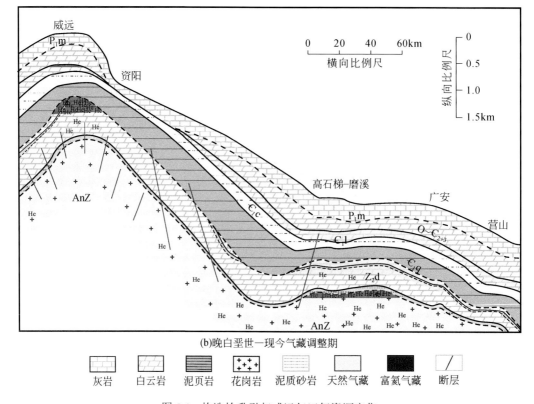

(b)晚白垩世—现今气藏调整期

| 灰岩 | 白云岩 | 泥页岩 | 花岗岩 | 泥质砂岩 | 天然气藏 | 富氦气藏 | 断层 |

图 5.4　构造抬升引起威远气田氦资源富集

三、威远、安岳气田 N_2-He 耦合关系

威远气田及其周缘安岳气田的 N_2、He 含量之间存在显著的正相关关系，N_2/He 值与埋深存在负相关的耦合关系 [图 5.5 (a)、(b)]。

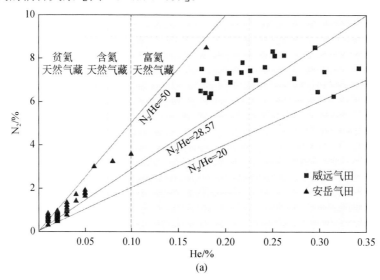

(a)

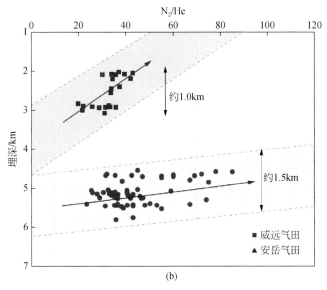

图 5.5 威远、安岳气田 N_2-He 耦合关系图

（a）威远、安岳气田 N_2-He 含量关系图；（b）威远、安岳气田 N_2/He 值与埋深关系图

　　世界最大的富氦天然气藏胡果顿-潘汉德（Hugoton-Panhandle）气田的 N_2/He 值也存在相似的变化规律（图 5.6）。胡果顿-潘汉德（Hugoton-Panhandle）气田位于美国 Anadarko 盆地西南缘，按分布位置分为胡果顿（Hugoton）和潘汉德（Panhandle）两部分。位于北部的胡果顿（Hugoton）气田主力产层为二叠系 Wolfcamp 组碳酸盐岩，沉积于构造高度为 $400\sim1500m$ 的东倾单斜之上，具有较高的 N_2/He 值；南部潘汉德（Panhandle）气田发育于北西-南东走向的 Amarillo 隆起之上，主力储层为 Wolfcamp 组碳酸盐岩及宾夕法尼亚系 Virgil 组—Wolfcamp 组"花岗岩冲积物"，构造高度为 $400\sim900m$，具有相对较低的 N_2/He 值（Ballentine and Sherwood，2002；Ronald，2005；Brown，2010）。研究认为这种耦合特征主要与壳源富氦天然气藏 N_2、He 之间的同源性及两者溶解-脱溶量差异有关。

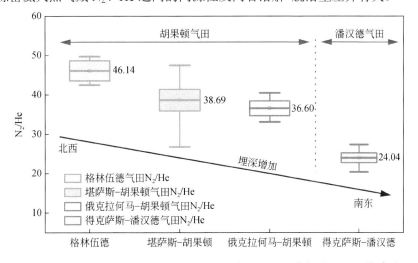

图 5.6 胡果顿-潘汉德 Hugoton-Panhandle 气田 N_2/He 值与储层埋深关系图

天然气藏中的 N_2 存在多种来源，一般认为 N_2 释放与烃源岩中沉积有机质热裂解生烃有关，不同成熟阶段对应不同的释 N_2 方式（微生物氨化、热氨化等）。但对于壳源富氦天然气藏而言，通常认为 N_2、He 之间具有同源属性，均来自沉积盆地的花岗岩或变质岩基底（Gold and Held，1987；Jenden et al.，1988；Jenden and Kaplan，1989；Hiyagon and Kennedy，1992；Hutcheon，1999；Ballentine and Sherwood，2002）。花岗岩、变质岩释放 N_2 的作用机理可简要概括为硅酸盐矿物中的 NH_4^+ 能够替代 K^+（相似的离子半径，相同的电价）在云母（特别是黑云母）中富集，形成固定铵（Fixed-NH_4^+），进而在高温条件下释放出 N_2（Honma and Itihara 1981；Bebout and Fogel 1992）。

借助孔隙水 N_2-He 溶解、脱溶量计算模型，认为在构造抬升过程中，N_2 与 He 的溶解量差异是造成威远、安岩气田 N_2/He 值与地层埋深负相关的主要原因，进一步计算还表明，在相同抬升幅度内，平均 N_2/He 值及其变化幅度（ΔN_2/He）均与 He 原位摩尔分压成反比（图 5.7）（赵栋等，2023）。换言之，不同富氦天然气藏之间 N_2/He 值差异与其所处埋深及 He 原位摩尔分压密切相关。

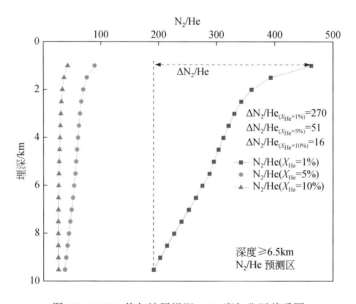

图 5.7　N_2/He 值与地层埋深、He 摩尔分压关系图

在溶解 He 借助构造抬升完成相态转化形成资源富集的过程中，N_2 也同步从溶解态向游离态富集，但由于 N_2 在相同抬升幅度内的脱溶量远超 He，最终导致 N_2/He 值随埋深减小而增大。计算还进一步表明，在相同抬升幅度内，平均 N_2/He 值及其变化幅度（ΔN_2/He）均与 He 原位摩尔分压成反比（图 5.7），换言之，富氦天然气藏 N_2/He 值大小与其所处埋深及 He 原位摩尔分压密切相关（Zhao et al.，2023）。

第三节　四川盆地新场气田

新场气田位于四川盆地川西坳陷中段新场构造带上 [图 5.8（a）]。川西坳陷夹持于西侧的龙门山造山带和东侧的龙泉山断裂之间，自印支运动以来，该区快速沉降并充填了巨厚的上三叠统须家河组和侏罗系—白垩系砂泥质红色岩系 [图 5.8（b）]。新场构造为川西坳陷的次级构造单元，其整体为一南陡北缓、西高东低的背斜 [图 5.8（c）]，是天然气长期运移的指向带，对气藏形成极为有利。

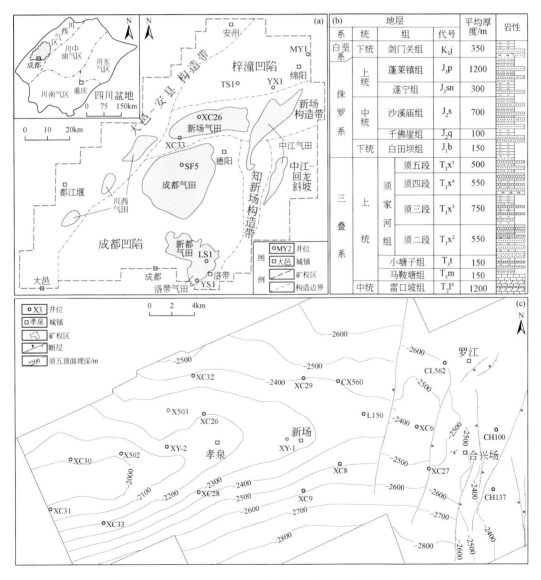

图 5.8　四川盆地新场气田位置（a）、地层（b）及井位分布（c）

新场气田位于新场构造孝泉-新场-合兴场地区 [图 5.8（c）]，是陆相碎屑岩领域发现的一个复合型大气田，纵向上由低孔、低渗、含水饱和度高的致密碎屑岩气藏多层叠置，含气层位主要包括上三叠统须家河组和侏罗系蓬莱镇组、沙溪庙组、千佛崖组等［图 5.8（b）］。近年来，中三叠统雷口坡组天然气勘探也取得了重要突破。新场气田气藏为正常地温超高压气藏。截止到 2011 年底，新场气田共探明天然气地质储量 $2045.22 \times 10^8 m^3$，其中须家河组二段和侏罗系气藏分别为 $1211.20 \times 10^8 m^3$ 和 $834.02 \times 10^8 m^3$。新场气田须二段气藏储集岩以中粒岩屑砂岩、岩屑石英砂岩以及石英砂岩为主，为典型的低孔低渗致密储集层；侏罗系蓬莱镇组气藏储集岩为细粒长石岩屑砂岩、岩屑石英砂岩和粗粉砂岩；沙溪庙组气藏储集岩为细粒长石砂岩和岩屑砂岩；千佛崖组气藏储集层为河流相砂砾岩。本次工作对新场气田天然气样品的氦含量和同位素组成数据（表 5.2）进行了综合分析。

表 5.2 四川盆地新场气田天然气含量和同位素地球化学特征

井号	层位	CH_4/%	C_2H_6/%	C_3H_8/%	C_4H_{10}/%	CO_2/%	N_2/%	He/%	$\delta^{13}C_1$/‰	$\delta^{13}C_2$/‰	$\delta^{13}C_3$/‰	$^3He/^4He$ /10^{-8}	R/Ra	^{40}Ar/^{36}Ar	数据来源
CX163-2	J_3p	93.64	3.59	0.76	0.33	0.39	1.07	0.019	−35.0	−23.3	−20.6	2.99	0.0022	424	He、Ar 同位素据刘四兵（2010）
CX136	J_3p	98.93	0.71	0.14	0.03		0.18	0.0172	−34.9	−25.2		2.78	0.0020	372	樊然学（1999）；Fan（2001）
CX134	J_3sn	97.61	1.22	0.24	0.06	0.02	0.85	0.0270	−32.8			1.39	0.0010	739	
XS1	J_2s	93.28	3.61	0.70	0.31	0.66	1.27	0.0340				1.92	0.0014	415	刘四兵（2010）
X852	J_2s	92.28	5.18	0.98	0.39	0.11	0.78	0.0180	−34.4	−23.6	−19.6	1.84	0.0013	286	本次工作
CX129	J_2s	98.24	1.33	0.25	0.07	0.02	0.09	0.0077	−33.0	−22.8		1.39	0.0010	545	樊然学（1999）；Fan（2001）
CX152	J_2q	97.95	1.43	0.34	0.06	0.13		0.0101	−32.7	−23.3		2.78	0.0020	465	
X806	J_2q	96.08	2.76	0.45	0.10	0.00	0.52	0.04				4.28	0.0031	378	He、Ar 同位素据刘四兵（2010）
CX455	J_1b	91.23	5.95	1.35	0.58	0.03	0.52	0.01	−35.0	−22.1	−20.1	4.34	0.0031	491	
CX135	J_1b	96.27	2.32	0.65	0.20		0.56	0.0215	−32.7	−23.6		2.78	0.0020	676	樊然学（1999）；Fan（2001）
XC30	T_3x^5	89.73	5.64	2.23	0.82	0.13	1.20		−37.9	−27.3	−23.2	1.43	0.0010	386	本次工作
X502	T_3x^5	89.62	5.32	2.02	0.86	0.49	1.09	0.0182	−36.1	−26.0	−22.2	1.65	0.0012	245	
CX96	T_3x^5	97.26	1.81	0.45	0.12	0.01	0.28	0.0161	−36.8	−26.9		6.95	0.0050	448	樊然学（1999）；Fan（2001）
L116	T_3x^4	95.73	2.58	0.36	0.12	0.95	0.18	0.01				1.98	0.0014	457	
X101	T_3x^4	96.89	1.62	0.19	0.06	1.01	0.18	0.01				1.51	0.0011	327	
X22	T_3x^4	95.63	2.92	0.37	0.11	0.71	0.19	0.01				2.03	0.0015	447	He、Ar 同位素据刘四兵（2010）
X856	T_3x^2	97.29	0.89	0.08	0.02	1.43	0.25	0.01	−30.8	−27.0	−26.5	1.99	0.0014	352	
X10	T_3x^2	97.49	0.98	0.10	0.02	1.02	0.24	0.01				2.19	0.0016	447	
CH127	T_3x^2	97.25	0.95	0.09	0.02	1.36	0.29	0.01	−30.7	−24.9	−25.5	2.06	0.0015	342	
CH127	T_3x^2	98.58	0.50	0.05	0.01	0.70	0.10	0.0082	−31.0	−23.6		1.39	0.0010	492	樊然学（1999）；Fan（2001）
XNS1	T_2l^4	90.31	0.31	0.02	0	8.53	0.44	0.0136	−33.7	−32.5	−27.0	1.57	0.0011	938	
XNS1	T_2l^4	97.39	0.90	0.07	0	0.89	0.17	0.011	−35.0			1.85	0.0013	346	本次工作
XNS1	T_2l^4	97.01	0.91	0.09	0	0.91	0.33	0.0166	−35.1			1.77	0.0013	639	

一、氦的含量和丰度特征

（一）氦的含量

新场气田天然气中 He 的含量均较低，最高仅为 0.04%，且不同层系天然气中氦的含量差异不大[图 5.9（a）]。侏罗系、须家河组、雷口坡组天然气中 He 的含量分别介于 0.0077%～0.04%、0.0082%～0.0182%、0.011%～0.0166%，平均值分别为 0.0204%（$N=10$）、0.0114%（$N=9$）、0.0137%（$N=3$）（表 5.2）。

（二）氦的丰度特征

从整体上看，不同层系天然气中氦的含量并未表现出随着层位变老而增加的趋势，整体都偏低，也未表现出壳源氦的积累效应［图 5.9（a）］。新场气田不同层位共 22 个天然气样品均为贫氦（0.005%～0.05%）天然气［图 5.9（b）］。

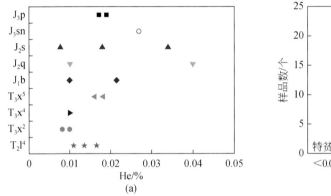
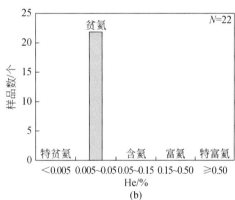

图 5.9　新场气田不同层位天然气中 He 含量分布（a）及 He 含量分布区间（b）

二、氦同位素值及成因

（一）氦同位素组成

新场气田侏罗系天然气 ^{3}He/^{4}He 值介于 1.39×10^{-8}～4.34×10^{-8}（$N=10$），平均值为 2.65×10^{-8}，对应的 R/Ra 值介于 0.001～0.0031，平均为 0.0019；须家河组天然气 ^{3}He/^{4}He 值介于 1.39×10^{-8}～6.95×10^{-8}（$N=10$），平均值为 2.32×10^{-8}，对应的 R/Ra 值介于 0.001～0.005，平均值为 0.0017；雷口坡组天然气 ^{3}He/^{4}He 值介于 1.57×10^{-8}～1.85×10^{-8}（$N=3$），平均值为 1.73×10^{-8}，对应的 R/Ra 值介于 0.0011～0.0013，平均值为 0.0012［表 5.2，图 5.10（a）］。新场气田不同层位天然气中 He 含量与 R/Ra 值之间没有明显的相关性［图 5.10（b）］。

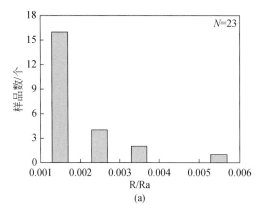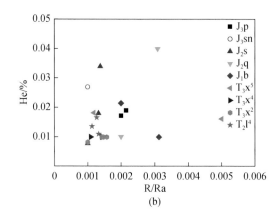

图 5.10　新场气田不同层位天然气 R/Ra 值分布图（a）和 He 含量与 R/Ra 值相关图（b）

在氩同位素组成方面，新场气田侏罗系天然气 $^{40}Ar/^{36}Ar$ 值介于 286～739（N=10），平均值为 479；须家河组天然气 $^{40}Ar/^{36}Ar$ 值介于 245～492（N=10），平均值为 394；雷口坡组天然气 $^{40}Ar/^{36}Ar$ 值介于 346～938（N=3），平均值为 641（表 5.2）。新场气田不同层系天然气 $^{40}Ar/^{36}Ar$ 值主体高于大气的值（295.5）（Allègre et al.，1987）。

（二）氦的成因

新场气田不同层系天然气 $^3He/^4He$ 值介于 $1.39×10^{-8}$～$6.95×10^{-8}$（N=23），平均值为 $2.39×10^{-8}$，与典型壳源氦的值（$2×10^{-8}$）（Lupton，1983；徐永昌，1996）一致，而明显低于典型幔源氦的值（$1.1×10^{-5}$）（Lupton，1983；徐永昌，1996），表明该气田不同层位天然气中的氦为典型壳源氦。从 $^3He/^4He$ 值和 $^{40}Ar/^{36}Ar$ 值相关图（图 5.11）上可以看出，侏罗系、须家河组和雷口坡组天然气的 He 同位素组成均表现出典型壳源的特征，没有明显幔源组分参与。

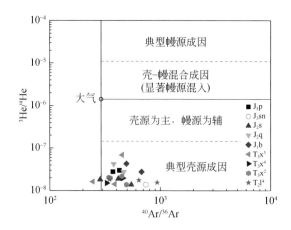

图 5.11　新场气田不同层位天然气 $^3He/^4He$ 值和 $^{40}Ar/^{36}Ar$ 值相关图

第四节 鄂尔多斯盆地东胜气田

东胜气田位于鄂尔多斯盆地北部，跨伊陕斜坡、天环坳陷以及伊盟隆起三大构造单元，主体位于伊盟隆起构造上［图5.12（a）］。沿三眼井、乌兰吉林庙和泊尔江海子断裂两侧，多口钻井先后获得工业气流，探明了东胜气田［图5.12（b）］。2021年4月27日中国石化华北石油局部署在鄂尔多斯盆地北缘东胜气田的重点开发井——JPH-489井，试获日产无阻流量$105×10^4m^3$高产气流，创该地区最高纪录，凸显鄂尔多斯盆地北部隆起天然气勘探潜力较大。东胜气田探明天然气储量$1474×10^8m^3$，截至2019年底，保有天然气三级储量$9777×10^8m^3$（何发岐等，2020）。研究表明，东胜气田主要发育上古生界石炭系—二叠系致密砂岩气［图5.12（c）］，储层具有低孔低渗特征（王明健等，2011；何发岐等，2020）。该气田天然气主要来源于石炭系—二叠系煤系烃源岩（包含煤、暗色泥岩），具有近源成藏

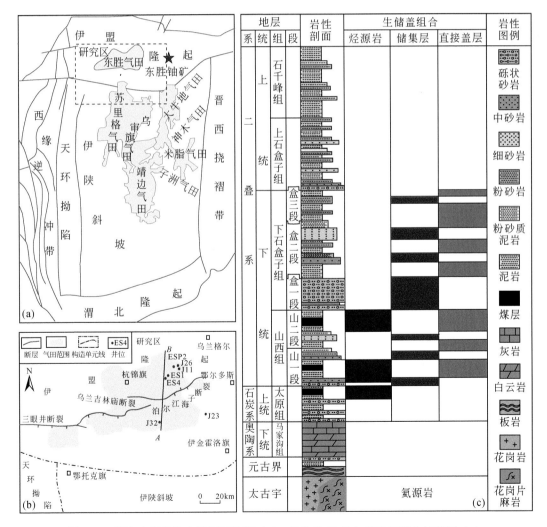

图5.12 鄂尔多斯盆地东胜气田位置（a）、井位分布（b）和地层综合柱状图（c）

特征（彭威龙等，2017；何发岐等，2020）。东胜气田的侧封和顶封条件为紧邻发育的泥岩，上二叠统上石盒子组以及石千峰组泥岩及含砂泥岩是该盆地上古生界致密砂岩气的区域盖层（王明健等，2011；Wu et al.，2017；何发岐等，2020）。

本次工作中利用带双阀门的不锈钢气瓶采集了东胜气田 X 井区以及 Y 井区共计 92 个天然气样品，并对此开展地球化学分析。此外，还收集了鄂尔多斯盆地苏里格、大牛地、榆林、米脂、乌审旗、子洲以及靖边气田 58 个天然气中氦气含量等资料（Dai，2016；Dai et al.，2017）用于对比分析。

一、氦的含量

统计分析表明，东胜气田 X 井区有 24 个样品中氦气相对含量超过 0.1%（图 5.13），占比 64.9%（X 井区共统计 37 个样品）；Y 井区 39 个样品中氦气含量分布在 0.1%～0.3% 之间（图 5.13），占比 70.9%（Y 井区共统计 55 个样品），并且有两个样品中氦气含量超过 0.3%。东胜气田两个井区中氦气含量大于 0.1% 共计 65 个样品，占比 70.7%，两个井区氦气平均含量为 0.133%，氦气含量达到工业品位价值。Dai 等（2017）提出了天然气中富氦程度的标准，其中，氦气含量介于 0.15%～0.50% 的为富氦天然气，氦气含量达到 0.5% 则为特富氦天然气。东胜气田 X 井区和 Y 井区分别有 6 个和 22 个样品氦气含量大于 0.15%，达到了富氦天然气的标准。

对鄂尔多斯盆地其他古生界气田中氦气含量分析表明，氦气相对含量整体偏低，氦气含量小于 0.05% 占据绝对优势，58 个样品中仅 12 个氦气含量分布在 0.05%～0.1% 之间（图 5.13）。鄂尔多斯盆地大气田中氦气含量分析表明，盆地北部的东胜气田氦气相对含量较高，氦气相对含量达到工业提氦丰度值，相对靠近东胜气田的苏里格和乌审旗气田中氦气相对含量也较高，表明该盆地北部氦气勘探潜力较大，应予以重点关注。

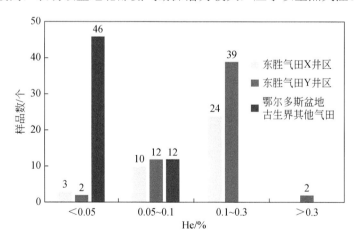

图 5.13 鄂尔多斯盆地东胜气田以及其他典型大气田中氦气含量分布

二、氦同位素组成及成因

鄂尔多斯盆地苏里格、乌审旗、子洲、大牛地、米脂、榆林、靖边气田等典型大气田中 58 个天然气的 $^3He/^4He$ 值分布区间为 $2.07\times10^{-8}\sim13.64\times10^{-8}$，为典型壳源成因氦气，壳幔氦气二端元混源计算结果表明壳源氦贡献超过 99%。东胜气田 X 井区 5 个天然气中 $^3He/^4He$ 分布区间为 $3.03\times10^{-8}\sim3.44\times10^{-8}$，表明氦气主体为壳源成因，计算得知壳源氦贡献超过 99%，即东胜气田天然气中的氦气主要为铀、钍元素放射性成因。鄂尔多斯盆地幔源氦相对不发育与该盆地整体上构造稳定且深大断裂相对不发育有关。

三、东胜气田氦气来源、富集模式及勘探潜力

（一）氦气来源

天然气中乙烷碳同位素的组成主要受母质的继承效应影响，因此乙烷碳同位素组成经常被运用于天然气成因类型的判识，即 $\delta^{13}C_2$ 值大于-28‰为煤成气，反之则为油型气（Dai et al.，2005，2009a，2009b；Dai，2016；Liu et al.，2019）。东胜气田天然气 $\delta^{13}C_2$ 值大于-28‰，为典型煤成气，但是东胜气田中氦气含量相对较高，而其他煤成气气田中氦气的相对含量较低，并且靖边气田下古生界油型气中氦气含量与上古生界煤成气中氦气含量有重合 [图 5.14（a）]。随着氦气含量增加，$\delta^{13}C_2$ 值没有表现出任何规律性变化，即烷烃气成因与氦气含量之间没有内在联系。煤成气与油型气的氦气同位素组成具有明显的重合区间，烷烃气成因同样也表现出与氦气同位素组成没有明显关系 [图 5.14（b）]。

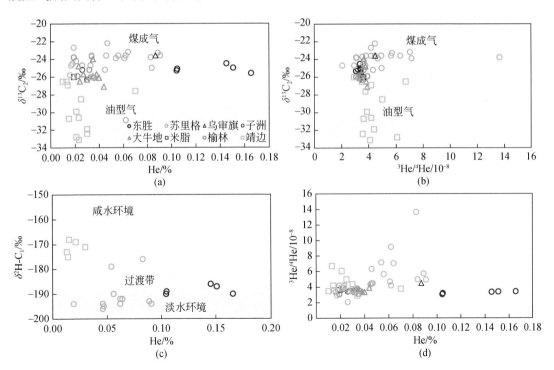

图 5.14　鄂尔多斯盆地 $\delta^{13}C_2$ 与 He 含量（a）、$\delta^{13}C_2$ 与 $^3He/^4He$（b）、He 含量与 $\delta^2H\text{-}C_1$（c）及 He 含量与 $^3He/^4He$（d）关系图

烷烃气氢同位素组成主要受源岩沉积环境及热演化程度影响，一般认为天然气中甲烷

氢同位素值（δ^2H-C$_1$）大于-180‰时，其源岩形成于咸水环境（Liu et al.，2008）；而天然气中甲烷氢同位素值小于-190‰时，其源岩形成于淡水环境（Schoell，1980）；当甲烷氢同位素值介于-190‰~-180‰之间时，气源岩形成于过渡带的沉积环境（Liu et al.，2008）。东胜气田以及鄂尔多斯盆地其他气田天然气中氦气含量与甲烷氢同位素组成不具有明显的相关性[图5.14（c）]，这一方面表明氦气含量不受烃源岩沉积时水体盐度的影响，另一方面也反映了氦气和烷烃气在成因上不具有明显相关性。在鄂尔多斯盆地天然气中，^{3}He/^{4}He值与氦气含量也没有明显关系[图5.14（d）]。尽管天然气中氦气为典型壳源成因，但是氦气含量变化较大。鄂尔多斯盆地天然气中氦气与源岩母质类型、沉积环境均没有明显关系。壳源氦主要来自岩石矿物中铀、钍的衰变（Anderson，2018），因此推测东胜气田中高含量的氦气可能与基底岩石中铀、钍元素含量相对较高及经历的放射性衰变时间较长等因素有关。塔里木盆地和田河气田天然气中的氦也为典型壳源氦（陶小晚等，2019）。不同气田天然气中氦含量的不同除了受控于氦源岩中放射性元素铀、钍含量及衰变时间等差异外，也与氦的聚集过程有一定的关系。

（二）氦气富集模式

鄂尔多斯盆地北部的伊盟隆起构造单元上发育一定规模的铀矿床[图5.12（a）]，李子颖等（2009）、李有民和陈宏斌（2016）、冯晓曦等（2017）认为东胜铀矿主要来自盆地北部的基岩蚀源区，并且为同沉积型铀矿。由于该沉积铀矿主要赋存于侏罗系砂岩中（任战利等，2006），处于东胜气田的上覆地层。U、Th放射性衰变形成的氦不易倒灌于下二叠统气藏中，因此，鄂尔多斯盆地气藏中氦气并非来源于侏罗系砂岩铀矿放射性衰变。但沉积型铀矿发育说明盆地北缘剥蚀区岩石相对富含铀元素，东胜气田的多口深井（J23、J32等）[图5.12（b）]钻遇了基底，揭示了该区基岩为花岗岩，或者是以花岗岩为母岩的变质岩。该类岩石相对富含U、Th元素（李玉宏等，2011；Li et al.，2017）。冯晓曦等（2017）利用伽马能谱测量解剖了鄂尔多斯盆地北部大桦背岩体铀矿异常，发现该岩体铀平均含量超过 5×10^{-6}，同时发现该岩体南缘黏土堆积物中铀含量高达 170×10^{-6}，约是地壳中铀丰度的61倍。结合前人对东胜铀矿（任战利等，2006；李子颖等，2009；杨伟利等，2010；李有民和陈宏斌，2016；冯晓曦等，2017）、鄂尔多斯盆地北部基底富铀钍花岗岩及东胜气田致密砂岩气成藏特点的研究（王明健等，2011；彭威龙等，2017；何发岐等，2020），作者认为东胜气田天然气中氦气主要由基底岩石中富含的U、Th元素放射性衰变形成。

东胜气田所在区块主要发育三条近东西向一级主干断裂（三眼井断裂、乌兰吉林庙断裂以及泊尔江海子断裂），这些断裂从基底断至地表[图5.12（b）]。一级断裂形成于加里东期，在燕山期以及喜马拉雅期发生强烈活动，大量的小规模断裂仅从基底断至上古生界（何发岐等，2020）。三眼井断裂和乌兰吉林庙断裂为南倾正断层，而泊尔江海子断裂为北倾逆断层[图5.12（b）]。断裂两侧上古生界烃源岩和天然气地球化学分析对比表明，泊尔江海子断裂以北烃源岩发育程度相对较低，烃类气主要是断裂以南的烃源岩所生成的，并沿断裂运移到北侧聚集成藏（Wu et al.，2017），同时运移过程中经历了明显的散失（倪春华等，2018）。这三条基底断裂沟通了氦源岩（花岗质基岩），加上氦的分子直径小于甲烷，使得氦气相对烃类气体更容易运移，因而在地质历史时期，这些断裂可以为氦气释放提供通道，但也难免会发生一定程度的散失。烃类气体散失会使得甲烷、乙烷相对含量和同位素差值等出现明显的变化，即发生组分含量和同位素分馏过程，因此可以根据相关地球化学指标来判识散失过程（倪春华等，2018）；但对氦气而言，由于仅有 ^{3}He 和 ^{4}He 两个稳定的同位素，且以 ^{4}He 含量占绝对优势，因而没有有效的氦气含量和同位素等相关指标来直接判识散失过程。

前人研究表明鄂尔多斯盆地上古生界致密砂岩气的主要成藏时期在晚侏罗世—早白垩世（何发岐等，2020），这期间受到燕山运动影响，伴随着烃类气体运聚成藏，基底的氦源岩（主要为富含 U、Th 元素的太古界花岗质基岩）不断释放的氦气通过基底断裂向上运移并与烃类气体混合，最终聚集于致密砂体中，形成富氦气藏。由于氦气具有弱源成藏特点，不能独立成藏（李玉宏等，2011；Li et al.，2017；张文等，2018），氦气的运移聚集可能与烃类气体具有一定的协同性。东胜气田烃类气体主成藏期为燕山期，因此，推测东胜气田中氦气也是燕山期富集。上石盒子组厚层泥岩作为区域性盖层对东胜富氦气藏起到良好的封盖作用，在一定程度上减少了富氦气藏散失（图 5.15）。

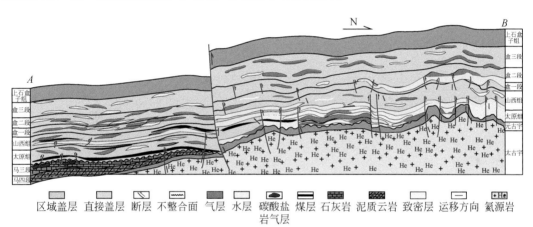

图 5.15　鄂尔多斯盆地东胜富氦致密砂岩气成藏模式简图（剖面 *A-B* 位置详见图 5.12）

（三）勘探潜力

Dai 等（2017）提出了氦气田工业划分标准，其中氦气储量达到 $1×10^8 m^3$ 的为特大型气田，氦气储量介于 $0.5×10^8 \sim 1×10^8 m^3$，为大型气田。按照东胜气田 92 个样品中氦气平均含量为 0.133%，并结合当前天然气探明地质储量估算，探明氦气储量约为 $1.96×10^8 m^3$，达到了特大型气田的标准。鉴于本次研究中东胜气田有 26 个天然气达到了富氦天然气的标准（氦气含量大于 0.15%），因此东胜气田为我国首个特大致密砂岩型富氦天然气藏。东胜气田氦气储量规模大，氦气平均含量达到工业制氦要求，具备较高提氦价值。鄂尔多斯盆地北部的特大致密砂岩富氦储量的发现，表明该盆地北部具备富氦天然气大规模聚集成藏的条件。广泛发育氦源岩，相对较发育沟通源岩和储层断裂体系，有利于氦气释放和运移。同时，鄂尔多斯盆地北部良好的天然气成藏组合也为氦气富集创造了条件。在东胜气田中，氦气平均含量明显高于南部的苏里格、乌审旗、大牛地等气田，可能是因为北部靠近物源区，基底埋藏较浅，并且构造也相对较为活动，多方面因素都有利于基底放射性元素衰变形成的氦气运移到圈闭中富集。因此，应加大对鄂尔多斯盆地北部天然气中氦气的勘探普查工作。同时，重视全盆地天然气中氦气含量的实时动态监测，开辟该盆地氦气勘探的新领域。

第五节　鄂尔多斯盆地大牛地气田

大牛地气田位于鄂尔多斯盆地伊陕斜坡北缘，面积约为2000km^2（图5.16），构造上位于鄂尔多斯盆地伊陕斜坡北部，为西倾单斜构造，倾角不足 1°。鄂尔多斯基底主要形成于太古宙到古元古代，经过多方面资料的验证，鄂尔多斯盆地的基底具有较为明显的镶嵌结构，一类由变粒岩岩相组成，包括混合花岗岩、片麻状花岗岩以及麻粒岩等，这类岩石的形成年代是太古宙；另一类是绿岩岩性的大理岩、千枚岩以及绿片岩等，其形成年代为古元古代（杨华等，2006）。大牛地气田基底为新太古界—元古宇的片麻岩相与麻粒岩相变质岩、花岗岩等（付金华等，2008）。

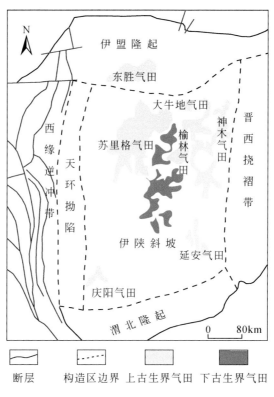

图5.16　大牛地气田位置图

晚石炭世太原期滨岸沼泽煤系地层以及早二叠世山西期的冲积平原煤系地层构成了盆地上古生界的气源岩；发育于气源岩之间及其以上的河道砂体、三角洲平原分流河道砂体、三角洲前缘水下分流河道砂体、河口砂坝及海陆过渡相滨岸砂坝、潮道砂体构成了储集体；

晚二叠世大面积分布的上石盒子组和石千峰组河漫及湖相泥岩形成了盆地上古生界气藏的区域盖层（图5.17）（杨智等，2010）。

在极长的地质时间内，鄂尔多斯盆地受到了多期次构造改造：中元古代的拗拉谷盆地期、古生代的稳定克拉通期、中生代的类前陆盆地期以及新生代的周缘断陷盆地发育期（杨华等，2006）。在大地构造的变动中，大牛地地区发育了若干断裂。

大牛地气田下主干走滑断裂是继承于基底断裂的复活与持续活动，在沉积层内产生大量小位移断裂与裂缝。从加里东—海西期持续至印支期形成右阶左行台格庙断裂及左阶右行石板太断裂北段；燕山期形成左阶右行秃尾河断裂及右阶左行石板太断裂南段。这些断裂具有垂向分层变形的特点，深层压扭断裂主要发育在中新元古界，主干断裂产状陡峭或近直立；浅层走滑断裂形成于中新生界，深部消失在延长组（张威等，2023）。

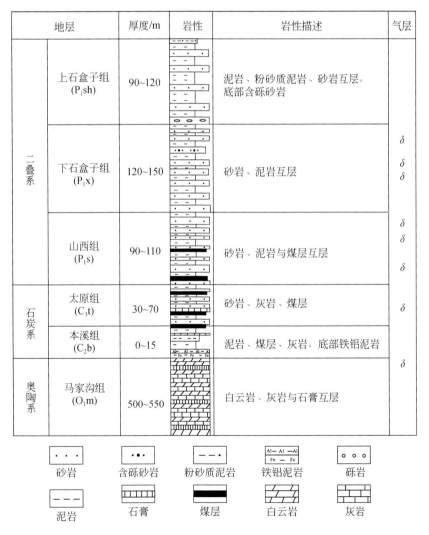

地层		厚度/m	岩性	岩性描述	气层
二叠系	上石盒子组 (P₁sh)	90~120		泥岩、粉砂质泥岩、砂岩互层，底部含砾砂岩	
	下石盒子组 (P₁x)	120~150		砂岩、泥岩互层	δ δ δ
	山西组 (P₁s)	90~110		砂岩、泥岩与煤层互层	δ δ δ
石炭系	太原组 (C₃t)	30~70		砂岩、灰岩、煤层	δ
	本溪组 (C₂b)	0~15		泥岩、煤层、灰岩，底部铁铝泥岩	δ
奥陶系	马家沟组 (O₁m)	500~550		白云岩、灰岩与石膏互层	

砂岩　　含砾砂岩　　粉砂质泥岩　　铁铝泥岩　　砾岩

泥岩　　石膏　　煤层　　白云岩　　灰岩

图 5.17 大牛地气田地层柱状图

古生代—早中生代，鄂尔多斯盆地从近海盆地转化为前陆隆后拗陷性质的大型陆内湖盆（杨明慧等，2012）；晚中生代，构造演化从挤压为主转变为伸展为主，到晚侏罗世，盆地东、西两侧基底向盆内逆冲推覆，发生拆离作用（张岳桥等，2006）；喜马拉雅期因印度板块与欧亚板块碰撞在鄂尔多斯盆地产生远程效应，导致盆地整体抬升，可能导致石板太断裂北段与向台格庙断裂重新活动。

大牛地气田的天然气探明储量为 $4545.63 \times 10^8 m^3$（杨华和刘新社，2014），主要聚集在石炭系太原组、二叠系山西组和下石河子组的致密砂岩储层中，在奥陶系马家沟组的碳酸盐岩储层中也发现了天然气。上古生界中的天然气主要源自太原组—山西组煤系地层的煤成气，以上石盒子组湖相泥岩和粉砂质泥岩为气藏的区域盖层（图 5.17）；下古生界中的天然气是由碳酸盐岩烃源岩所产生油型气与上古生界煤成气混合而成，以本溪组泥岩和铁铝质泥岩为主要盖层（Liu et al.，2022）。

天然气储集岩主要分为石英砂岩与岩屑石英砂岩，孔隙度分别分布在 0.2%～22.2%之间，渗透率为 0.01×10^{-3}～$15.30 \times 10^{-3} \mu m^2$（侯瑞云等，2012）。气田横向上多处发育纵向上多套储层叠置，形成了大型岩性圈闭。下石盒子组局部性盖层的突破压力在 10.63～15.5MPa 之间（曹忠辉，2005），上石盒子组、石千峰组厚层泥岩区域盖层的剩余压力在 5～20MPa 之间（郝蜀民等，2006）。

一、氦气地球化学特征及来源

本次工作对大牛地气田下石盒子组、山西组、太原组与马家沟组 20 个气样进行测试，得到了天然气组分与 He、Ne 及 Ar 的同位素比值等信息（表 5.3）。

表 5.3 大牛地气田天然气样品组分及同位素比值

井号	地层	CH_4/%	C_{2+}/%	CO_2/%	$^4He/10^{-6}$	$^{20}Ne/10^{-6}$	$^{40}Ar/10^{-6}$	$^3He/^4He/10^{-8}$	R/Ra	$^4He/^{20}Ne$	$^{40}Ar/^{36}Ar$	$CH_4/^3He$ /10^9	$CO_2/^3He$ /10^9
1-101	P_1x	97.19	2.55	0.25	586	0.122	52.9	3.976	0.028	4803	797.0	41.7	0.107
2-1	P_1x	94.47	4.92	0.41	1273	0.340	85.4	2.856	0.020	3744	654.5	26.0	0.112
D66-28	P_1x	88.90	10.66	0.42	450	0.092	74.8	5.180	0.037	4891	616.1	38.1	0.180
DK30	P_1x	94.39	5.17	0.42	459	0.027	52.4	6.440	0.046	17000	1163.9	31.9	0.141
D66-3	P_1x	97.52	2.38	0.09	421	0.158	66.5	2.660	0.019	2665	514.0	87.1	0.081
DP14	P_1x	87.92	11.55	0.43	390	0.460	234.0	5.012	0.036	848	368.7	45.0	0.221
DK29	P_1x	88.70	10.57	0.55	371	—	70.1	0.913	0.007	—	537.5	261.9	1.621
D1-1-154	P_1x	90.54	8.30	1.14	394	0.161	90.2	2.618	0.019	2447	547.5	87.8	1.108
2-47	P_1s	90.73	6.87	2.38	316	0.180	24.7	3.598	0.026	1756	1062.8	79.8	2.097
D1-4-107	P_1s	89.33	9.99	0.65	342	0.095	31.0	1.005	0.007	3600	937.0	259.8	1.897
2-21	P_1s	89.15	9.93	0.90	376	—	39.9	10.115	0.072	—	2328.2	23.4	0.237
1-80	P_1s	88.92	10.26	0.80	381	0.089	48.3	2.688	0.019	4281	945.1	86.8	0.783
2-45	P_1s	87.98	11.22	0.78	372	—	44.1	1.226	0.009	—	901.7	192.8	1.711
D12-1	P_1s	89.95	9.38	0.65	415	0.050	56.5	1.764	0.013	8300	1038.4	122.9	0.889

续表

井号	地层	CH₄/%	C₂₊/%	CO₂/%	⁴He/10⁻⁶	²⁰Ne/10⁻⁶	⁴⁰Ar/10⁻⁶	³He/⁴He/10⁻⁸	R/Ra	⁴He/²⁰Ne	⁴⁰Ar/³⁶Ar	CH₄/³He/10⁹	CO₂/³He/10⁹
D35	C_3t	90.33	7.56	1.98	287	0.164	69.5	2.940	0.021	1750	376.8	107.1	2.352
D23-4	C_3t	90.58	6.86	2.56	271	0.076	36.8	2.394	0.017	3566	451.1	139.6	3.941
D47-18	C_3t	91.09	8.04	0.87	452	0.080	66.7	8.016	0.057	5650	500.2	25.1	0.240
D35-22	C_3t	90.43	7.37	2.11	303	0.240	67.3	4.424	0.032	1263	376.6	67.5	1.577
D47-47	C_3t	90.93	8.10	0.73	401	0.052	43.9	6.440	0.046	7712	930.6	35.2	0.284
D66-38	O_1m	91.66	7.26	1.08	232	0.155	52.1	3.612	0.026	1497	396.5	109.4	1.293

表头中同位素比值单位以 $^4\mathrm{He}/10^{-6}$ 等形式给出。

（一）氦气含量和丰度

鄂尔多斯盆地大牛地气田不同层位天然气样品 He 含量具有一定的差异。上石炭统中氦气含量为 0.027%～0.045%，下二叠统氦气含量为 0.032%～0.127%，平均值分别为 0.034%（$N=5$）与 0.047%（$N=14$），马家沟组的一个天然气样品中 He 含量略低，为 0.0232%（图 5.18）。

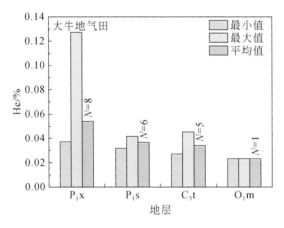

图 5.18　大牛地气田不同层位天然气中氦气含量

根据 Dai 等（2017）提出的氦含量和氦气田分类标准，大牛地 20 个气样的氦含量平均值为 0.043%，属于贫氦天然气；大牛地气田天然气探明储量为 $454.563 \times 10^9 \mathrm{m}^3$（杨华和刘新社，2014），以平均氦含量 0.043% 计算，气田中氦探明储量为 $195.462 \times 10^6 \mathrm{m}^3$，达到特大型含氦天然气藏的标准。

（二）氦同位素特征及氦气来源

He 同位素特征（R/Ra）介于 0.007～0.072（大气中 Ra=1.4×10^{-6}），下石盒子组、山西组、太原组 R/Ra 分别为 0.017～0.057、0.007～0.072 和 0.007～0.046。Ar 丰度介于 24.7×10^{-6}～234.0×10^{-6}，$^{40}\mathrm{Ar}/^{36}\mathrm{Ar}$ 值介于 376.6～2328.2（图 5.19），显著大于大气比值，显示有

放射性氩的生成，下石盒子组、山西组、太原组中氩同位素比值分别为 368.7～1163.9、901.7～2328.2 和 376.6～930.6，同位素比值与地层深度无正相关性。如设定 ^{20}Ne 全部源自大气，样品 $^{4}He/^{20}Ne$ 值介于 848～17000（图 5.20），显著大于大气（0.32）与空气饱和水（0.28，23.85℃）中的比值，认为大气来源氦气在气田中占比可忽略。

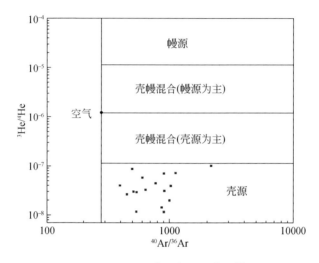

图 5.19　大牛地气田天然气 $^{3}He/^{4}He$ 与 $^{40}Ar/^{36}Ar$ 的相关性

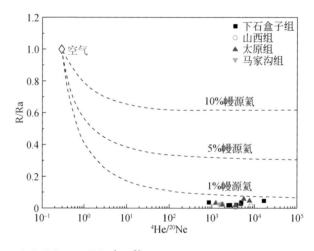

图 5.20　大牛地气田天然气 $^{4}He/^{20}Ne$ 与 R/Ra 的相关性（Liu et al.，2022）

大牛地气田天然气下石盒子组、山西组和太原组天然气的 $CH_4/^{3}He$ 值分别介于 26.0×10^{9}～261.9×10^{9}、23.4×10^{9}～259.8×10^{9} 和 25.1×10^{9}～139.6×10^{9}，平均值分别为 77.4×10^{9}（$N=8$）、127.6×10^{9}（$N=6$）和 74.9×10^{9}（$N=5$），而马家沟组一个天然气样品的 $CH_4/^{3}He$ 值为 109.4×10^{9}（表 5.3）。这些天然气 $CO_2/^{3}He$ 值分别介于 0.081×10^{9}～1.621×10^{9}、0.237×10^{9}～2.097×10^{9} 和 0.240×10^{9}～3.941×10^{9}，平均值分别为 0.446×10^{9}（$N=8$）、1.269×10^{9}（$N=6$）、1.679×10^{9}（$N=5$），而马家沟组一个天然气样品的 $CO_2/^{3}He$ 值为 1.293×10^{9}（表 5.3）。综上所述，大牛地气田中氦气主要为壳源氦。

二、氦源岩

不同岩石之中 U、Th 放射性元素的含量差距较大，其中烃源岩含量最多，铝土岩与花岗岩次之。U 含量为 50×10^{-6}g/g 及 Th 含量为 12×10^{-6}g/g 单位体积的烃源岩在 100Ma 内可以生成 0.0019m³ 氦气，而 U、Th 含量分别为 3×10^{-6}g/g、13×10^{-6}g/g 单位体积的花岗岩在 100Ma 内仅可以生成 0.0002m³ 的氦气（Brown，2010），具有明显弱源性。

U、Th 等放射性元素存在于盆地中的所有地层中，其发生的放射性衰变可以产生一定浓度的氦气，并且放射性成因氦气暂未发现同成因或明确的同期产物，目前尚不能做到像普通天然气那样根据地球化学信息来确定具体的产氦层位，结合氦气的"弱源性"，使得判别氦源岩需要注意多套地层的可能性。

同位素比值综合表明，大牛地气田天然气中的氦气均来自地壳。业内普遍认为常见的体积大、时代久的基底岩浆岩、变质岩是理想的氦源岩，沉积层中铝土岩等其他高放射性元素含量的岩石也可能是较重要的氦源岩。U、Th 主要天然同位素半衰期极长，因此可用现今地层中的 U、Th 浓度来近似替代沉积初始 U、Th 浓度。

式（5.1）可表征不同岩石生氦的能力：

$$^4\text{He atoms g/a}=(3.115\times10^6+1.272\times10^5)\text{U}+(7.710\times10^5)\text{Th} \qquad (5.1)$$

式中，^{4}He atoms 为生成的氦原子个数；U、Th 单位为 10^{-6}g/g。

通过计算各岩层的生氦量级，就可以对氦气的可能贡献层做出相应判断。

根据现有研究成果推测气田区域内可能的沉积层氦源岩有煤层与铝土岩层，其中煤层 U、Th 元素含量为 $3.6\times10^{-6}\sim4.5\times10^{-6}$g/g 及 $16\times10^{-6}\sim22\times10^{-6}$g/g（Dai et al.，2012），铝土岩层 U、Th 元素含量为 20.35×10^{-6}g/g 与 57.11×10^{-6}g/g（陈全红等，2009）。根据气田内煤层累计平均厚度等因素（表 5.4），计算得大牛地气田内煤层和铝土岩的产氦总量约为 0.29×10^8m³ 与 0.58×10^8m³。考虑到成藏过程中的损失（如氦气未进入富烷烃流体、复合流体未进入有效成藏圈闭或成藏后的逸散），沉积岩层中的氦气并不能占据大牛地气田中氦气（1.95×10^8m³）的多数，应结合基底来源氦气共同成藏。

表 5.4 大牛地地区沉积层生氦因素

可能氦源岩	源岩面积/km²	源岩平均厚度/km	源岩密度/（g/cm³）	生氦时间/Ma	数据来源
煤层	2000	0.030	1.5	270	惠宽洋和李良（2010）
铝土岩层		0.012	2.5	300	刘全有等（2012）

三、氦气运移特征

大量的氦气源自基底花岗岩、变质岩，氦气从产生到一次运移需要突破矿物晶体的束缚，矿物一般通过高温与构造形变释放氦气，研究区地温梯度为 2.8℃/100m，地表恒温为 11.5℃（任战利等，2017；李博，2021），大牛地地区基底埋深最浅分布在 3～4km，其温度应大于 100℃，这已突破多数富 U、Th 元素矿物对氦气的封闭温度（张文，2019）。大牛地气田在生烃阶段破坏烃源岩释放烷烃气，矿物晶格在受到破坏的同时释放氦气。故认为大牛地气田氦源岩中氦气已大量释放。

根据航磁、重力、电磁以及地球化学场等多类型证据综合分析，鄂尔多斯盆地内部存在有几条贯通基底的断裂与储集层附近的大量小规模断裂（付金华，2004），研究区地处盆地北部，主要发育了东西向的基底断裂（图5.21）。这些深大断裂使基底岩石中氦气释放的同时也沟通了沉积层与基底，使得基底产生的氦气可以到达沉积层。

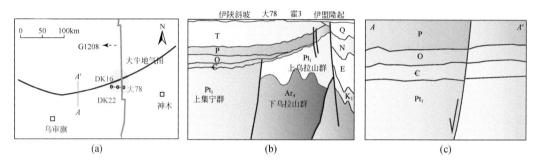

图 5.21　大牛地气田下方基底断裂发育情况（据张更信等，2016）

（a）研究区基底断裂；（b）G1208 剖面；（c）AA' 剖面

氦气在地层水中的溶解行为遵循亨利定律。当富含氦气的地层水遇到天然气流，并处于大牛地气田地温条件时，氦气在水中的溶解度明显小于甲烷（图5.22），且烷烃气分压远大于氦气，地层水中绝大多数氦气将脱溶转为气相。至此，大牛地气田氦气完成从矿物到气藏的过程。

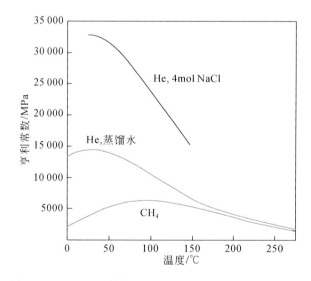

图 5.22　CH_4 和 He 的低压亨利常数（据陈践发等，2021）

四、氦气成藏特征及对勘探的启示

烷烃气与氦气在大牛地气田中异生同储，且生成机制具有显著区别，故确定氦气与烷烃气耦合成藏的过程是含氦气田的研究重点。

大牛地气田上古生界气藏属于致密气藏，气藏见水程度相对低。气田下部发育鄂托克旗-乌审召断裂，早期作为早元古代中期的控盆断裂，后续在寒武系上仍有发育［图 5.21（b）、（c）］，连通基底与沉积层。气藏下部的马家沟组碳酸盐岩受到此断裂影响，构造裂缝自上而下发育良好，裂缝主要发育时间在侏罗纪到早白垩世，使得来自基底的氦气具备良好的运移通道（图 5.23）。

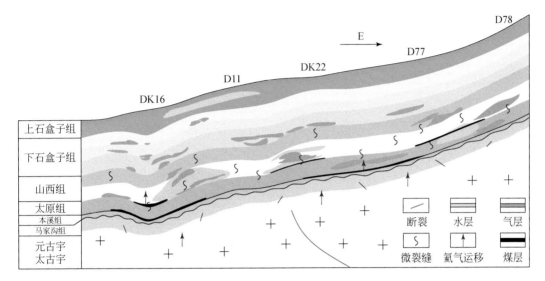

图 5.23　大牛地气田上古生界气藏中氦气运移和成藏剖面模式图

该气田烷烃气充注时间为中晚侏罗世到早白垩世及晚白垩世至今（Liu et al., 2015）。该气藏具有近源成藏的特点，烷烃气通过生烃压力形成的微裂缝进行幕式运移（郝蜀民等，2006）。

大牛地气田氦气成藏与烷烃具有耦合性。时间上，盆地断裂发育时间与烷烃气产生、运移时间高度重合；空间上，基底断裂横穿整个气田，保证来自基底的氦气在上升后可以进入烷烃气藏而免于泄漏。时空耦合的背后机制在于氦气难以单独成藏，需烷烃气将氦气从深部流体中抽取成藏，在烷烃气成藏时间前后，氦气将泄露或由于气藏导致的局部高压使得流体难以进入气藏。

大牛地气田氦气含量介于 0.0271%～0.1273%，平均值为 0.043%，氦气总储量为 195.462×$10^6 m^3$，根据前人研究判定为特大型贫氦天然气藏。天然气样品中 R/Ra 介于 0.007～0.072，均为典型壳源成因，且 $^4He/^{20}Ne$ 值介于 848～17000，明显高于大气的值或空气饱和水，认为氦气来自岩石矿物中铀、钍放射性衰变，没有明显大气、幔源组分的加入。根据沉积层生氦潜力计算，认为大牛地气田中的氦气应为基底氦气与沉积岩氦气共同成藏。气田内断裂发育时间与生烃高峰时间高度重合，认为是氦气与烷烃气耦合成藏。

从含氦天然气中提取氦是工业制氦的唯一途径，以往一般认为，工业制备氦气的标准是氦含量达到 0.1%（陶小晚等，2019；陈践发等，2021）。卡塔尔通过压缩天然气生产 LNG，在此过程中残余气体中相对富集 He，进而可以生产氦气（陶小晚等，2019），即氦气作为 LNG 的副产物，这种制氦途径对于氦含量的要求可以降低到 0.04%（Anderson，2018）。大牛地气田天然气中 He 含量平均为 0.0425%，可以达到效益开发的要求。

大牛地气田的氦气成藏模式是典型基底-沉积层型。其主要特点是 R/Ra 显示壳源，储集层下方发育大型基底断裂。这类气田的氦源通常以基底岩石为主，沉积层内氦源岩较少，或为较薄高铀、钍岩层，或为烃源岩，其生氦潜力不容忽视但难以单独成藏，需协同基底氦气共同成藏。其储层及盖层均致密，未受到深大断裂影响而保持氦气浓度。

东胜气田也属于此类型氦气田，下方发育深大基底断裂，沉积层内氦源占比较小。在下伏基底、沉积层等情况相似的情况下，断裂更发育、地层水含量更高可能是东胜气田氦气总量（$2.44 \times 10^{8} \mathrm{m}^{3}$）大于大牛地气田的原因。

第六节　塔里木盆地和田河气田

一、地质概况

和田河气田位于塔里木盆地中央隆起巴楚凸起南缘玛扎塔格构造带上，构造面积约为 $450 \mathrm{km}^{2}$。扎塔格构造带是喜马拉雅期挤压作用下形成的一个被两条北西—南东向逆断层所夹的断垒构造带，自西向东发育玛 8、玛 2、玛 4 三个断背斜构造，分别位于玛扎塔格构造带的西段、中段、东段（图 5.24）。整体上呈西高东低，构造带轴向与断层走向基本一致（王招明等，2000；邓兴梁，2007）。

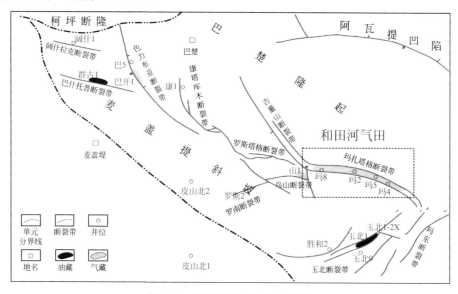

图 5.24　和田河气田构造位置图

和田河气田经历加里东、海西、喜马拉雅等多期构造运动，特别是喜马拉雅期区域挤压应力形成现今的断隆格局（杨威等，2001；宁飞等，2021）。加里东运动早中期，塔里木盆地处于区域拉张阶段，气田北缘形成张性断垒带，研究区隆起雏形形成。加里东运动晚期—海西运动早期，古特提斯洋向北俯冲，塔里木盆地南部抬升，研究区形成北倾斜坡。在挤压环境下，先期形成的张性断层转变为逆断层。海西运动晚期，古特提斯洋持续向北俯冲，同时受西昆仑古生代火山岛弧的影响，研究区挤压抬升，进一步隆起（谢会文等，2017）。印支运动期—燕山运动期，巴楚隆起抬升出水面，遭受强烈风化剥蚀。喜马拉雅运动期，昆仑山系抬升，研究区早期形成的北倾斜坡发生翘倾，形成现今南倾斜坡，隆起最终定型（崔海峰等，2016）。从构造强度上分析，海西期和喜马拉雅期构造活动最强烈，大量裂缝在这两个时期形成（任启强等，2020）。

巴楚-麦盖提地区主要发育古生界和新生界，因印支运动期构造抬升，上二叠统顶部部分被剥蚀，未沉积三叠系，而麦盖提斜坡东南部由于加里东运动晚期—海西运动早期的构造抬升，志留系和泥盆系也被剥蚀（宋到福等，2015）。和田河气田地层自上而下分别是新生界第四系、新近系，上古生界下二叠统、石炭系，下古生界奥陶系。缺失中生界，上古生界上二叠统，下古生界泥盆系、志留系（图 5.25）。

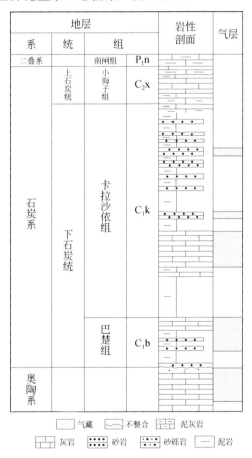

图 5.25　和田河气田地层柱状图

和田河气田是叠合盆地多期构造运动与多期成藏演化的典型，探明天然气地质储量总计 $616.94 \times 10^8 m^3$，由七个气藏组成（周新源等，2006），分别在玛 4 号构造、玛 3 号构造和玛 8 号构造的石炭系和奥陶系潜山获高产气流。和田河气田存在石炭系—二叠系和寒武系两套烃源，前者为海陆过渡相烃源岩，后者为海相烃源岩（宋到福等，2015）。研究认为，和田河天然气主要来自寒武系高-过成熟海相烃源岩（赵孟军等，2002）。和田河气田储层既有碎屑岩，又有碳酸盐岩。其主力储层为石炭系生屑灰岩段及奥陶系潜山碳酸盐岩储层，其中石炭系为浅水陆表海沉积，奥陶系为碳酸盐岩台地沉积。在石炭系发育三套区域性盖层，即石炭系上泥岩段、中泥岩段、下泥岩段，同时，石炭系砂泥岩段各砂层之上发育有区域性泥岩盖层（图5.25）。

天然气储集岩主要为石炭系碎屑岩、生屑灰岩和奥陶系碳酸盐岩。石炭系生屑灰岩和奥陶系潜山碳酸盐岩储层非均质性强，属于裂缝孔洞型储集层。储层孔隙度为1.6%～17.5%，渗透率为0.1～444.8mD[①]，属于低孔低渗-低孔中渗储层。奥陶系潜山气藏与石炭统上砂砾岩气藏构成了一个均匀的储集系统（邬光辉等，2011），可划分为含底水的块状气藏。气田为常温常压系统，地温梯度为2.3～2.4℃/100m，压力系数为1.07～1.17（王招明等，2000）。

二、地球化学特征

本次工作中利用带双阀门的不锈钢气瓶采集了和田河气田共计16个天然气样品，并开展了地球化学分析，得到了天然气组分与He、Ne及Ar的同位素比值等信息，同时也收集了塔里木盆地相关氦气地球化学数据。

（一）氦气含量

综合统计发现，和田河气田氦气含量介于0.27%～0.42%之间，平均为0.33%。按照氦气工业标准0.1%来衡量，全区均达到工业氦气藏标准且具有很高的开采价值。气田内各单元氦气含量基本稳定，不同层位天然气样品He含量差异性不大，其中，和田河气田石炭系生屑灰岩段中氦气体积含量为0.28%～0.4%（平均为0.34%），稍高于石炭系底部砂砾岩段与奥陶系潜山中氦气体积含量为0.27%～0.42%（平均为0.32%）（图5.26）。

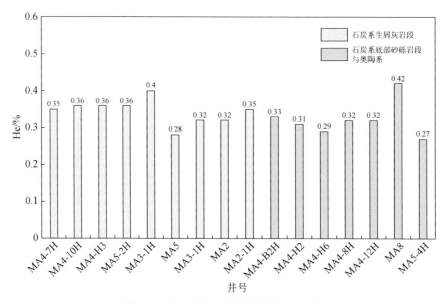

图5.26 和田河气田不同地层氦气含量

---

① 1mD=1×10⁻³μm²。

和田河气田天然气探明储量为 $616.94 \times 10^8 m^3$（周新源等，2006），以平均氦含量 0.33%计算，气田中氦总量为 $2.04 \times 10^8 m^3$。按照 Dai 等（2017）提出的氦气田划分标准，和田河气田属于特大型富氦氦气田。和田河气田天然气可采储量为 $382.17 \times 10^8 m^3$（周新源等，2006），采收率为 61.95%，探明可采氦气储量为 $1.2137 \times 10^8 m^3$。

（二）氦同位素及成因

本次研究结果显示和田河气田天然气样品的 $^3He/^4He$ 值为 $2.75 \times 10^{-10} \sim 1.81 \times 10^{-7}$，平均值为 7.96×10^{-8}；R/Ra 平均值为 0.06，为典型的壳源氦气。$^{40}Ar/^{36}Ar$ 值为 445～2798，远超空气比值，显示出具有壳源放射性氩的产生 [图 5.27（a）]。并且样品 $^4He/^{20}Ne$ 值为 481～48075，样品高 $^4He/^{20}Ne$ 值说明大气氦在气田中可忽略不计。通过壳幔两端元混合模型计算，和田河样品中氦气的幔源份额均小于 1%，由此说明和田河气田中氦气为典型的地壳放射性来源 [图 5.27（b）]。

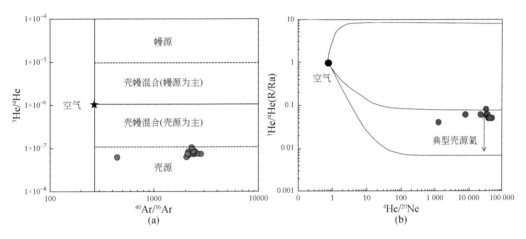

图 5.27　和田河气田天然气 $^3He/^4He$ 分别与 $^{40}Ar/^{36}Ar$（a）和 $^4He/^{20}Ne$（b）的相关性

三、氦源岩

塔里木盆地塔西南地区深部发育多套岩浆岩及变质岩体，说明壳源岩浆活动活跃（李曰俊等，2005；王超等，2009；Tian et al.，2010）。随着油气勘探的不断深入，塔里木盆地西南拗陷越来越多的钻井不同程度揭示了盆地基底，和田河气田东南方向的 MT1 井钻穿沉积盖层，并在中元古界钻遇花岗岩基底（富含铀钍的岩体）（彭威龙等，2022），说明和田河气田附近发育大规模花岗岩基底。巴楚隆起南缘的基底样品元素分析结果显示，铀含量为 23～1132ppm、钍含量为 27～318ppm，较中国陆壳丰度高，综合说明和田河气田附近基底岩体 U、Th 元素含量高，能够为氦源岩通过放射性衰变提供良好气源保障。此外，和田河气田寒武系泥岩沉积层系含有较高的 U、Th，铀含量为 4.3～194.6ppm，钍含量为 0.31～20.5ppm，也可以作为氦源岩层持续不断地产生氦气（表 5.5）。和田河气田的氦源岩涉及多层系，基底岩石和寒武系沉积层系均表现出强生氦能力，考虑到氦气的"弱源性"特征，和田河气田下伏基岩形成时间为中元古代，沉积岩系年龄更古老、体积更大，作者认为和田河下伏基岩为主力氦源岩，寒武系沉积层系为次要氦源岩。

表 5.5 和田河气田潜在氦源岩基本特征

潜在氦源岩	岩性	分布范围	U/ppm	Th/ppm
寒武系沉积层	泥岩	200~300m	4.3~194.6（23.5）	0.31~20.5（8.61）
基底	花岗岩、变质岩	大面积分布	23~1132（83.6）	27~318（168）

注：（）内为平均值。

四、氦气运移通道及载体

和田河气田位于玛扎塔格断裂带上，断裂带长约 90km，宽约 5km，呈长条状东西向展布。玛扎塔格断裂构造带被南、北两条逆冲大断层控制，断层断开了寒武系至新近系，平面上两条断裂平行展布，剖面上呈"Y"形或反"Y"形。如图 5.28 所示的过和田河气田

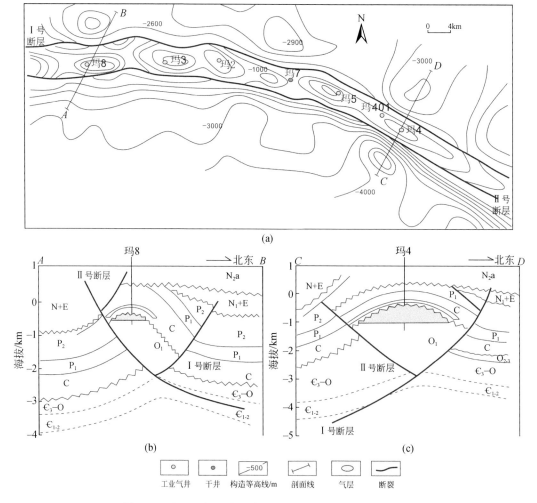

图 5.28 和田河气田断裂发育情况（据秦胜飞等，2006）

（a）和田河气田奥陶系顶面构造图；（b）西部井区过玛 8 井剖面；（c）东部井区过玛 4 井剖面

玛4井和玛8井的剖面图显示，逆冲断层深切至寒武系，对沟通深部氦源岩使得氦气向上运移至石炭系和奥陶系储层中聚集有着绝对的控制作用。和田河气田主要经历了三期构造运动，玛扎塔格断裂带的两条边界断层主控作用明显，次级裂缝比较发育。和田河气田两期关键的造缝期（海西晚期和喜马拉雅期）与天然气两次成藏期有着良好的时空匹配关系。深大断裂及构造裂缝均能构成氦气运移的良好通道。

氦气通过地质体中铀、钍等氦源元素放射性衰变的产生，生成速度缓慢，无集中的生气高峰，因此具有"弱源性"（李玉宏等，2017）。氦气自生氦矿物中释放出来后，需通过伴生载体以水溶态或气溶态的形式运移。前人研究表明，氦气的运移聚集与地层水关系密切，一般认为 He 在遇到富含烃类流体前主要是溶在地层水中运移，地层水在氦气运移聚集过程起到类似"提氦泵"作用（秦胜飞等，2006；李玉宏等，2017；陶小晚等，2019）。天然气中 ^{20}Ne 的来源十分单一，可以通过 ^{20}Ne 的含量来反映地下水的总量，并且依据亨利定律（^4He 和 ^{20}Ne 在水相和油相中的溶解度类似），可通过 $^4He/^{20}Ne$ 示踪 ^4He 与地层水的关系（张文，2019）。对和田河气田样品中的 $^4He/^{20}Ne$ 进行分析，可以看到 ^4He 与 ^{20}Ne 具备线性相关关系［图 5.29（a）］，显示出 ^4He 的运移与地层水关系密切，也就是说氦在进入油气藏前是溶于地层水中的。对塔里木盆地 N_2 与 He 相对含量分析发现，天然气中 He 与 N_2 相对含量具有一定的正相关性［图 5.29（b）］，也进一步佐证了氦气在进入气藏之前可能主要赋存于地层水中，并随着地层水运移。因此，在和田河气田氦气成藏的过程中，地下水和天然气都为氦气提供了良好的载体。

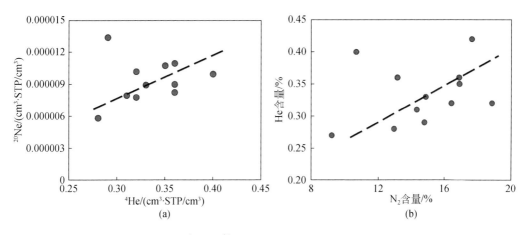

图 5.29 和田河气田天然气 ^4He 与 ^{20}Ne 的相关性（a）和 He 与 N_2 之间的相关性（b）

五、氦气藏富集模式

塔里木盆地和田河富氦气藏是典型的壳源氦成因。塔西南地区深部发育多套岩浆岩及变质岩体，岩浆运动活跃。和田河在多期构造运动的作用下，深部也分布着大面积的古老花岗岩和变质岩。此外，富 U、Th 的沉积层系也具有较强的氦源供给，两者共同形成了富氦天然气的源岩基础。多期构造活动形成了一系列基底卷入的逆冲断层和不整合面，为氦气和烃类载体气的运移和富集提供了良好的通道。尤其是和田河气田被南、北两条逆冲大断层控制，逆冲断层深切至寒武系，对沟通深部氦源岩使氦气向上运移至石炭系和奥陶系储层中聚集有着绝对输导作用。同时，中元古代基底及富铀、钍沉积层系的氦源岩生成的氦气溶解于地层水介质中储存，烃类气体在运移过程中可以在更大范围内从地层孔隙裂隙水中萃取氦气，提高了氦气供给强度。石炭系膏质泥岩具有低含水和高排驱压力的特点，作为区域盖层对和田河富氦气藏起到良好保存作用，在一定程度上减少了氦气的散失。

综合上述成藏要素，初步总结出和田河氦气富集模式：①基底及沉积层系中的铀、钍元素放射性衰变产生 ^{4}He 并溶解在孔隙-裂隙水；②深部烃源岩成熟后形成烃类气体并幕式排烃，烃类气体以游离相通过断层、不整合面、连通孔隙向低势区运移，并在运移过程中不断从地层水中溶解交换氦气，使游离气体中氦气浓度不断升高；③游离态含氦烃类气藏在隆起高部位的圈闭中富集成藏，形成具有一定浓度氦气的含氦天然气藏；④含膏泥岩盖层使气藏中的氦气不断富集，最终形成富氦天然气藏。

第七节 塔里木盆地阿克莫木气田

一、地质背景

阿克莫木气田位于塔里木盆地西南拗陷西天山山前冲断带乌恰构造带阿克莫木构造（张君峰等，2005）（图5.30）。西天山山前冲断带位于塔里木盆地西端，是西南拗陷的一个二级构造单元，其南部为喀什凹陷，构造运动表现为自北向南的大型逆冲推覆，发育有三排近东西向展布的三级构造带，由北向南依次为乌恰构造带、阿图什构造带和喀什构造带，

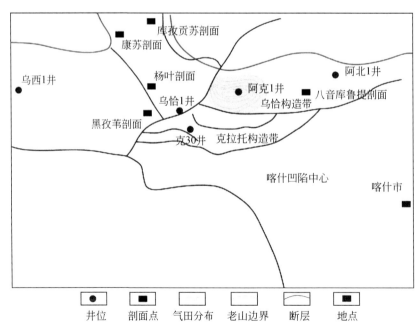

图 5.30 阿克莫木气田构造位置图

应力上自北向南构造变形趋向减弱。其中，乌恰构造带属南天山山前冲断带第一排构造，北部以断裂与南天山推覆体相接，南部以向斜或断裂与第二排克拉托构造带相邻，位于乌恰县以东，呈近东西向展布，西部被库孜贡苏断陷所截，面积约为 2400km² （赵孟军等，2004；刘伟等，2015）。

塔西南构造演化较为复杂。三叠纪，塔西南受构造挤压整体抬升，缺失三叠系。塔西南山前普遍发育多排古生代冲断带，泥盆系—二叠系遭受不同程度剥蚀。侏罗纪—白垩纪，在三叠纪末冲断带基础上，中生代沿山前冲断带之间呈断陷-凹陷沉积。古新世—渐新世，局部地区抬升，古近系卡拉塔尔组—新近系中新统超覆沉积于白垩系克孜勒苏群砂岩之上，缺失上白垩统及古近系膏岩。上新世，南天山强烈冲断，北部古生界、中生界推覆到新生界之上，南部喀什凹陷沉积巨厚阿图什组，随着南天山向喀什凹陷逆冲作用不断加强，形成了多排背斜构造雏形。更新世中晚期，构造变形程度不断加强，逆冲作用造成的地层缩短量达 30%以上，第一排带远距离滑脱，阿北 1 井区白垩系直接出露地表，同时在深部发育 2 排背斜构造带，构造形态保存相对完整。

阿克莫木背斜圈闭构造形成于新近纪上新世末之前。据研究，喜马拉雅期是喀什凹陷断裂及主要局部构造产生的重要时期，此期断裂及构造主要分布于昆仑山山前和天山山前。断裂及构造产生于渐新世末—上新世末，且自山前往凹陷内部推进，断裂构造由老至新，前陆逆冲为前展式。此期构造运动使凹陷边缘明显抬起，前缘形成了倾向凹陷中心并向中心推进的边缘斜坡，因而油气运移总的方向是向边缘隆起方向，目前已发现的油气均位于凹陷的边缘隆起区（刘伟等，2015）。

西南拗陷在白垩纪早期气候干旱炎热，盆地整体下沉，处于拗陷沉积阶段。整个塔西南拗陷地层发育相对较完整，前震旦系为结晶基底，除三叠系没有接受沉积外，元古宇至新生界均有发育（何登发等，2013）。元古宇和古生界分布广泛，主要出露在造山带内，侏罗系至第四系在凹陷内出露较全，且沉积厚度较大。根据构造演化特征，石炭纪以来，研究区有两次大规模的海侵事件，分别造成了石炭系—二叠系海相沉积，早白垩世—渐新世中期海相沉积；同时，其间存在一次大规模海退事件，使得侏罗系沉积陆相含煤碎屑岩。

从区域地层的岩性组合看，乌恰构造带存在两个大的构造滑脱层，寒武系下部的膏岩和古近系底部的膏泥岩层。另外，侏罗系内多套煤层和泥岩层及新近系内的膏泥岩层组成次一级的滑脱层，这几套塑性地层是区域上很好的构造滑脱面，造成构造带内发育大量断层相关褶皱及其组合构造（韩文学等，2017）。

塔西南拗陷主要发育石炭系、二叠系和侏罗系三套烃源岩。从烃源岩分布的范围、厚度、丰度和生烃量、资源量来看，以下石炭统和中、下侏罗统烃源岩为主。下石炭统烃源岩主要发育在喀什凹陷中心，岩性以海相深灰色泥岩、泥灰岩为主，库山河剖面下石炭统罕铁热克组（C_1h）烃源岩 TOC 值为 0.38%～5.98%，均值为 1.15%，T_{max} 值为 500～590℃，处于过成熟阶段（王招明等，2005），干酪根碳同位素值为-29.1‰～-23.4‰，平均为-25.4‰。喀什凹陷北缘石炭系以灰岩为主，烃源岩不发育，黑孜苇剖面和八音库鲁提剖面野云沟组（C_1y）以灰岩为主，TOC 值小于 0.2%。二叠系烃源岩主要分布在下二叠统比尤列提群（P_1by）和康可林组（C_2-P_1k），在塔西南地区广泛分布，为一套滨海相-浅海陆棚相的泥岩、碳酸盐岩。阿北 1 和阿克 1 井均钻揭了二叠系烃源岩。阿克 1 井二叠系暗色泥岩厚度达 170m，

TOC 值最大达 1.58%，平均为 0.78%；阿北 1 井卡仑达尔组泥质岩为 0.29%~1.28%，平均为 0.74%（刘伟等，2015）。侏罗系烃源岩岩性以湖相、沼泽相泥岩、炭质泥岩和煤线为主，主要为发育杨叶组（J_2y）的湖相泥岩，其次为康苏组（J_1k）的碳质泥岩，在喀什凹陷北缘厚度较大，厚 300~600m。中侏罗世沉积范围扩大，气候潮湿，出现深湖相沉积，发育了中侏罗统湖相烃源岩。库山河剖面康苏组 TOC 值为 0.43%~2.31%，平均为 1.39%；库兹贡苏剖面康苏组 TOC 值大于 3.0%，杨叶组 TOC 值 0.56%~6.65% 之间，平均为 1.98%。康苏组烃源岩干酪根碳同位素值为 -25.5‰~-20.7‰，平均值为 -23.5‰。杨叶组湖相泥岩有机质的碳同位素值一般较 -25‰ 小，主要分布在 -27.5‰~-24‰，平均值为 -25.83‰（表 5.6）。

据地表露头与钻井资料，阿克莫木气田储层以白垩系克孜勒苏群砂岩为主，主要以辫状河三角洲平原沉积为主，河道砂发育，整体西厚东薄、北厚南薄，库孜贡苏剖面克孜勒苏群厚 1284m，阿克 1 井钻厚 644m，恰探 1 井上盘塔什皮萨克剖面厚 540m。克孜勒苏群分为上、下两段。上段砂岩储地比高、储层物性好，是阿克莫木气田产层段；下段以泥岩、粉砂质泥岩为主，夹薄层砂岩，储层物性差、非均质性强。阿克气田上段地层厚度为 187~205m，其中，砂岩厚度为 89.3~190.5m，有效储层总厚度为 74.6~169.3m，含气砂岩储层比较发育，以 Ⅱ、Ⅲ 类储层为主，Ⅰ 类储层少量。阿克莫木地区克孜勒苏群砂岩总体表现为低孔、低渗储层。阿克莫木气田白垩系克孜勒苏群上段岩心孔隙度集中分布在 6%~16% 之间，最大达 21.66%，平均为 10.02%，其中 90% 的样品孔隙度大于 6%；渗透率集中分布在 0.1~10mD，平均值达 3.44mD，其中 87% 以上的样品渗透率大于 0.1mD。

喀什凹陷周缘发育古近系膏岩与上白垩统泥岩、膏泥岩等优质区域盖层。阿尔塔什组膏岩在乌泊 1 井周围厚度最大，可达 900m，乌恰构造带厚度约 100m，局部受燕山期构造影响，遭受剥蚀缺失膏岩盖层，如阿克 3 井为古近系卡拉塔尔组与白垩系克孜勒苏群砂岩接触。恰探 1 井位于阿克下盘，受燕山期构造活动弱，且发育远距离滑脱推覆，推测古近系底部存在膏岩盖层，预测厚度在 150m 左右。综合分析，恰探 1 井与乌恰构造带盖层总体一致，发育阿尔塔什组膏岩与上白垩统泥岩、膏泥岩盖层。

乌恰构造带构造形成期与烃源岩生气阶段时空匹配好，具备良好的成藏条件。乌恰构造带是在上新世末期—全新世被构造挤压形成，该时期南部喀什凹陷二叠系和侏罗系烃源岩已达到高-过成熟生气阶段，油气在白垩系克孜勒苏群有利圈闭中聚集形成天然气藏。更新世，随着山前构造挤压进一步增强，乌恰构造带第一排背斜出露地表，破坏严重，油气大量逸散，也是浅井钻探失利的主要原因。而位于深层第二排的阿深 1 号构造，变形强度相对较弱，保存了较完整的背斜形态，油气藏保存条件较好。

二、天然气藏特征

阿克莫木气田位于乌恰构造带上的阿克莫木构造，2001 年在下白垩统克孜勒苏群砂岩中获高产气流，发现阿克气田，是继 1977 年发现柯克亚凝析气田发现以来塔西南山前的又一重大发现（王招明等，2005）。2015 年上交国家探明储量 446.44×10^8m^3，表明乌恰构造带油气源丰富，石油成藏条件优越。

表 5.6 塔西南山前拗陷烃源岩地化特征统计表

剖面名称	层位	潜在烃源岩厚度/m	TOC/%	TOC平均值/%	R_o/%	$\delta^{13}C$干酪根最小值/‰	$\delta^{13}C$干酪根最大值/‰	$\delta^{13}C$干酪根平均值/‰	沉积相	参考文献
杨叶	J_2y	520	0.46~8.91	2.96	0.55~0.7	−28.1	−25.3	−26.5	湖相	张秋茶等(2003);赵孟军等(2005);达江等(2007)
库兹贡苏	J_2y	652	0.56~6.65	1.98	0.94	−25.9	−23.9	−25	湖相	张秋茶等(2003);刘伟等(2015)
库山河	J_2y	520	0.30~11.89	2.0	1.9~2.7	−26.6	−25.4	−26	湖相	张秋茶等(2003);刘伟等(2015)
康苏河		38	8.36	—	1.2~2.0	−24.6	−24.4	−24.5	沼泽相	张秋茶等(2003);达江等(2007)
目末干		—	—	—	—	−23.8	−23.4	−23.6	沼泽相	张秋茶等(2003)
盖子河		—	—	—	—	−24.1	−23.3	−23.7	沼泽相	张秋茶等(2003)
库兹贡苏	J_1k	25	>3.0	>3.0	0.94	—	—	—	—	刘伟等(2015)
库山河	J_1k	6.2	0.43~2.31	1.39	1.9~2.7	−23.6	−21.8	−22.7	沼泽相	张秋茶等(2003);刘伟等(2015)
依格孜牙		—	—	—	—	−24.3	−20.7	−22.8	沼泽相	张秋茶等(2003)
铁热克奇克		—	—	—	—	−25.5	−23.1	−23.8	沼泽相	张秋茶等(2003)
阿北1	P_2k	624	0.29~1.28	0.74	1.74	—	—	—	—	刘伟等(2015);本文
阿克1	P_1by	170	0.25~0.86	0.57	0.65~0.87	—	—	—	—	刘伟等(2015);达江等(2007)
库山河	C_1h	525	0.38~5.98	1.15	1.9~2.7	−29.1	−23.4	−25.4	海相	张秋茶等(2003);赵孟军等(2005)
黑孜苇	C_1y	60	0.18	—	0.89~1.15	—	—	—	海相	刘伟等(2015)
八音库鲁提	C_1y	50	0.11	—	0.89~1.15	—	—	—	海相	达江等(2007)

阿克莫木气田含气层系为白垩统克孜勒苏群，层厚 200m 左右，主要发育辫状河三角洲平原沉积，岩石类型以长石岩屑砂岩及岩屑砂岩为主，储层低孔、低渗，孔隙类型以次生溶蚀孔及微孔隙为主（李红进等，2011；石石等，2012）。古近系阿尔塔什组的膏盐岩是区域上良好的盖层。此外，白垩系东巴组和库克拜组为一套巨厚的泥岩、含膏泥岩、泥膏岩，累计厚度达 115.0～273.0m，岩性十分致密，封隔条件好；它与古近系阿尔塔什组共同形成一套优质盖层，直接覆盖在白垩系砂岩之上，组成良好的储盖组合（王招明等，2005）。油气通道为阿克莫木背斜西边的大断裂，这条断裂切穿石炭系—白垩系，是油气向上运移的重要通道。

阿克莫木气田的储盖组合由白垩系克孜勒苏群上段砂岩与白垩系—古近系膏盐岩、膏泥岩构成，是一个完整的背斜型气藏，具有统一温度、压力系统，具有正常压力（33.94MPa）和正常温度（72.45℃）。气藏底部存在大面积底水，但不活跃，阿克莫木气田气藏类型为背斜型常温常压底水块状干气气藏。

关于阿克莫木气田天然气的来源一直存在争议，主要有三种观点。第一种观点是石炭系为主力烃源岩（张君峰等，2005；王招明等，2005）。研究认为喀什凹陷南缘库山河剖面石炭系烃源岩在白垩纪早期进入生油窗，古近纪达到生油高峰期，新近纪末进入高成熟阶段，以生气为主。阿克 1 井储层流体包裹体均一化温度平均为 73.3℃，与现今气藏中部地层温度（74℃）接近，说明阿克 1 井气藏具有晚期成藏特征。按现今地温梯度（1.74℃/100m）来计算，流体包裹体形成的深度为 3350m，根据沉积埋藏史和古地温恢复得知：气体充注的时间为上新世末期至今（此时石炭系烃源岩已进入过成熟生干气阶段）。侏罗系在新近纪强烈构造运动之前仅达到成熟阶段，难以满足晚期聚气的条件，并且阿克 1 井气藏所在地区中，侏罗统湖相烃源岩干酪根碳同位素值较轻，下侏罗统煤系烃源岩以薄层状分散于厚层砂岩中，也不大可能是该气藏的主要烃源岩；而石炭系干酪根碳同位素值、成熟度、生烃史等均与阿克 1 井天然气对比良好，应是阿克 1 井的主要气源岩。

第二种观点是侏罗系（戴金星等，2009）为主力烃源岩。认为石炭系烃源岩有机质丰度高、成熟度高，晚期聚气可形成与阿克 1 井天然气相似的碳同位素特征，因此认为阿克 1 井天然气主要来自于石炭系—二叠系烃源岩。

第三种观点是二叠系和侏罗系混源（刘伟等，2015）。通过对喀什凹陷北缘烃源岩特征分析、阿克 1 井天然气特征分析、热压模拟实验结果分析、油气充注时间和运移系统有效性分析等，提出阿克 1 井天然气主要来自二叠系烃源岩和侏罗系康苏组烃源岩，且可能主要来自于乌恰构造带北部，而非此前一直认为的喀什凹陷中心。

三、氦气含量

氦气含量介于 0.1%～0.12% 之间，平均为 0.11%。按照氦气工业标准 0.1% 来衡量，全区均刚好达到工业氦气藏标准且具有氦气开采价值（图 5.31）。根据 Dai 等（2017）提出的氦含量和氦气田储量的分配标准，阿克莫木气田氦气平均值为 0.11%，属于含氦天然气；阿克莫木气田天然气控制储量为 $446.44 \times 10^8 m^3$，以平均氦含量 0.11% 计算，该气体氦气总量为 $0.49 \times 10^8 m^3$，阿克莫木气田属于中型氦气田。

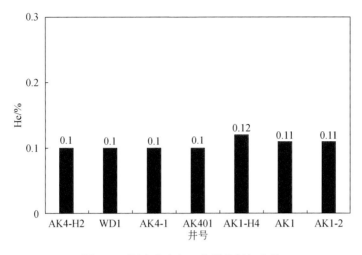

图 5.31　阿克莫木气田典型井氦气含量

四、氦同位素及成因

阿克莫木气田氦气样品的 $^3He/^4He$ 值为 $6.16\times10^{-8}\sim1.81\times10^{-7}$，平均值为 8.36×10^{-7}；R/Ra 值为 $0.044\sim0.597$，平均值为 0.306，相比于塔里木盆地其他气田属于最重的氦同位素，但是仍以壳源为主，通过两端元分析，阿克莫木气田幔源份额最高可贡献 7%。$^{40}Ar/^{36}Ar$ 值为 $683\sim1665$，平均为 1213，氩同位素组成同样具有类壳源特征。并且与地壳型较为接近，在一定程度上反映出壳源特征。综上所述，阿克莫木气田氦气主要为壳源氦，有一定的幔源输入。

五、氦气运移通道

阿克莫木气田位于塔里木盆地西南拗陷南天山山前冲断带乌恰构造带阿克莫木构造。乌恰构造带位于南天山和帕米尔强烈对冲碰撞区，受帕米尔高原和南天山的强烈挤压，形成了喀什凹陷北缘一系列褶皱断裂带（张君峰等，2005）。研究区主要发育两组断裂，即南部康西威尔断裂和北部库孜贡苏 1 号断裂，阿克莫木构造被这两组断裂夹持并控制其断裂发育（图 5.32）。断裂疏通了基底与沉积层系，使得深部基地的氦气可以运移到储集层系。一般来说，一、二级断层和部分断距较大的断层，通常作为氦气垂向运移通道，三、四级断层是侧向运移的通道。

南部康西威尔断裂（F1）呈南倾、东西走向，延伸长度约 21km，在整个构造区内均有发育，是阿克莫木地区在新近纪南天山和西昆仑山对冲时期整体构造位置南移的主断裂。在剖面上，该断裂明显错断了二叠系及以下地层，断面位置清楚。在构造南缘，由于康西威尔断裂产生规模相对较小的派生断层及北倾反冲逆断裂，使康西威尔地区浅层受到局部强烈挤压而隆起，从而形成康西威尔构造（倪强，2021）。

北部库孜贡苏 1 号断裂（F2）呈西北倾向、南西-北东走向，延伸长度为 7.6km，是构造的北边界，在剖面上断裂以北为南天山推覆体，上盘挤压变形强烈，地层破碎严重，下盘变形较弱形成完整的阿克莫木构造（倪强，2021）。

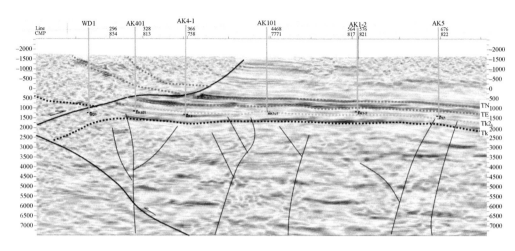

图 5.32　阿克莫木构造东西向地质结构剖面

第八节　塔里木盆地雅克拉气田

　　雅克拉气田位于新疆库车县和轮台县境内，其构造位置属于塔里木盆地沙雅隆起雅克拉断凸中段，南邻哈拉哈塘凹陷，北接库车拗陷 [图 5.33（a）]。雅克拉构造是在前中生界隆起遭受剥蚀形成侵蚀断块残丘的基础上，接受中、新生代沉积，进一步发展而形成的一个复合型构造单元（高波等，2008）。雅克拉断凸主要形成于海西晚期，由于长期隆升，前中生界遭受强烈剥蚀，形成了复杂的潜山系统。前中生界古地质图显示雅克拉古潜山是一个北东向展布的向斜，其核部为泥盆系和石炭系碎屑岩地层，向北东方向依次发育奥陶系、寒武系、震旦系碳酸盐岩地层，且地层依次变老（韩强等，2019）。印支期隆起持续隆升，上三叠统从西南向北东方向超覆尖灭；燕山期—喜马拉雅早期，雅克拉断凸进入快速沉降期，侏罗系—白垩系快速超覆沉积在古生界奥陶系—震旦系碳酸盐岩或前震旦系变质岩之上，全面形成潜山披覆型构造圈闭；喜马拉雅晚期，库车前陆盆地不断向南扩展，雅克拉地区开始区域性北倾，成为库车拗陷南斜坡（韩强等，2019）。雅克拉气田古生界顶面构造东西长 23.25km，南北宽 4km，圈闭面积为 45km^2，闭合幅度为 90m，构造较为完整 [图 5.33（b）]。

　　雅克拉地区钻遇震旦系、寒武系和奥陶系，但普遍缺失志留系和上古生界。1984 年 9 月 SC2 井 [图 5.33（b）] 钻至奥陶系井深 5391.18m 时发生强烈井喷，由此发现了奥陶系凝析油气藏（李洪波等，2012），这是塔里木盆地最早发现的海相油气藏，从而揭开了塔里木盆地海相油气大发现的序幕（韩强等，2019）。雅克拉气田目前已在上震旦统、中寒武统、下奥陶统、下侏罗统、下白垩统等多个层位获得工业性油气流（高波等，2008），主要为凝析油气，原油密度主要为 0.7801～0.8229g/cm^3，表明雅克拉凝析油气田为一多油气层、多类型的复合型凝析油气田（李洪波等，2012）。雅克拉地区震旦系、寒武系、奥陶系均属于单斜潜山圈闭、裂缝-孔洞型碳酸盐岩储层、底水弹性水压驱动的凝析气藏。古生界白云岩储集空间以裂缝-孔洞型为主，储层主要受岩溶作用影响，以表层风化带最为发育。从 S6、

YK13、YK11 等钻井的测试情况看，雅克拉气田古生界气藏的压力系数为 1.08～1.15，属于正常压力系统，不同层系累计探明天然气地质储量 $351×10^8m^3$。截至 2022 年 10 月 9 日，雅克拉气田累计生产天然气突破 $160×10^8m^3$。本次工作汇总了前人发表的雅克拉气田天然气样品的氦含量和同位素组成数据（表 5.7），并进行综合分析。

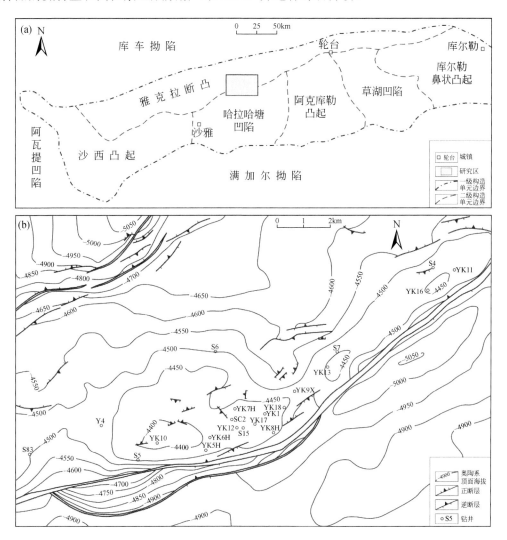

图 5.33　塔里木盆地雅克拉气田位置（a）和井位分布（b）（据韩强等，2019 和余琪祥等，2013 修改）

表 5.7　塔里木盆地雅克拉气田天然气中稀有气体氦含量和同位素组成

井号	层位	CH_4/%	C_2H_6/%	C_3H_8/%	C_4H_{10}/%	CO_2/%	N_2/%	He/%	$\delta^{13}C_1$/‰	$\delta^{13}C_2$/‰	$\delta^{13}C_3$/‰	$^3He/^4He$/10^{-8}	R/Ra	资料来源
S45	E	83.6	8.93	2.36		0.66	3.66	0.0001	−21.8	−24.3	−20.8			
S7	K	85.23	4.39	1.56	0.62	2.15	9.42	0.0005	−39.7	−32.7	−30.2	18.6	0.133	Liu 等（2012）
S13	K	62.5	20.72	8.46	3.88	0.38	2.3		−40.5	−29.7	−26.3	5.31	0.038	
YK1	K	83.47	4.95	1.71	0.73	2.41	5.61	0.0006	−40.5			23.2	0.166	

续表

井号	层位	CH$_4$/%	C$_2$H$_6$/%	C$_3$H$_8$/%	C$_4$H$_{10}$/%	CO$_2$/%	N$_2$/%	He/%	$\delta^{13}C_1$/‰	$\delta^{13}C_2$/‰	$\delta^{13}C_3$/‰	^{3}He/^{4}He/10^{-8}	R/Ra	资料来源
YD1	K$_1$y							0.062				19.2	0.137	
YK12	K$_1$y							0.051				21.6	0.154	
YK25	K$_1$y							0.049				21	0.150	韩强等（2022）
YK19	K$_1$y							0.001						
YK5H	K$_1$y							0.049				21.9	0.156	
S6	K$_1$	90.85	1.71			2.27	4.98	0.19						余琪祥等（2013）
S15	K$_1$	87.55	8.46			1.35	4.49	0.05						
YK1	K$_1$kp	87.92	5.27	1.77		2.02	1.63		−40.8	−31	−29.1	25.6	0.183	
YK2	K$_1$kp	89.3	5.35	1.77		1.48	0.77		−40.8	−31	−29.2	25.8	0.184	高波等（2008）
YK8	J	82.44	4.07	1.54		3.61	3.95		−40.2	−30.2	−28.9			
S4	J	79.13	3.25	3.07		4.83	4.22		−39.4	−32	−30.5			
SC2	O	79.42	6.45	2.88	1.68	3.72	4.41	0.07	−40.9	−32.2	−31			Liu等（2012）
S13	O	59.23	3.49	1.28	0.58	4.45	32.78	0.94	−45.7					
SC2	O					4.4		0.049				22.26	0.159	Xu等（1995b）
YK30	O$_{1-2}$y							0.079				20.4	0.146	韩强等（2022）
SC2	O$_1$	77.85	11.51			6.02	4.55	0.07						
S5	O$_1$	70.37	3.1			19.43	6.88	0.22						余琪祥等（2013）
S15	O$_1$	80.59	12.56			2.27	4.49	0.09						
S15	O$_1$	87.44	2.3			2.1	7.84	0.32						
S6	€	82.79	1.38	0.34	0.05	9.53	6.47	0.34	−40.6	−29.6				
S7	€	88.84	5.08	1.89	0.35	0.23	2.69	0.04	−41.9	−31.7	−29.8			Liu等（2012）
S3	Pt	84.19	5.13	0.16		5.41	6.23	0.03				5.9	0.042	

一、氦的含量、丰度和储量特征

（一）氦的含量

雅克拉气田不同层系天然气中氦的含量表现出一定的差异性，S45 井古近系一个样品 He 含量仅为 0.0001%；白垩系气样中 He 含量分布范围介于 0.0005%～0.19%，平均为 0.05（$N=9$）；奥陶系气样中 He 含量分布范围介于 0.049%～0.94%，平均为 0.23（$N=8$）；寒武系气样中 He 含量分布范围介于 0.04%～0.34%，平均为 0.19（$N=2$）；元古宇一个气样中 He 含量为 0.03%［表 5.7，图 5.34（a）］。

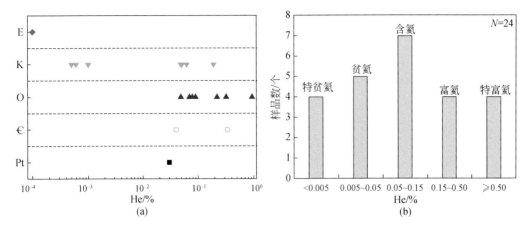

图 5.34　雅克拉气田不同层位天然气中 He 含量分布（a）及 He 含量分布区间（b）

He 含量据余琪祥等（2013）、Liu 等（2012）、韩强等（2022）

（二）氦的丰度和储量特征

从整体上看，古生界及更老的地层中天然气中氦含量整体相对较高（≥0.03%），而氦气含量相对偏低的天然气样品均产自中新生界储层中［图 5.34（a）］。这在一定程度上反映了壳源氦的积累效应，即储层时代越老，天然气中氦的含量相对越高。雅克拉气田天然气主要产层为白垩系，白垩系提交探明地质储量为 $264.41 \times 10^8 m^3$，按照白垩系天然气平均含量为 0.05% 估算，探明氦气储量为 $0.132 \times 10^8 m^3$。按照 Dai 等（2017）提出的氦气田工业划分标准，雅克拉气田（白垩系）为小型含氦气田。

在雅克拉气田不同层位共 24 个天然气样品中，达到特富氦（≥0.50%）、富氦（0.15%～0.50%）和特贫氦（<0.005%）标准的样品各有 4 个，达到含氦天然气标准（0.05%～0.15%）的样品共 7 个，其余 5 个为贫氦（0.005%～0.05%）天然气［图 5.34（b）］。氦丰度达到含氦及以上标准的天然气样品分布在寒武系、奥陶系和白垩系储层中［图 5.34（b）］。

二、氦同位素值及成因

（一）氦同位素组成

雅克拉气田白垩系天然气 $^3He/^4He$ 值介于 5.31×10^{-8}～25.8×10^{-8}（N=9），对应的 R/Ra 值介于 0.038～0.184；奥陶系天然气 $^3He/^4He$ 值介于 20.4×10^{-8}～22.26×10^{-8}（N=2），对应的 R/Ra 值介于 0.146～0.159；元古宇一个天然气样品 $^3He/^4He$ 值为 5.9×10^{-8}，对应的 R/Ra 值为 0.042［表 5.7，图 5.35（a）］。在氩同位素组成方面，雅克拉气田白垩系两个天然气样品 $^{40}Ar/^{36}Ar$ 值介于 2052～2099（高波等，2008），均显著高于大气值（295.5）（Allègre et al.，1987）。

（二）氦的成因

雅克拉气田不同层系天然气 $^3He/^4He$ 值介于 5.31×10^{-8}～25.8×10^{-8}（N=12），均高于

典型壳源氦的值 2×10^{-8}（Lupton，1983；徐永昌，1996），而明显低于典型幔源氦的值 1.1×10^{-5}（Lupton，1983；徐永昌，1996），表明该气田不同层位天然气中的氦以壳源为主，但也混入了少量地幔来源的氦（彭威龙等，2023）。根据壳幔二端元混合模式计算可得，白垩系天然气中幔源氦的贡献比例为0.30%～2.17%，平均为1.66%（N=9）；奥陶系天然气中幔源氦的贡献比例为1.68%～1.85%，平均为1.76%（N=2）；元古宇一个天然气样品中幔源氦的贡献比例为0.36%。整体来看，雅克拉气田不同层位天然气中幔源氦的混入比例较低，均未超过3%。从 R/Ra 值与 He 含量相关图 [图 5.35（b）] 上可以看出，白垩系、奥陶系等层位天然气中 He 含量与 R/Ra 值之间没有明显的相关性，并未表现出随着 R/Ra 值增加而 He 含量增加的趋势，表明天然气中 He 的相对富集并非来自幔源 He 的贡献。

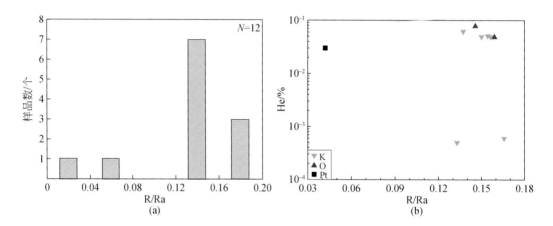

图 5.35 雅克拉气田不同层位天然气 R/Ra 值分布图（a）和 He 含量与 R/Ra 值相关图（b）

R/Ra 值和 He 含量据高波等（2008）、余琪祥等（2013）、Liu 等（2012）、韩强等（2022）

第六章　自生自储型氦气藏

第一节　氦气富集主控因素与成藏模式

一般认为，深部壳源和幔源氦气难以直接聚集形成经济性氦气藏（Brown，2010），因此目前研究主要针对浅部壳源，如盆地基底的花岗岩、火山岩和砂岩等，这些古老岩石生成的氦气经过一定距离的运移可以在盆地浅部的常规储层中聚集形成含氦的天然气藏，如美国俄克拉何马州和堪萨斯州的 Panhandle-Hugoton 气田等（Brown，2019）。此外，盆地中富含 U 和 Th 的页岩也能生成氦气。例如，在美国密执安盆地 Antrim 页岩和伊利诺斯盆地 New Albany 页岩、中东北非热页岩以及我国四川盆地五峰组-龙马溪组页岩层系中均发现了氦气（Brown，2010；Brown，2019；Wang et al.，2020；陈践发等，2021；陈新军等，2022），但由于丰度较低，一直没有引起足够的重视。随着全球页岩气的勘探开发，其伴生的氦气逐渐引起了学者和工业界的重视（陈践发等，2021）。本书将"由富有机质页岩中铀、钍等放射性元素衰变生成以游离态为主赋存于页岩层系及其夹层中，并且与页岩油气相伴生的氦气聚集"称为页岩型氦气，该氦气生成之后在页岩层内就近聚集，表现为典型的"原地"成藏模式，具有自生自储、大面积分布等特点，富集程度主要受控于页岩中 U、Th 的含量和保存条件，资源潜力受控于氦气含量及其伴生油气储量控制。

由于页岩型氦气及其伴生的页岩气具有自生自储的特点，受气体稀释作用影响导致氦气丰度通常较低，一般难以形成工业性聚集，不过由于页岩分布面积广、体积大及 U 和 Th 放射性元素含量高，生成的氦气量大、资源规模大，页岩型氦气勘探开发潜力十分广阔。但总体来说，目前对页岩型氦气的关注较少，亟须开展针对性研究。本节以四川盆地五峰组—龙马溪组页岩气藏中的氦气为研究对象，从页岩型氦气生成机理、来源与含量、运移方式及通道、富集主控因素和分布规律等方面出发，系统分析页岩型氦气的富集特征，并探讨页岩型氦气的资源潜力和勘探开发对策，以期为页岩型氦气的生产利用提供支撑。

一、页岩型氦气富集机理

（一）氦气生成机理

在自然界中，氦气以单原子气体的形式存在，拥有两种稳定同位素 ^{3}He 和 ^{4}He。其中，^{3}He 主要来源于深部地幔，相对丰度低（O'Nions and Oxburgh，1988），而 ^{4}He 主要是由地壳岩石（主要为页岩、花岗岩等）中的 ^{238}U、^{235}U 和 ^{232}Th 经 α 衰变形成，其中 ^{238}U 和 ^{235}U 分别占 U 总量的 99.28% 和 0.72%，^{232}Th 占 Th 总量的 99.995%，衰变方程和半衰期分别如下：

$$_{92}^{238}\text{U} \longrightarrow _{82}^{206}\text{Pb} + 8_{2}^{4}\text{He} + 6_{-1}^{0}e \qquad\qquad T_{1/2} = 44.68 \times 10^{8}a$$

$$_{92}^{235}\text{U} \longrightarrow _{82}^{207}\text{Pb} + 7_{2}^{4}\text{He} + 4_{-1}^{0}e \qquad\qquad T_{1/2} = 7.10 \times 10^{8}a$$

$$_{90}^{232}\text{Th} \longrightarrow _{82}^{208}\text{Pb} + 6_{2}^{4}\text{He} + 4_{-1}^{0}e \qquad\qquad T_{1/2} = 140.5 \times 10^{8}a$$

从以上公式可以看出，壳源型 ^{4}He 的生成与岩石中 U、Th 含量以及形成时间有关，U、Th 含量越高，形成时间越老，生成的氦气量越大。在地壳岩石中，富有机质页岩是 U、Th 含量最高且氦气生成量最大的岩石类型（蒙炳坤等，2021）。在我国奥陶系五峰组—志留系龙马溪组页岩和中东北非地区热页岩中，U 和 Th 的含量更高，其中 U 含量介于 15～50ppm，Th 含量介于 6～25ppm，单位热页岩中 U 的含量远大于花岗岩等岩石类型，生成的氦气量也远大于其他岩石。前人研究发现，在 1 亿年的单位时间内，热页岩生成的氦气量是花岗岩的 9～10 倍（Brown，2010）。因此，对于页岩型氦源而言，页岩中氦气的生成量受控于 U 和 Th 的含量，与温度、压力以及热成熟度等无关，任何埋深、成熟度条件下的页岩均可生成氦气，U 和 Th 含量越高、生成的氦气量越大。

为定量评价页岩生成的氦气量，本书以 Ballentine 和 Burnard（2002）提出的 ^{4}He 原子数生成公式为基础，构建了氦气生成体积量计算公式，对四川盆地五峰组—龙马溪组页岩生成的氦气量进行了计算：

$$V_{4_{\text{He}}} = \left\{ \frac{(3.115 \times 10^{6} + 1.272 \times 10^{5})[\text{U}] + 7.710 \times 10^{5}[\text{Th}]}{N_{\text{A}}} \right\} \times V_{\text{m}} \times (\rho_{\text{s}} \times v) \times \text{yr} \qquad (6.1)$$

式中，$V_{4_{\text{He}}}$ 为页岩生成的氦气量，m^3；[U] 为页岩中 U 的含量，ppm；[Th] 为页岩中 Th 的含量，ppm；N_{A} 为阿伏伽德罗常数，通常取 $6.02 \times 10^{23}\text{mol}^{-1}$；$V_{\text{m}}$ 为气体的摩尔体积，取值为 $2.24 \times 10^{-2}\text{m}^3 \cdot \text{mol}^{-1}$；$\rho_{\text{s}}$ 为页岩的岩石密度，$\text{t} \cdot \text{m}^3$，此处取 $2.6\text{t} \cdot \text{m}^3$；$v$ 为页岩体积，m^3；yr 为时间，a。

基于四川盆地五峰组—龙马溪组页岩地质特征以及放射性测井数据，取页岩中 U 元素的平均含量为 30ppm，Th 元素平均含量为 15ppm，五峰组—龙马溪组页岩形成时间为 4.4×10^{8}a，页岩平均厚度为 260m，分布面积为 $13.7 \times 10^{4}\text{km}^2$，则可知四川盆地五峰组—龙马溪组页岩形成至今累计生成的氦气量约为 $1650 \times 10^{8}\text{m}^3$。

由于页岩中 U、Th 含量与有机碳含量之间存在强正相关关系，而后者是评价页岩气富集高产层段的重要指标，依据 U 和 Th 的含量还可以评价页岩发育的氧化还原环境和储层品质。因此，氦气生成量和页岩气生成量之间具有很好的一致性，页岩含气量高、氦气丰度高的层段主要为 U、Th 和有机碳含量高的页岩层段（图 6.1）。当富有机质页岩进入成熟阶段之后，页岩能够同时生成页岩气和氦气，且生成的页岩气是氦气的万倍左右，导致页岩储层中的氦气被页岩气所稀释，此时页岩气中氦气的含量占比约为 0.01%（秦胜飞等，2022）。

（二）氦气运移方式和通道

与常规油气类似，氦气运移是氦气在一定动力条件下以某一方式经运移通道向外运移的过程。不过相较于天然气生成而言，氦气生成强度偏低，导致缓慢衰变生成的氦气难以像常规天然气形成游离态气柱并在浮力的驱动下进入圈闭而形成氦气藏。因此，氦气通常

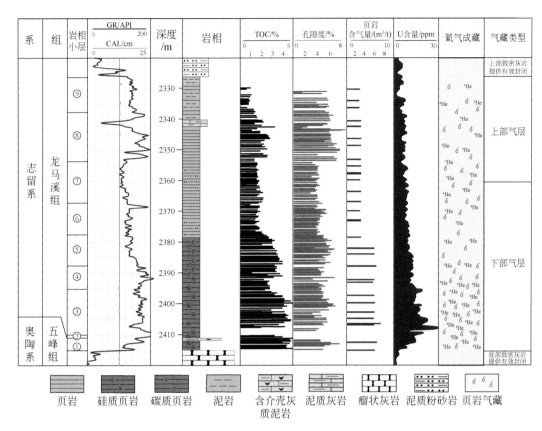

图 6.1　四川盆地焦页 1 井页岩气和氦气综合柱状图和勘探开发层段划分

GR 为伽马测井曲线；CAL 为井径测井；TOC 为有机碳含量；①～⑨为岩相小层编号

在压力差和浓度差驱动下经过断裂和孔缝通道，以分子扩散的方式和以孔隙水（即水溶相）、油气或非烃气（如氮气、二氧化碳等）为载体的方式进行运移和聚集。氦气分子直径仅为 0.26nm（甲烷直径为 0.42nm），扩散和穿透能力较强，因此页岩储层中的氦气也会向外发生初次和二次运移，导致氦气散失或者运移至砂岩或碳酸盐储层中富集。页岩中氦气的散失主要包括缓慢地扩散散失和伴随烃类幕式排烃的幕式释放两种，从这个角度来讲，氦气与页岩气的富集具有一致性，均为页岩自封闭性下的自生自储聚集。压差、浓度扩散、浮力驱动以及伴随天然气的流动是氦气从页岩层向外运移的动力机制，其中压差、浓度扩散与浮力驱动主要发生于较稳定的构造环境中，而伴随天然气的流动则主要发生在幕式排烃和有断层发育的区域。

二、页岩型氦气富集主控因素和成藏模式

氦气富集成藏是生成、运聚、保存与散失的动态平衡。若想富集成藏，则需增加供给、减少散失。因此，氦气源强度的有效供给是根本，运聚保存是关键。在气源强度有保障的背景下，氦气富集强烈受控于保存条件。世界上最大的氦气田——北方-南帕斯 North-South Pars 气田为二叠系—下三叠统 Khuff 组碳酸盐岩气藏，源岩为下志留统热页岩（hot shale），盖层为三叠系 Dashtak 组膏盐岩，该膏盐层的存在为常规天然气和氦气的保存和富集提供

了关键条件，虽然该气田的氦气含量仅为 0.04%，但天然气探明储量高达 $25.5\times10^{12}\mathrm{m}^3$，氦气储量为 $102\times10^8\mathrm{m}^3$，占全球氦气储量的 25%（陶小晚等，2019）。2021 年，该气田的氦气产量为 $0.51\times10^8\mathrm{m}^3$，约占当年全球氦气总产量的 31.9%。虽然氦气含量虽远未达到 0.1% 的富氦级别，但由于储量大，仍实现了巨大的商业开发和利用价值。

需要指出的是，由于页岩通常作为常规气藏的烃源岩，其生成的氦气和页岩气一起排出并运移至常规储层形成常规气藏，通常也有一定的氦气含量，但由于含量较低，工业或商业价值较低，一般不能直接提取氦气。但在距离基底较近或有断裂沟通的地区，除了页岩氦源外，断裂为深部基底花岗岩来源的氦气向上运移而进入页岩储层提供了良好的通道，双源供氦为常规气藏中的高氦气含量奠定了根本保障，在适合的地质条件下，可能富集形成高氦气含量的常规气藏（Wang et al.，2020），如威远地区震旦系和寒武系气藏。

对于页岩型氦气而言，氦气与页岩气在富集分布方面具有良好的一致性（图 6.2）。高含 U、Th 元素的页岩主要分布在五峰组—龙马溪组页岩的底部，与页岩气的高产富集层段基本一致（图 6.1）。四川盆地五峰组—龙马溪组页岩气保存条件研究表明，在 J_3-K_1 之后抬升且裂缝闭合的时间越早，越有利于页岩气富集，而模拟计算的氦气在沉积物中的保存时间约为 120Ma（Zhou and Ballentine，2006）。换言之，在没有断层破坏的情况下，仅靠缓慢散失，氦气全部散失所需要的时间为亿年，这一时间刚好对应五峰组—龙马溪组页岩气的最后一期抬升，因此四川盆地内断裂不发育的地区总体具有较好的氦气保存条件，如在焦石坝背斜和平桥背斜，氦气含量较高（介于 0.041%～0.049%，平均为 0.045%），可能跟背斜高部位有一定的源内运移导致的富集且整体保存条件较好有关（图 6.3）。

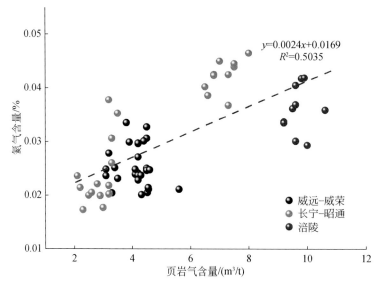

图 6.2　四川盆地主要页岩气田氦气含量与页岩气含量关系图

三、页岩型氦气资源潜力和勘探开发对策

目前一般认为，天然气中氦气相对含量达到 0.05%～0.1% 以上才具有制氦价值（徐永昌等，1996），但作者认为还需考虑伴生天然气的储量。氦气和烃类气体的相对总量是决定

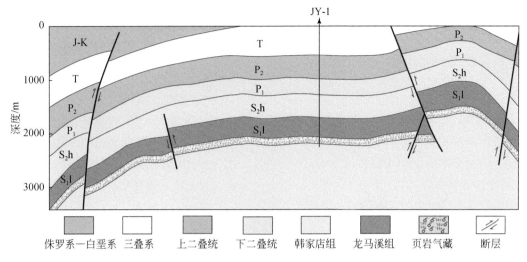

图 6.3　四川盆地焦石坝页岩气和氦气成藏模式图

氦气能否商业开发的关键因素，即使氦气含量很高，但天然气总体储量规模有限，则氦气的工业开发价值也不高，对于部分天然气产量低或者无产的地区，甚至无法实现氦气开发。相反，虽然页岩型氦气含量不高，但由于页岩气储量规模较大，使得氦气储量相当可观。在过去，由于页岩气中氦气含量低，不少石油公司因不了解氦气价值或不知其所开采的天然气中含有高价值的氦气而将其忽略，导致每年大量的氦气资源白白浪费。

目前，我国已基本掌握含量在 0.1% 的氦气提取技术，如小规模富氦天然气深冷法和常温法提取高纯氦气技术，并在四川盆地威远气田实现工业化应用。2012 年，四川省自贡市荣县建成天然气提氦装置，是国内唯一运行中的天然气提氦装置，氦气含量为 0.18%，年生产纯氦约 $21 \times 10^4 m^3$，产品粗氦纯度介于 90%～95%，但大型贫氦-含氦天然气的提氦技术尚不成熟。页岩型氦气储量丰富，但其品位相对较低，直接提取难度较大，可采用 LNG尾气浓缩的方式，将氦气的品位由 0.04% 提升至 50%，从而达到商业利用价值。在全球范围内，有大量的氦气是通过此种方式进行商业化提取的，如著名的卡塔尔 North 气田。目前，涪陵页岩气田每日约有 $100 \times 10^4 m^3$ 的天然气通过 LNG 进行销售（约占总产量的 5%），采用此种提氦技术一年可累计生产氦气 $14.6 \times 10^4 m^3$。我国页岩气田基本都有集中的脱水处理站，如涪陵白涛、南川东胜、威远等地，建议选取这些页岩气脱水站作为氦气资源开发利用的先导试验区，加快论证建设氦气战略储备基地的可行性。

第二节　四川盆地五峰组—龙马溪组页岩气

上已述及，^3He 主要为幔源氦气，而 ^4He 主要为壳源氦气，因此 $^3He/^4He$ 值反映了幔源氦气与壳源氦气的二元混合特征。为进一步解析天然气样品中氦气的成因和来源，取天然气样品的 $^3He/^4He$ 值为 R，大气中的 $^3He/^4He$ 值为 R_a，则 $R/R_a=(^3He/^4He)_{样品}/(^3He/^4He)_{大气}$，一般认为，当 $R/R_a<0.1$ 时，天然气中的氦气全部为壳源（秦胜飞等，2022）。从表 6.1 可以看出，四川盆地及周缘五峰组—龙马溪组页岩气中的氦气含量介于 0.045%～0.1286%，平均值为

0.0389%。^{3}He/^{4}He 值分布在 $0.76 \times 10^{-8} \sim 6.35 \times 10^{-8}$ 之间，平均值约为 2.87×10^{-8}，R/Ra 值介于 $0.02 \sim 0.03$，均小于 0.1，表明四川盆地及周缘五峰组-龙马溪组页岩气中的氦气为典型的壳源氦气，以 ^{4}He 为主，即主要由 ^{238}U、^{235}U 和 ^{232}Th 经 α 衰变生成。

此外，通过对比四川盆地及周缘五峰组—龙马溪组各个气田的氦气含量后可以发现（图 6.4），盆内各页岩气田的氦气含量整体介于 $0.02\% \sim 0.03\%$ 之间，^{3}He/^{4}He 值介于 $2 \times 10^{-8} \sim 3 \times 10^{-8}$ 之间，差异变化较小，表明盆内氦气的主要来源类型基本一致，即页岩供氦。但在盆外的彭水地区和盆内靠近大断裂的永川、大足地区，氦气平均含量超过 0.05%，最高接近 0.10%，^{3}He/^{4}He 值达到 4.53×10^{-8}，略高于盆内，可能由于盆外构造活动复杂，断裂发育，构造抬升作用较强，盆外页岩气保存条件较差，页岩气散失后没有补充，但页岩中铀、钍元素持续生成氦气，稀释作用减弱，提高了氦气含量，但考虑到页岩含气量比较低，氦气总资源潜力不如盆内高。总之，四川盆地及周缘五峰组—龙马溪组页岩型氦气为典型的壳源氦气。

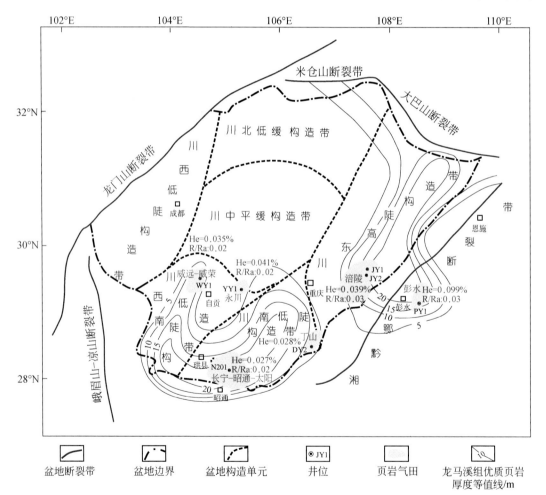

图 6.4　四川盆地构造分区及五峰组—龙马溪组页岩气田的氦气含量分布图

部分数据来源于 Cao 等（2018）、Liu 等（2021）、秦胜飞等（2022）。R/Ra 为天然气中的 ^{3}He/^{4}He 与大气中的

^{3}He/^{4}He 的比值；He=0.035% 为氦气含量

表 6.1　四川盆地及周缘五峰组—龙马溪组页岩组分与氦气含量

页岩气田	组分含量/%								³He/⁴He /10⁻⁸	R/Ra
	C_1	C_2	C_3	N_2	CO_2	H_2	H_2S	He		
威远	95.52~99.27 (97.84)	0.32~0.70 (0.53)	0.01~0.03 (0.02)	0.01~2.95 (0.58)	0.001~1.52 (0.66)	0.00~0.03 (0.01)	0.00~0.53 (0.18)	0.0172~0.1286 (0.0348)	1.20~4.49 (2.71)	0.01~0.03 (0.02)
威荣	96.40~96.81 (96.61)	0.40~0.46 (0.43)	0.01~0.03 (0.02)	0.44~0.72 (0.60)	1.48~1.68 (1.58)	0.00~0.05 (0.012)	0.62~0.80 (0.73)	0.0201~0.0214 (0.0208)	—	（—）
长宁	97.69~99.28 (98.56)	0.32~0.54 (0.42)	0.00~0.10 (0.02)	0.00~0.75 (0.28)	0.00~0.91 (0.41)	0.00~0.01 (0.01)	0.45~1.00 (0.76)	0.0145~0.0507 (0.0267)	0.93~2.85 (1.58)	0.01~0.03 (0.02)
昭通	98.21~99.45 (98.67)	0.47~0.62 (0.54)	0.00~0.01 (0.01)	0.03~0.63 (0.37)	0.00~0.51 (0.23)	0.00~0.02 (0.02)	0.00~0.57 (0.43)	0.0173~0.0414 (0.0266)	0.76~6.35 (2.20)	0.01~0.05 (0.02)
涪陵	97.54~98.95 (98.27)	0.43~0.74 (0.58)	0.00~0.05 (0.02)	0.08~1.36 (0.71)	0.00~1.16 (0.36)	0.00~0.01 (0.01)	0.00~0.56 (0.11)	0.0199~0.0445 (0.0372)	1.02~6.01 (3.23)	0.01~0.04 (0.02)
富顺永川	95.32~99.59 (97.42)	0.23~0.60 (0.37)	0.00~0.01 (0.001)	0.01~0.53 (0.38)	0.06~1.60 (1.05)	—	—	0.041	2.61~3.26 (2.94)	0.02
彭水	98.46~98.77 (98.62)	0.55~0.71 (0.63)	0.00~0.01 (0.01)	0.05~0.15 (0.10)	0.35~0.94 (0.64)	—	—	0.0830~0.1000 (0.0993)	4.43~4.62 (4.53)	0.03
丁山	98.17~99.02 (98.60)	0.44~0.68 (0.68)	0.00~0.01	0.44	0.42~0.44	—	—	0.0272~0.0294 (0.0282)	—	—

注：括号中为平均值；部分数据来源于秦胜飞等（2022）、Dai（2016）、Cao 等（2018）、Liu 等（2021）。

四川盆地及周缘五峰组—龙马溪组页岩型氦气具有和北方-南帕斯 North-South Pars 氦气田相似的地质条件，不同地区氦气含量受三叠系膏盐岩盖层影响显著，在三叠系膏盐岩广覆的背斜区，氦气含量主要和页岩品质（U 含量）成正比，如焦页 6-2HF 井和焦页 8-2HF 井水平井穿行层位分别是②小层和①小层，U 含量相对较高，氦气含量也最高，分别为 0.06% 和 0.044%；而焦页 1HF 井穿行在④小层，氦气含量为 0.037%，其余穿行在③小层的井，氦气含量介于前二者之间，为 0.04%～0.05%（图 6.5）。①～③小层是焦石坝地区页岩气含量最高的层段，同时也是氦气含量较高的层段，两者之间呈正相关关系（图 6.1、图 6.2）。总而言之，良好的区域盖层条件是氦气保存的关键。此外，页岩气藏中大量的 CH_4 或 CO_2 分子在进入盖层后会堵塞盖层的孔缝通道，减缓氦气散失。

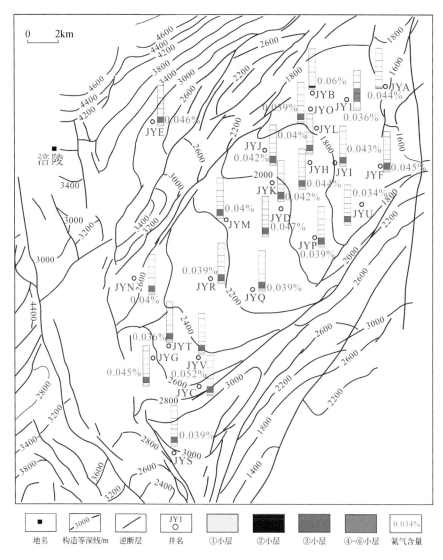

图 6.5　焦石坝页岩气田氦气含量分布图

数据来源于 Dai（2016）、Liu 等（2021）、秦胜飞等（2022）

由于天然气的稀释作用，现今页岩气藏中的氦气丰度总体偏低，页岩型氦气的资源/储量规模主要受天然气总资源/储量控制。我国页岩气地质储量约为 $21.84 \times 10^{12} m^3$，按照氦气含量 0.04%进行折算，我国仅页岩型氦气的地质储量就高达 $87.36 \times 10^8 m^3$。四川盆地及其周缘的涪陵、长宁、威远等地已探明页岩气储量为 $2.7 \times 10^{12} m^3$，平均氦气含量按 0.04%计，则该区氦气的储量为 $10.8 \times 10^8 m^3$。按照 Dai 等（2017）提出的氦气田工业划分标准，氦气储量达到 $1 \times 10^8 m^3$ 即为特大型氦气田，则以上发现的页岩气田均是我国潜在的特大型氦气田。按 2021 年氦气消费量 $0.21 \times 10^8 m^3$（几乎全部来源于进口）估算，页岩气地质储量和探明储量中的氦气量可分别供我国使用约 500 年和 50 年。仅以涪陵页岩气田为例，页岩气探明储量约为 $9000 \times 10^8 m^3$，则氦气储量为 $3.6 \times 10^8 m^3$，为特大型氦气田。2021年，我国四川盆地及周缘页岩气产量为 $228 \times 10^8 m^3$，按照氦气含量 0.04%折算，每年因页岩气开发而附带的氦气产量就高达 $0.0912 \times 10^8 m^3$，按 400 元/m^3 折算，经济价值约为36 亿元人民币。

第三节　四川盆地寒武系页岩气

四川盆地寒武系厚度大且广泛分布，地层岩石以细粒沉积岩为主，普遍含有有机质。其中，下寒武统筇竹寺组是有机质含量最高的地层，也是我国页岩气勘探的主要层系之一。该地层在四川盆地厚度较大，威远-资阳和高石梯-磨溪地区的筇竹寺组黑色页岩厚度分别为 350～400m 和 150～200m（周秦等，2015）。筇竹寺组黑色页岩既是四川盆地极佳的烃源岩，同时也是潜在的良好氦源岩。威远气田下寒武统筇竹寺组暗色泥页岩中铀的平均含量高达 40ppm，并且该地层被认为是氦气的主要源岩（Wang et al.，2020）。

四川盆地的天然气中普遍含有氦气，威远-资阳和高石梯-磨溪两个气田是主要的氦气富集区，主要含氦地层包括九老洞组（相当于筇竹寺组）、洗象池组、龙王庙组、遇仙寺组等。其中，威远-资阳气田是四川盆地氦气最为富集的地区，该气田富集氦气的寒武系主要为洗象池组和龙王庙组，洗象池组氦气含量 0.150%～0.262%，平均值为 0.190%；龙王庙组氦气含量为 0.183%～0.262%，平均值为 0.210%，是威远地区氦气含量分布最稳定的地层。以往文献的统计结果表明，威远气田寒武系整体的氦气含量较高，为 0.15%～0.26%，平均值为 0.20%，R/Ra 值约为 0.02（图 6.6，表 6.2）。高石梯-磨溪气田的氦气含量普遍低于威远-资阳气田，为 0.01%～0.09%，平均值为 0.03%，R/Ra 值为 0.01～0.03，平均值为0.02（表 6.2）。

四川盆地外下寒武统同样显示出较好的壳源氦气资源潜力，其 R/Ra 值范围一般为0.01～0.08（Liu et al.，2016a，2016b；罗胜元等，2019）。黔南拗陷下寒武统牛蹄塘组测试的两个页岩气样品氦气含量分别为 0.09%和 0.13%，气样品 $^3He/^4He$ 值为 0.009～0.010Ra（Ra=1.4×10^{-6}），显示以壳源氦为主（蒙炳坤等，2023）。湖北宜昌地区下寒武统水井沱组页岩气中的氦气含量 0.09%～0.31%，平均值为 0.16%；R/Ra 值为 0.04～0.08，平均值为 0.07。

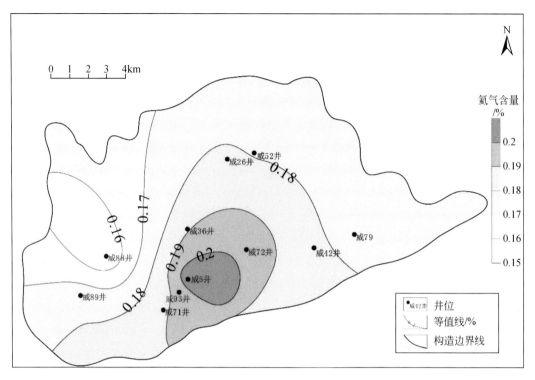

图 6.6　威远气田寒武系氦气含量平面分布图

表 6.2　四川盆地威远和高石梯–磨溪气田天然气组分与氦气含量

气田	井号	层位	气体组分/%					R/Ra	参考文献
			CH_4	CO_2	N_2	He	H_2S		
威远	威 26	Є	—	—	—	—	—	0.024	Ni 等（2014）
	威 23	$Є_1$–Z_2	85.11	4.75	8.14	0.26	n.d.	n.d.	戴金星（2003）
	威 118	Є	90.93	0.36	6.63	0.2	n.d.	0.02	秦胜飞等（2022）
	威 36-1	Є	89.27	3.91	6.43	0.19	n.d.	0.02	
	威 71	Є	89.75	3.1	6.81	0.22	n.d.	0.02	
	威 42	$Є_1l$	87.73	1.36	10.07	0.18	0	n.d.	Wang 等（2020）
	威 72-2	$Є_1l$	87.78	1.56	9.96	0.2	0	n.d.	
	威 36-1	$Є_1l$	86.7	1.32	10.81	0.19	0	n.d.	
	威 71-2	$Є_1l$	86.71	1.24	10.92	0.19	0	n.d.	
	威 23	$Є_1l$	83.69	1.47	8.14	0.26	0	0.021	
	威 005	$Є_3x$	85.39	6.45	7.24	0.18	0.61	n.d.	梁霄等（2016）；Wang 等（2020）
	威 026	$Є_3x$	88.35	4.67	6.21	0.18	0.44	n.d.	
	威 052	$Є_3x$	86.79	6.07	6.41	0.18	0.41	n.d.	
	威寒 10	$Є_3x$	85.6	0	7.01	0.23	0	n.d.	
	威 093	$Є_3x$	86.98	5	7.08	0.19	0.62	n.d.	

续表

气田	井号	层位	气体组分/%					R/Ra	参考文献
			CH₄	CO₂	N₂	He	H₂S		
威远	威089	€₃x	86.3	5.92	7	0.18	0.01	n.d.	梁霄等（2016）；Wang等（2020）
	威088	€₃x	90.25	3.58	6.32	0.15	0.24	n.d.	
	威寒1	€₃x	88.45	4.52	6.38	0.19	0	n.d.	
	威寒1	€₁y	86.68	6.02	6.51	0.17	0	n.d.	
	威寒101	€₁y	90.45	1.68	7.36	0.22	0	n.d.	
	威寒101	€₁j	90.71	1.67	6.91	0.21	0	n.d.	
高石梯-磨溪	GS11-D2	€₁l	89.27	1.86	7.62	0.09	0.01	0.013	Wang等（2020）
	GS12-D4	€₁l	92.14	1.89	4.69	0.02	0.01	0.027	
	GS18-D4	€₁l	92.6	2.43	4.13	0.04	0	0.018	
	MX18-D2	€₁l	90.11	2.56	6.32	0.07	0.01	0.028	
	MX8	€₁l	97.25	0	2.68	0.06	0.85	0.022	
	MX39	€₁l	98.89	0	0.79	0.06	1.02	0.03	
	MX201	€₁l	97.15	1.54	0.95	0.06	0	0.011	
	MX9	€₁l	97.25	1.44	0.98	0.06	0.17	0.01	
	MX10	€₁l	97.4	1.48	0.91	0.06	0.17	0.012	
	MX8	€₁l	96.8	2.26	0.6	0.01	n.d.	n.d.	魏国齐等（2015）
	MX8	€₁l	96.85	1.78	0.6	0.01	n.d.	n.d.	
	MX9	€₁l	95.16	2.35	2.35	0.01	n.d.	n.d.	
	MX10	€₁l	97.35	1.8	0.69	0.02	n.d.	n.d.	
	MX11	€₁l	97.09	2.04	0.67	0.01	n.d.	n.d.	
	MX11	€₁l	97.12	1.69	0.65	0.01	n.d.	n.d.	
	MX12	€₁l	95.98	2.53	0.72	0.01	n.d.	n.d.	
	MX13	€₁l	95.44	1.65	0.7	0.01	n.d.	n.d.	
	MX16	€₁l	96.16	2.55	0.82	0.01	n.d.	n.d.	
	MX17	€₁l	95.24	2.16	0.78	0.01	n.d.	n.d.	
	MX21	€₁l	95.21	3.93	0.28	0.01	n.d.	n.d.	
	MX201	€₁l	95.91	2.83	0.78	0.01	n.d.	n.d.	
	MX202	€₁l	95.48	2.89	0.63	0.01	n.d.	n.d.	
	MX204	€₁l	96.63	2.06	0.71	0.02	n.d.	n.d.	
	MX205	€₁l	95.3	3.18	0.42	0.01	n.d.	n.d.	
	MX008-H1	€₁l	95.15	3.34	0.7	0.01	n.d.	n.d.	
	MX009-X1	€₁l	96.5	2.37	0.67	0.04	n.d.	n.d.	

注：€表示寒武系；€₁j 表示下寒武统九老洞组；€₁l 表示下寒武统龙王庙组；€₁y 表示下寒武统遇仙寺组；€₃x 表示上寒武统洗象池组。

第四节　沁水盆地石炭系—二叠系煤层气

煤层气是赋存在煤层及煤系地层内的烃类气体,由煤层中的有机质经过变质作用形成,属于非常规天然气资源之一。与煤成甲烷气不同,煤层气为自生自储气,不存在从源岩向多孔储层运移的过程。煤层中通常含有煤层水,它的存在对煤层气的存储及抽采都有着显著影响(Qin et al.,2005;Zhang et al.,2016;Fu et al.,2021)。在人工开采时,通常需要水力压裂增大煤层的裂隙和渗透率,并通过排水降压致使煤层气解吸进入游离态(Moore,2012)。

国家能源发展规划中指出煤层气的发展对保障煤矿开采安全、增加清洁能源供应和减少温室气体排放都具有重要意义。中国的煤炭储量巨大,伴生的煤层气资源也非常丰富。据报道,全国埋深2000m以浅的煤层气资源量约为$30×10^4m^3$,仅次于俄罗斯和加拿大,位居世界第三位(Xu et al.,2023)。目前我国煤层气产业仍处于起步阶段,截至2021年,全国已累计完成各类煤层气井约2万口,煤层气地面开发产量达到$82×10^8m^3$(朱昌海,2022;张雨祥等,2023)。

我国关于煤层气中氦气的研究相对较少,主要集中在山西省沁水盆地和贵州省六盘水煤田(Chen et al.,2019a,2022;Zhong,2022)。鄂尔多斯盆地南缘也有少量数据报道,但不在此章节中做详细介绍(Zhong,2022)。

沁水盆地位于山西省东南部,盆地面积约为$2.35×10^4km^2$,拥有约$5100×10^8t$的煤炭储量,是世界上储量最丰富的高阶煤层气田之一(冀涛和杨德义,2007)。沁水盆地内已经探明的煤层气储量达$4350×10^8m^3$(Song et al.,2018)。该盆地内的煤层气勘探始于1989年,在晋城地区完成了第一口试验井的钻探。自1989～2002年期间,在中石油、晋城矿务局以及几家小型能源公司的支持下,盆地南部开展了更多的试验井钻探工作。沁水盆地的煤层气商业开发始于2003年,并主要集中在盆地的南部地区(Qin and Ye,2015)。截至2017年底,沁水盆地内煤层气生产井的数量超过9500口,占全国产量的72%(Chen et al.,2019b)。

一、地质概况

该盆地主要呈现一个北北东向的复式向斜构造,向斜轴线长达330多千米,大致位于榆社-沁县-沁水一线(Lv et al.,2012)(图6.7)。盆地内广泛分布着北北东向和近南北向的褶皱,而断层发育相对较少,主要集中分布在盆地的东西两侧。盆地的南部以中条山隆起为界,东部以太行山隆起为界,北部以五台山隆起为界,而西部以霍山隆起为界,将盆地与临汾盆地、吕梁山隆起隔开(Cai et al.,2011)。盆地地层剖面显示,沉积岩层涵盖从底部的古生界到中生界再到顶部的新生界,发育有石炭系本溪组、太原组、二叠系山西组、石河子组、石千峰组以及三叠系至第四系的沉积岩层(Lv et al.,2012)。主要含煤地层为50～135m厚的石炭系太原组和20～86m厚的下二叠统山西组。太原组煤层埋深大多浅于700m,而山西组的主要煤层埋深通常比太原组要浅80m左右。煤层的沉积环境在石炭纪为陆表-海碳酸盐台地沉积体系,而在早二叠世演变为陆表海-浅水三角洲沉积体系(Su et al.,

2005）。在盆地的南部，主要的经济开采煤层包括山西组的 3 号及太原组的 9 号和 15 号煤层；而在北部，主要的经济开采煤层为太原组的 8 号、9 号和 15 号煤层。

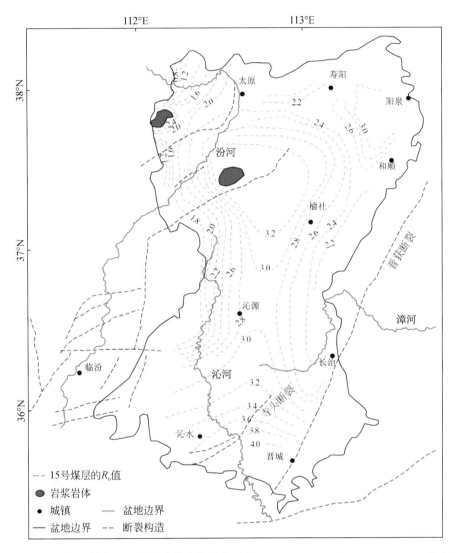

图 6.7　沁水盆地地图及 15 号煤成熟度等值线（据 Cai et al.，2011 和 Su et al.，2005 修改）

　　盆地的埋藏热史研究显示，在有机质沉积以后，该盆地进入了快速沉降阶段。到了晚三叠世，含煤地层上覆沉积物厚度超过 4000m，地层温度达到了 135℃左右。有机质经历深成煤化变质作用逐渐成熟，达到了肥-焦煤阶段，镜质组反射率（R_o）约在 1.2%，一定量的煤层气体伴随产生。印支期造山运动导致盆地在早侏罗世经历了隆升和剥蚀，随后经历沉积作用并一直延续到晚侏罗世。盆地边缘暴露的闪长斑岩岩体说明盆地在燕山造山期（晚侏罗世—早白垩世）受到了岩浆活动的影响（许文良等，2004）。前人通过研究煤层上覆沉积物中锆石的裂变径迹，揭示在此活动期间煤层温度达到 250℃以上，从而引发了天然气生成的高峰期，同时煤层成熟度达到半无烟煤至无烟煤阶段，镜质组反射率为 2.2%～

4.5%（Ren et al.，2005；Su et al.，2005）。煤层上覆沉积物中磷灰石的裂变径迹显示，该盆地在新生代中期经历了一次快速冷却抬升事件（Ren et al.，2005；Cao et al.，2015）。在 50Ma 之前，研究储层从超过 250℃的温度冷却到 100℃左右，并在过去的 11Ma 前经历了一次快速冷却，储层温度降低到 60℃以下。盆地剥蚀至少持续到 5Ma 以前。此次盆地抬升可能与西南部印度板块俯冲或东部太平洋板块俯冲引起的拉伸构造机制有关（Cao et al.，2015）。

二、氦气含量及来源

（一）氦含量

目前沁水盆地一共有三个区块报道了煤层中的氦气含量。盆地东北部阳泉区块寺家庄煤田的氦气含量浓度范围大致为 10～150ppm，平均值在 50ppm 左右（徐占杰等，2016）。盆地南部的郑庄区块内氦气含量范围大多低于 100ppm（Zhang et al.，2018）。其中一口气井的氦气含量为 1800ppm，明显高于其他生产井，但由于该井报道的气体含量总和超过了 100%，因此该数据不予考虑。盆地东南部潘庄区块区域的氦气含量则普遍较低，范围在 0.5～33.3ppm 之间，平均值为 5.8ppm，与大气值接近（Chen et al.，2019a；Zhong，2022）。总体上，沁水盆地的氦气含量范围是 0.5～150ppm，呈现出北部高、南部低的分布规律，但都明显低于商业开采标准（1000ppm）。

Chen（2021）总结了国内外与沁水盆地相同埋藏年龄煤层中的氦气含量（图 6.8，表 6.3）。数据表明，波兰上西里西亚（Upper Silesian）盆地石炭系宾夕法尼亚亚系煤层、美国 Forest City 盆地同时期煤层和澳大利亚鲍文（Bowen）盆地南部上二叠统煤层内，氦气含量都出现了极高值（0.4%～1.9%），且平均值均高于 1000ppm（Kotarba，2001；McIntosh et al.，2008；Kinnon et al.，2010）。英格兰中部南约克郡（South Yorkshire）和诺丁汉郡（Nottinghamshire）

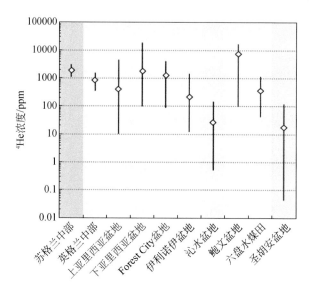

图 6.8 国内外石炭系—二叠系煤层内氦气含量

菱形代表平均值，数据来源参考表 6.3

石炭系宾夕法尼亚亚系煤层内氦气含量较低，范围在 340～1510ppm 之间（Györe et al.，2018）。波兰下西里西亚（Lower Silesian）盆地同时期煤层内氦气含量范围大致在 10～4400ppm 之间，平均值为 405ppm（Kotarba，2001）。美国伊利诺伊（Illinois）盆地东部同时期煤层中氦气含量相对较低，均值在 216ppm 左右（Moore et al.，2018）。这些盆地内与沁水盆地同时期的煤层中氦气含量都要明显高于沁水盆地，同时鲍文（Bowen）和上西里西亚（Upper Silesian）盆地内超高氦气含量指示了浅部煤层有储存高含量氦气的潜能，因此探究沁水盆地低氦气含量的形成机理对于了解煤层氦气藏具有指示意义。

表 6.3　国内外石炭系—二叠系煤层内氦气含量汇总

国家	区域	含煤岩层	氦气含量/ppm			参考文献
			最大值	最低值	平均值	
中国	沁水盆地	上石炭统—下二叠统	0.5	150	27	徐占杰等（2016）；Chen 等（2019a）；Zhang 等（2018）；Zhong（2022）
	六盘水煤田	二叠系乐平统	41	1136	350	Chen 等（2022）
美国	Forest City 盆地	石炭系宾夕法尼亚亚系	90	4000	1246	McIntosh 等（2008）
	伊利诺伊盆地	石炭系宾夕法尼亚亚系	116	1465	216	Moore 等（2018）
波兰	上西里西亚盆地	石炭系宾夕法尼亚亚系	100	19000	1784	Kotarba 和 Rice（2001）
	下西里西亚盆地	石炭系宾夕法尼亚亚系	10	4400	405	Kotarba 和 Rice（2001）
澳大利亚	鲍文盆地	上二叠统	100	16500	7275	Kinnon 等（2010）
英国	英格兰中部煤田	石炭系宾夕法尼亚亚系	338	1506	814	Györe 等（2018）
	苏格兰中部煤田	石炭系密西西比亚系	1105	2984	1874	Györe 等（2018）

（二）氦气来源

煤层中的氦气主要有三种来源：①岩石圈层（包括煤层本身）中含铀、钍矿物通过 α 衰变产生的壳源氦气；②随地下水进入储层的大气来源氦气；③地幔脱气的幔源氦通过岩浆活动、断裂构造等进入储层。不同来源的氦的同位素比值（$^3He/^4He$）存在量级差异，可以有效指示煤层中的氦气来源。目前仅沁水盆地东南部有报道煤层内氦同位素组成，变化范围为 0.009～1.01Ra（Ra 为大气 $^3He/^4He$ 值，取 1.4×10^{-6}）。氦气与大气来源的 ^{20}Ne 比值（$^4He/^{20}Ne$）可以有效指示深部气体被大气成分混染的程度。根据氦同位素和 $^4He/^{20}Ne$ 值的关系图（图 6.9），沁水盆地东南部煤层内的氦气主要是深部地壳（$^3He/^4He<0.02Ra$）和大气来源的稀有气体（1Ra）的混合。同时，大气来源的氦气在进入煤层的过程中经历了明显的质量分馏作用，导致混入的稀有气体更加富集质量较轻的同位素和元素。这些大气来源的稀有气体主要是在水力压裂期进入煤层，而深部气体更加反映了人工开采活动之前煤层内部的气体地球化学特征。

沁水盆地东南部深部煤层气的氦同位素数据范围为 0.009～0.037Ra。地幔来源氦气的比例最高只有 0.5%，并不能支持沁水盆地在燕山期经历了岩浆活动影响的论点。氪同位素同样可以用来示踪煤层气系统中的幔源（Györe et al.，2018）。而沁水盆地内的氪同位素组成与大气组分相近，仅有少数气井样品显示微量地壳深部 Ne 的贡献。

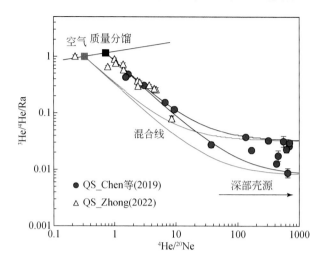

图 6.9　沁水盆地东南部煤层内 ^{3}He/^{4}He 与 ^{4}He/^{20}Ne 关系图

三、氦气藏演化机理

　　沁水盆地的氦气含量与美国圣胡安（San Juan）盆地煤层气含量（^{4}He=0.04～116ppm）接近。Zhou 等（2005）研究发现煤层内的稀有气体主要溶解在煤层水中，在人工开采时，稀有气体从水中脱气和解吸的甲烷气体混合一起排采出来。稀有气体的脱气过程受溶解度控制，遵循动态瑞利分馏作用。因此，^{4}He 相对于质量更高的稀有气体元素而言更容易在早期开采过程中脱气产出，导致 ^{4}He 含量在人工排采后期明显降低，该过程可以通过放射性成因的 ^{4}He/^{40}Ar* 与大气来源的 ^{20}Ne/^{36}Ar 元素之间的相关关系反映出来。壳源 ^{40}Ar* 可通过扣除大气来源的 ^{40}Ar 计算得到。脱气模型模拟出圣胡安（San Juan）盆地煤层气在开采之前的 ^{4}He/^{40}Ar* 初始值与估算的煤层 ^{4}He、^{40}Ar* 生产率比值相近。沁水盆地东南部煤层内的稀有气体遵循相同的分馏过程（图 6.10）（Chen et al.，2019a）。但是拟合出的最佳 ^{4}He/^{40}Ar* 初始值低于 1，远低于估算的区域煤层 ^{4}He/^{40}Ar* 生产率比值 13 和平均大陆地壳值 4.9（Ballentine and Burnard，2002）。这意味着在人工开采甲烷之前，沁水盆地东南部煤层水中的 ^{4}He/^{40}Ar* 值已经异常低。如果以局部煤层内的 ^{4}He/^{40}Ar* 值 13 为参考，而模拟得出煤层内的 ^{4}He/^{40}Ar* 的初始值为 1，表明 92% 的 He 在储层抬升中丢失。

　　由于煤层中的氦气主要储存在煤层水中，Zhou 和 Ballentine（2006）提出了计算地层水中的 ^{4}He 积累年龄模型。参考该模型，根据沁水盆地的煤层参数，煤层内部 ^{4}He 的原位产率为每年每立方厘米水中生成 $1.8×10^{-11}$cm^3·STP（STP 表示标准温度和压力，温度为 0℃，压力为一个大气压）（Chen et al.，2019a）。由于 He-Ne-Ar 元素组成遵循开放体系瑞利分馏过程，可根据 ^{36}Ar 的分馏程度估算出地层水中 ^{4}He 的初始浓度，计算出煤层水中 ^{4}He 的积累年龄在 50～1100Ma 之间。与 ^{4}He 相似，地壳中的 ^{40}Ar* 主要通过 K 的 β 衰变形成，并随着埋藏年龄增加而累积。沁水盆地煤层内的 ^{40}Ar* 最大原位产量为每年每立方厘米水中形成 $1.5×10^{-13}$ cm^3·STP，相对应的 ^{40}Ar* 累计年龄为 1.92 亿～1.68 亿年，远超过了煤层的沉积

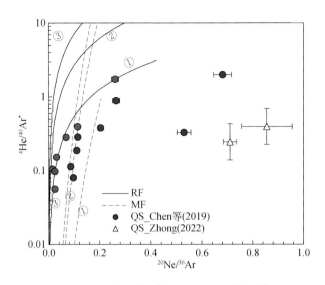

图 6.10　放射性成因的 $^4He/^{40}Ar^*$ 与大气来源的 $^{20}Ne/^{36}Ar$ 的关系图

RF 代指瑞利分馏模拟曲线；MF 代指质量分馏模拟曲线；①曲线的 $^4He/^{40}Ar^*$ 初始值为 1；②曲线的 $^4He/^{40}Ar^*$ 初始值为 5；③曲线的 $^4He/^{40}Ar^*$ 初始值为 13

年龄。这个结果表明煤层内除了原位产出的 $^{40}Ar^*$ 之外，还有外源 $^{40}Ar^*$ 的加入。深部地壳脱气上涌进入地层水或天然气系统中的研究目前已有很多，如 Torgersen 等（1989）、Castro 等（1998）和 Györe 等（2018）。^4He 比 $^{40}Ar^*$ 的扩散系数更高（Jähne et al.，1987），在地壳中 ^4He 更容易运移，因此沁水煤层内存在外源 $^{40}Ar^*$ 的加入表明煤层内同样应该有外源 ^4He 的加入。根据 Zhou 和 Ballentine（2006）的模型计算出区域外源补入的 ^4He 通量为每年每立方厘米水中增加 4.9×10^{-8} cm³·STP，$^{40}Ar^*$ 通量为 8.6×10^{-9} cm³·STP。同时考虑原位生成和外部壳源的 ^4He 和 $^{40}Ar^*$，^4He 的计算累积年龄为 200～4000a，$^{40}Ar^*$ 的累积年龄为 3000～30000a。在两种情形下，Ar 的累积年龄都明显老于 ^4He，说明沁水盆地东南部煤层中氦气存在丢失。

那是什么机制导致了沁水盆地东南部氦气的丢失？煤层气主要以三种形式储存在煤层中：①自由气体；②通过物理作用吸附在微孔隙表面；③通过化学作用"溶解"在煤的微孔隙中（Moore，2012）。其中物理吸附是最重要的储存机制。沉积盆地的快速隆升会导致煤储层压力下降，削弱了煤的吸附能力（Xia and Tang，2012）。气体解吸并在煤的孔隙、裂缝中累积，逐渐与围岩产生压力梯度，导致气体以扩散或达西流体的方式逃逸出煤层（Hildenbrand et al.，2012）。沁水盆地在新生代经历了快速抬升剥蚀，埋深从 >3km 抬升到 400m 的浅部。这个过程可能导致煤层内发生多期脱气事件。Han 等（2010）对沁水盆地高阶煤（R_o=2.3%）进行了一系列详细的 He 和 Ar 的超压突破实验。研究表明，在储层条件下，He 和 Ar 在高压梯度作用下主要以扩散方式从含水煤基质中逸出；如果煤层存在宏观裂缝，则可能发生毛细管黏性流动。同时 He 的有效扩散渗透率明显高于 Ar。因此，在持续剧烈的储层抬升过程中，Ar 会更容易被封闭在煤层中，而 He 容易逃逸丢失。此外，Ar 在水中的溶解度高于 He（Crovetto et al.，1982；Smith and Kennedy，1983），因此更容易保存在煤层水中。放射性成因的 ^4He、$^{40}Ar^*$ 可作为储层抬升过程中气体损失的敏锐示踪剂。

第五节　贵州地区煤层气

贵州是我国南方的煤炭资源大省，全省含煤面积约为 $7.8\times10^4km^2$，占全省面积的 44% 左右，煤炭资源总量约为 2589×10^8t（郑建军，2013）。贵州省煤层气资源丰富，由贵州省煤田地质局完成的"贵州省煤层气资源评价"报告全省埋深 2000m 以浅煤层气地质资源量约为 $3.15\times10^{12}m^3$，约占全国煤层气地质资源量的 10%，是中国近期和未来重点发展的煤层气产业化后备区（金军等，2022）。贵州煤层气储层及资源具有煤层层数多、煤层含气量高、煤体结构复杂、以大型气田为主、深部资源占比大的特征，一些重点向斜深部煤层气资源占比在 50% 以上。从 1989 年在盘关实施第一口煤层气直井开始，截至目前，全省具有各类煤层气井 300 余口，从最初的产量低或者不产气，到目前的小区块开发接连成功，直井产量不断刷新（金军等，2022）。

贵州西部的煤层气主要分布在六盘水煤田和织纳煤田。六盘水地区是贵州省内煤种最齐全、多薄煤层最发育、煤层气资源最富集的区域，区内煤层气资源潜力巨大，2000m 以浅的煤层气资源量约 $1.39\times10^{12}m^3$（易同生和高为，2018）。目前区内累计建设有煤层气井 100 余口，是我国南方多煤层气开发进展较迅速、成效最显著的典型代表地区。目前煤层氦气含量仅在六盘水煤田地区有过报道，本节将主要讨论六盘水煤田内的氦气藏（Chen et al.，2022）。

一、地质概况

六盘水煤田位于晚二叠世上扬子聚煤沉积盆地南缘，区域内包括盘县、普安、六枝、水城等地，面积约 $1.6\times10^4km^2$，其中含煤面积约 8200km²（图 6.11）（桂宝林，1999；易同生和高为，2018）。主要可采煤层位于二叠系乐平统龙潭组和长兴组（在大河边区域也称为王家寨组）。龙潭组与下伏下二叠统峨眉山玄武岩不整合接触。六盘水区域在乐平世期间经历了多次海侵海退的交替，逐渐形成了三角洲-潟湖沉积环境，积累了多期厚层煤。在早-中三叠世，研究区经历了持续的海侵作用，形成了 3500～5000m 的海相沉积层，而在中三叠世末经历区域性海退并接受了少量陆相沉积（窦新钊，2012）。晚三叠世以后的沉积层仅在局部区域分布，上三叠统碎屑岩和中-下侏罗统泥岩、砂岩仅在六盘水北部的水城和琅岱地区发育，古近系和新近系的湖泊沉积仅在盘县和普安周围发育，第四系沉积零星分布（张春朋，2017）。含煤地层上覆的飞仙关组泥岩和下伏的峨眉山组玄武岩为隔水层，有利于煤层中的瓦斯保存（张春朋，2017）。

六盘水煤田的埋藏史和热演化史模型表明，在晚侏罗世之前，煤层经历了两个主要埋深阶段（图 6.12）（窦新钊，2012；Ju et al.，2021）。第一次发生在早-中三叠世，煤层经历了快速沉降，并经历了第一阶段的煤化作用。晚三叠世因安远运动而发生盆地隆升剥蚀。早侏罗世开始的沉积作用导致煤层深度超过了其在中三叠世的最大埋藏深度，促使煤进一步成熟。针对这一过程，Tang 等（2016）认为晚三叠世盆地隆升并不显著，煤层持续接受沉积，埋深逐渐增大。尽管如此，两种模型中提出的煤层最大埋藏深度和后期煤层抬升的侵蚀量是相似的。

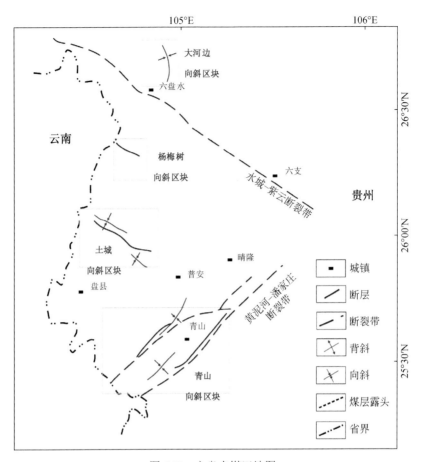

图 6.11　六盘水煤田地图

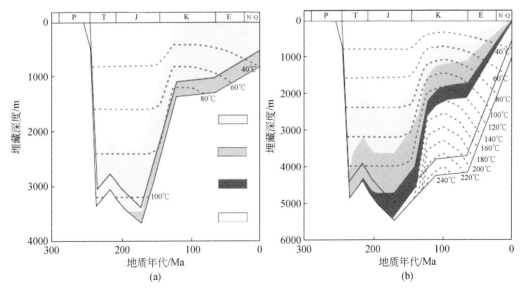

图 6.12　区块埋藏和热演化历史（据窦新钊，2012 修改）

（a）大河边区块；（b）青山区块

六盘水煤田部分地区的煤化程度在燕山期岩浆活动中进一步得到加强（窦新钊，2012）。例如，研究显示盘县地区煤层顶部和底部地层中的石英脉里流体包裹体的均一化温度为135～150℃，这个温度无法通过最大埋藏深度（3500m）和正常地热梯度（25～30℃/km）解释，表明地层曾受到燕山期岩浆活动产生的热液流体影响，形成异常的高地热梯度（Tang et al.，2016）。黔西南盘南背斜构造内出露的燕山期（115Ma）白云岩（陈学敏，1995；窦新钊，2012）同样支持了研究区受到过岩浆活动的影响。燕山期和喜马拉雅造山运动期间，褶皱和断裂发育，破坏了盆地的原型（桂宝林，1999；窦新钊，2012；Tang et al.，2016）。其中背斜系统内的煤层在喜马拉雅运动隆升期间受到主要侵蚀，而煤田内的向斜地块和内部的煤层则经历了不同的埋藏过程（图 6.12），导致区域内煤层的最大镜质组反射率（$R_{o,max}$）变化范围较广，在 0.7%～3.4% 之间（窦新钊，2012；Tang et al.，2016）。

二、氦气含量及来源

目前六盘水煤田内有四个区块报道了氦气含量（Chen et al.，2022），北部成熟度最低的大河边区块（$R_{o,max}$=0.7%～1.1%）氦气含量高于 1000ppm；中部的土城区块（$R_{o,max}$=1.0%～1.3%）氦气含量相对较高，在 266～401ppm 之间；成熟度较高的杨梅树区块（$R_{o,max}$=1.5%～1.9%）的氦气含量为 67～133ppm；而成熟度最高的青山区块（$R_{o,max}$=1.7%～3.0%）氦气含量最低，范围在 41～68ppm 之间。在研究区内，氦气含量与煤层的成熟度存在一定的相关性。六盘水煤层的氦气含量变化范围明显高于沁水盆地。如果仅考虑无烟煤阶段的氦气含量，六盘水煤田的氦气含量仍然高于沁水盆地。与国外埋藏年龄相近的煤层进行比较，六盘水煤田的氦气含量与之相对接近（图 6.8）。

煤层内高 ^{4}He/^{20}Ne 值排除了煤层内空气来源 He 的明显贡献。^{3}He/^{4}He 值为 0.005～0.025Ra，与地壳平均值（0.02Ra）接近，显示氦气主要为放射性成因的壳源氦（图 6.13）。青山区块煤层内的 ^{3}He/^{4}He 值（0.017～0.025Ra）明显高于其他区块（0.005～0.013Ra），可能反映了少量地幔来源氦气的贡献。^{3}He 在地壳岩石中主要由 ^{6}Li$(n, \alpha)^3$H$(\beta)^3$He 反应

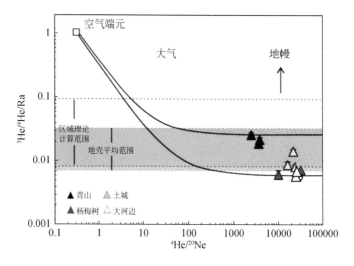

图 6.13 六盘水煤田煤层内 ^{3}He/^{4}He 与 ^{4}He/^{20}Ne 关系图

产生（Morrison and Pine，1955），因此 ^{3}He 含量主要取决于煤层中 Li 的浓度和大中子截面元素（B、Be、Nd、Gd 等）的丰度。利用六盘水煤层内 Li 浓度范围（9～105ppm）和大中子截面元素的平均浓度（Zhuang et al.，2000），煤中产生的氦气的 ^{3}He/^{4}He 理论值在 0.0084～0.093Ra 之间，涵盖了六盘水煤层气内大部分 ^{3}He/^{4}He 值。大河边和杨梅树区块内煤层气体中的 ^{3}He/^{4}He 值极低（0.005～0.007Ra），可能是由于 Li 浓度和大中子截面元素的局部变化所致。

三、氦气藏演化机理

煤层内壳源稀有气体的元素组成可以反映氦气的来源和演化。氦同位素指示煤层内不含有明显的地幔流体，因此地壳来源的放射性成因 ^{40}Ar* 和核反应成因 ^{21}Ne* 可以通过扣除大气来源的 ^{40}Ar 和 ^{21}Ne 计算得到。六盘水煤层气中计算出的 ^{4}He/^{40}Ar* 和 ^{21}Ne*/^{40}Ar* 范围较广，分别为 3.7～66 和 0.27×10^{-6}～3.0×10^{-6}（表 6.4）。同时根据煤层内的母源元素含量，估算出六盘水煤层内 ^{4}He/^{40}Ar* 和 ^{21}Ne*/^{40}Ar* 的理论生产率比值分别为 67 和 7.5×10^{-7}。图 6.14 表明土城、大河和杨梅树区块内的 ^{4}He/^{40}Ar* 值略低于理论值，但显著高于地壳平均值（4.9），而 ^{21}Ne*/^{40}Ar* 值均高于理论值，也高于地壳平均值（2.9×10^{-7}）（Ballentine and Burnard，2002）。相比而言，青山区块煤层气的 ^{4}He/^{40}Ar* 和 ^{21}Ne*/^{40}Ar* 值均低于理论值，但与地壳平均值相当。

表 6.4 六盘水煤田放射性成因和核反应成因稀有气体组成

区块	^{21}Ne*/10^{-12}	^{40}Ar*/10^{-6}	^{4}He/^{40}Ar*	^{21}Ne*/^{40}Ar*/10^{-6}	^{4}He/^{21}Ne*/10^7
青山	3.3～4.6	7.2～15.2	3.7～5.7	0.27～0.46	1.2～1.5
大河边	47～52	17.3～17.8	58～66	2.6～3.0	2.2
杨梅树	3.5～6.1	2.0～2.1	34～63	1.8～2.9	1.9～2.2
土城	12～16	5.6～7.1	48～57	2.1～2.2	2.3～2.5

注：数据来源 Chen 等（2022）。

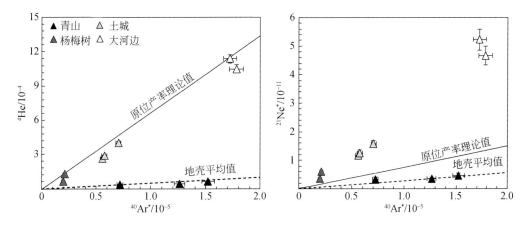

图 6.14 六盘水煤田煤层内放射性成因和核反应成因的 ^{4}He，^{21}Ne 和 ^{40}Ar* 的含量

　　除了高成熟度的青山区块，六盘水煤层中 $^{21}Ne^*/^{40}Ar^*$ 值均高于理论值，反映了煤层外源 $^{21}Ne^*$ 的加入。尽管 He 在浅层地壳中的扩散系数高于 Ne（Jähne et al.，1987），具有更高的流动性，然而煤层中的 $^4He/^{40}Ar^*$ 值均低于理论值，并不支持外源 ^4He 的补入。$^4He/^{40}Ar^*$ 和 $^{21}Ne^*/^{40}Ar^*$ 的解耦表明部分 He 优先从煤中逸出，同时青山区块内的 $^4He/^{40}Ar^*$ 和 $^{21}Ne^*/^{40}Ar^*$ 低于其他区块和理论值，表明该区块内 ^4He 和 $^{21}Ne^*$ 的丢失比例最大。盆地构造历史揭示，研究区块在煤层气生成峰期以后都经历了一定程度的隆升和剥蚀（图 6.12），煤层内的 He 主要在这个阶段丢失。其中青山区块的主要隆升和剥蚀阶段发生时间最晚，程度最大，因此青山区块内丢失了最大比例的 ^4He 和 $^{21}Ne^*$，并且没有足够的时间重新积累壳源的 ^4He 和 $^{21}Ne^*$。同时青山区块内的煤成熟度最高，前文提到，Ar 在高阶煤中存在一定的吸附性（Han et al.，2010），并且煤的吸附能力一般随着成熟度的增加而增强（Moore，2012），这解释了为什么青山区块内虽然失去了最多的 ^4He 和 $^{21}Ne^*$，但是 $^{40}Ar^*$ 浓度与其他区块相近。

第七章 氦气资源评估及勘探前景

第一节 氦气资源评价方法

氦气资源量评估主要有两种方法：成因法和体积法。

一、成因法

成因法是指富含 U、Th 等放射性元素的岩石通过 α 衰变形成的 ^{4}He 通量（Ballentine and Burnard，2002），考虑到氦气在地质体运移、聚集与散失，我们将 He 聚集系数加入其形成的通量中，He 资源量可以简单用式（7.1）～式（7.3）表示。由于成因法包含富含 U、Th 等放射性元素的岩石体积大小、岩石衰变时间、氦气聚集系数等诸多不确定因素，在计算某一个盆地或者气藏中氦气资源量时存在很大不确定性。同时，该方法不适用于幔源氦气藏或者壳幔混合型气藏。因此，在本书未采用成因法来计算天然气藏中氦气资源量。

$$He_{(Resource)} = M \times {}^4He_{(Production)} \times f \qquad (7.1)$$

式中，$He_{(Resource)}$ 为氦气资源量；M 为氦源岩质量；$^4He_{(Production)}$ 为每克氦源岩每年衰变形成的氦气量；f 为氦气聚集系数，小于 1。

$$^4He_{(Production)} = 1.207 \times 10^{-10} c(U) + 2.868 \times 10^{-11} c(Th) \qquad (7.2)$$

式中，$c(U)$ 和 $c(Th)$ 为氦源岩中铀、钍元素浓度。

$$M = S \times H \times \cos\alpha \qquad (7.3)$$

式中，S 为氦源岩覆盖的面积；H 为氦源岩的视厚度；α 为地层倾角。

二、体积法

体积法是指已知气藏的天然气探明地质储量和氦气体积百分含量，其对应的氦气地质资源量如式（7.4）所示。由于已知气藏的天然气探明地质储量已经落实，氦气体积百分含量是通过实验室专属仪器对已知气藏中氦气实测获得。这样，体积法计算的氦气资源量不仅涵盖了壳源氦气、幔源氦气、壳-幔混合型氦气，而且氦气资源量相对能更全面反映气藏现今气藏中氦气的资源量。因此，本书采用体积法计算我国不同沉积盆地不同气藏中氦气资源量，其中探明天然气地质储量为国家能源局或者油田企业截至 2021 年底探明的地质储量，天然气中氦气体积百分含量为钻井实测的天然气藏中平均氦气体积百分含量。

$$He_{(Resource)} = Q_{(gas)} \times c(He)_{gas} \qquad (7.4)$$

式中，$Q_{(gas)}$ 为气田的探明地质储量；$c(He)_{gas}$ 为气中天然气中的平均氦气含量。

第二节　我国主要含油气盆地氦气资源量

根据天然气地质储量和氦气含量数据，初步评估表明我国探明天然气中氦气探明储量为 $47.92 \times 10^8 m^3$（图 7.1），远高于 USGS 评估的我国的氦气资源量 $11 \times 10^8 m^3$。天然气中氦气资源量主要集中在中西部克拉通盆地的鄂尔多斯、四川、塔里木和柴达木盆地，也是天然气最为丰富的盆地，其天然气探明地质储量超过 $12.4 \times 10^{12} m^3$，氦气探明储量为 $40.51 \times 10^8 m^3$，占我国天然气中总氦气探明储量的 84.54%，其中鄂尔多斯盆地氦气探明储量最丰富，高达 $16.32 \times 10^8 m^3$，四川盆地次之（含页岩气），为 $12.46 \times 10^8 m^3$，塔里木盆地和柴达木盆地分别为 $6.91 \times 10^8 m^3$ 和 $4.82 \times 10^8 m^3$；松辽盆地、渤海湾盆地和苏北盆地在 $1 \times 10^8 m^3 \sim 3 \times 10^8 m^3$ 之间，其他含油气盆地（准噶尔、沁水、莺琼、珠江口）小于 $1 \times 10^8 m^3$（图 7.1）。因此，大盆地中大气田往往具有较丰富的氦气资源，如鄂尔多斯、塔里木、四川、柴达木等盆地，而小盆地小气田即使氦气含量相对较高，其氦气资源规模有限。但对于弱氦源岩区域的沉积盆地，即使发现了大气田，往往氦气资源仍然偏低，如莺琼盆地天然气探明地质储量超过 $4000 \times 10^8 m^3$，但氦气探明储量仅仅为 $0.011 \times 10^8 m^3$。

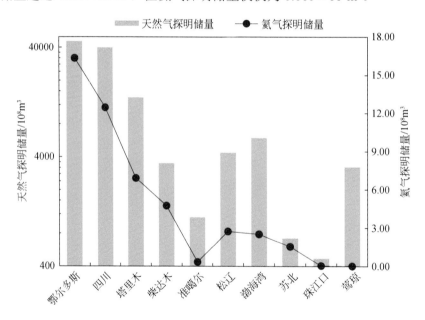

图 7.1　中国含油气盆地天然气地质储量与氦气探明储量

在我国东部受深部断裂带控制的深部流体活跃盆地中，包括松辽、渤海湾、苏北、三水、珠江口、莺琼、东海等，天然气探明地质储量为 $1.97 \times 10^{12} m^3$（三水盆地天然气开发已处于晚期，未统计储量），氦气探明储量为 $6.98 \times 10^8 m^3$。苏北盆地天然气探明储量为 $734 \times 10^8 m^3$，He 含量为 0.0096%～1.42%，He 资源规模为 $1.54 \times 10^8 m^3$；松辽和渤海湾这两个盆地天然气探明储量超过 $10000 \times 10^8 m^3$，He 含量介于 0.0007%～3.2%，氦气探明储量为 $5.26 \times 10^8 m^3$；珠江口、莺琼和东海盆地中天然气探明地质储量超过 $8000 \times 10^8 m^3$，但 He

含量仅为 0.000138%～0.0053%，氦气探明储量仅为 $0.178\times10^8m^3$。

在我国中西部稳定的克拉通盆地中，包括鄂尔多斯、四川、塔里木、柴达木、准噶尔等，天然气储量最为丰富，天然气探明地质储量为 $12.55\times10^{12}m^3$，氦气探明储量达 $40.87\times10^8m^3$。近年来，在鄂尔多斯、塔里木、柴达木盆地陆续发现多个富氦区，塔里木盆地和田河气田氦气含量为 0.30%～0.37%，氦气探明储量为 $1.97\times10^8m^3$；鄂尔多斯盆地东胜气田氦气含量为 0.074%～0.387%，氦气探明储量为 $1.96\times10^8m^3$；柴达木盆地东坪、马北、牛东、台南、涩北气田的平均氦气含量超过 0.1%，氦气探明储量共计 $4.82\times10^8m^3$。

在我国已探明的自生自储型页岩气和煤层气中，天然气储量很丰富，页岩气探明地质储量达 $1.0\times10^{12}m^3$，山西煤层气探明地质储量达 $1.06\times10^{12}m^3$，但二者氦气资源量存在很大差别，页岩气中氦气含量为 0.0201%～0.0445%，氦气探明储量为 $3.76\times10^8m^3$，而煤层气中氦气含量为 0.00052%～0.00333%，氦气探明储量为 $0.091\times10^8m^3$，我国海相页岩气中氦气探明储量明显高于煤层气。

尽管我国中西部大气田中氦气低于目前的商业开采阈值 0.1%，但氦气资源量丰富，通过 475 个天然气样品统计，He 平均含量约为 0.077%，高于卡塔尔北方-南帕斯（North-South Pars）气田目前氦气提取下限 0.04%。卡塔尔北方-南帕斯（North-South Pars）气田的天然气地质储量高达 $42.52\times10^{12}m^3$，但氦气含量仅为 0.04%，通过液化天然气尾气中提取技术，2020 年氦气产量高达 $4500\times10^4m^3$，位居全球第二。因此，氦气能否有效开发本质上取决于氦气提取工艺，考虑到大气田天然气生产和地面实施的便捷性，中西部大气田将是我国氦气资源的重要提取对象，如苏里格气田和安岳气田的氦气探明储量高达 $8.36\times10^8m^3$ 和 $3.66\times10^8m^3$，占各自盆地氦气探明储量的 51% 和 29%。"十四五"期间，我国天然气剩余可采储量达 $6.5653\times10^{12}m^3$，2025 年我国天然气产量预计达到 $2500\times10^8m^3$ 的潜力（戴金星等，2021），其中鄂尔多斯、四川、塔里木和柴达木盆地天然气总产量可达 $1800\times10^8m^3$，占全国天然气年产量的 72%，天然气中氦气探明储量高达 $1.93\times10^8m^3$。2021 年我国氦气消费量为 $2195\times10^4m^3$，按照年均增速 10% 测算，2025 年氦气需求量约 $3000\times10^4m^3$。按照目前我国投产和在建氦气产能，预计到 2025 年天然气中氦气产量有望达到 $1000\times10^4m^3$，氦气自给率达到 30% 以上。

第三节　氦气有利区带

从天然气中提取氦气是在目前提氦工艺条件下唯一经济的开采方式，因此，天然气富集区是氦气有利区带优选的重要区域。氦气有利区带优选要兼顾天然气中的氦气含量及规模。中国天然气富集区主要分布在中部和西部，中西部地区主要为克拉通盆地、前陆盆地等，主要包括鄂尔多斯盆地、塔里木盆地、四川盆地等（戴金星等，2007；李阳等，2020）。近几年，海域天然气勘探与开发取得重大突破，海域多为中新生界大陆边缘裂陷盆地，主要包括珠江口、琼东南、莺歌海、东海盆地等，天然气资源潜力非常大（娄钰等，2018；钟锴等，2019；徐长贵，2022）。根据"十三五"资源评价结果，渤海海域天然气资源规模达 $2.92\times10^{12}m^3$，且探明率仅为 18%（徐长贵，2022）。尽管海域天然气资源非常丰富，但是天然气中氦气含量普遍低于 0.01%（何家雄等，2005；戴金星等，2009；陈红汉等，2017），明显低于目前工业提氦工艺的阈值（0.05%～0.1%），不具备作为氦气有利区带的条件。

2015 年国土资源部全国油气资源动态评价结果显示，常规天然气地质资源量为 $90.3 \times 10^{12} m^3$，其中，中西部克拉通盆地天然气地质储量接近 $60 \times 10^{12} m^3$，占全国天然气地质储量的 66%左右（娄钰等，2018）。另外，鄂尔多斯盆地、塔里木盆地、四川盆地的天然气地质资源量均超过 $15 \times 10^{12} m^3$，合计占全国地质资源量的 58.1%（娄钰等，2018）。而且，这三个盆地合计探明 21 个千亿立方米级大气田，形成了苏里格、安岳、须家河、库车四个万亿立方米级气区（娄珏等，2018）。这三个盆地的天然气资源非常丰富，是目前和日后天然气勘探开发的主战场，天然气产量已连续多年位居全国前三（图 7.2），合计占全国天然气产量的 65%左右。油气勘探实践表明，这三个盆地天然气中普遍含氦，且多个气田具有富氦天然气显示。综上所述，从资源禀赋和工业化进程来讲，这三个盆地是今后氦气工业化提取的优先部署区域。

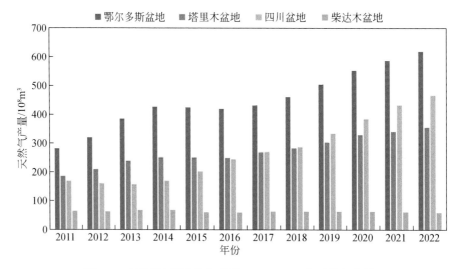

图 7.2 中西部主要含油气盆地 2011～2022 年天然气产量

鄂尔多斯盆地的天然气产区主要分布在盆地的中部和北部，包括东胜、苏里格、大牛地、神木、榆林、米脂、子洲、伊春、庆阳、黄龙气田。除了靖边气田的储层为奥陶系马家沟组碳酸盐岩，其他气田的储层均为二叠系石盒子组致密砂岩。这些气田普遍含氦气，北缘东胜气田氦气含量稍高，平均为 0.13%，中部和北部的苏里格、大牛地、靖边、庆阳等气田氦气含量普遍在 0.05%左右（Dai et al.，2017；彭威龙等，2023）。东胜气田氦气含量虽高，但天然气产量仅为 $20 \times 10^8 m^3/a$，天然气中包含的氦气资源仅为 $260 \times 10^4 m^3$。2022年，鄂尔多斯盆地的天然气产量高达 $619.2 \times 10^8 m^3$，除了东胜气田，其他气田的天然气产量合计 $599.2 \times 10^8 m^3$，以氦气含量为 0.05%进行计算，天然气中包含的氦气资源高达 $2996 \times 10^4 m^3$。如果将鄂尔多斯盆地生产的天然气全部进行提氦，天然气中包含的氦气资源（$3256 \times 10^4 m^3$）高于当年氦气消费量（$2404 \times 10^4 m^3$）。综上所述，鄂尔多斯天然气产区均可作为氦气工业提取的有利区带；但大部分天然气中氦气含量均低于 0.1%，因此，建议采取的提氦工艺为 LNG-BOG。

　　塔里木盆地的天然气产区主要分布在库车拗陷和塔北隆起。库车拗陷包括多个大中型气田，包括克拉2、迪那2、克深-大北、英买7、依南2、牙哈、羊塔克、玉东等，储集层主要为中-新生界碎屑岩，这些气田贡献了塔里木盆地相当比重的天然气产量。除了英买7和羊塔克气田外，其他气田氦气含量非常低，普遍低于0.03%（Liu et al.，2012；Wang et al.，2019），即低于工业提氦的下限。塔北隆起包括雅克拉、哈德逊、东河塘、轮南、桑塔木、吉拉克等多个气田，储集层主要为古-中生界碳酸盐岩或者碎屑岩。雅克拉气田氦气含量为0.05%～0.32%，天然气探明储量为$245.63×10^8m^3$（秦胜飞等，2005），自1992年探明后，经过20多年工业开采，天然气产量衰减显著。轮南气田氦气含量为0.0002%～0.3029%（Liu et al.，2018），天然气探明储量为$687.92×10^8m^3$，产自三叠系储层的天然气中氦气含量较高，氦气资源潜力较大。塔北隆起其他气田氦气含量低于目前LNG-BOG提氦工艺的下限（0.05%），不具备作为氦气有利区带的条件。塔西南麦盖提斜坡及周缘已发现多个油气田，包括和田河气田、阿克莫木气田、鸟山气藏、罗斯2气藏、亚松迪凝析油气田、巴什托普凝析油气田等，这些油气田中均发现了富氦天然气显示（陶小晚等，2019），和田河气田与罗斯2气藏氦气含量分别为0.32%和0.26%（陶小晚等，2019），阿克莫木气田氦气含量平均为0.11%，亚松迪和巴什托普凝析气田天然气中氦气含量分别为0.22%和0.71%（余琪祥等，2013）。综上所述，塔西南地区展现出整体富氦的潜力，是塔里木盆地氦气工业提取的有利区带；氦气含量普遍超过0.1%，因此，建议采用的提氦工艺为低温深冷法。

　　四川盆地的天然气产区在川西、川中、川东油气区均有分布（戴金星等，2021）。该盆地工业性油气层系多，常规和致密油气产层合计25个，页岩气产层2个（戴金星等，2018）。截至2019年底，四川盆地探明大气田27个，位于全国之首，包括安岳、元坝、普光、广安、涪陵、长宁、威远等（戴金星等，2021）。结合天然气地球化学特征，除了威远、通南坝、沙罐坪、檀木场、雷音铺、温泉井、双龙、黄草峡、涪陵这9个气田之外，其他气田氦气含量普遍低于0.04%（张子枢，1992；Liu et al.，2014；Ni et al.，2014；梁霄等，2016；谢增业等，2021），均低于目前工业提氦的下限。威远气田氦气含量超过0.2%（徐永昌等，1989），天然气地质储量超过$400×10^8m^3$（戴金星，2003）。自1964年发现，经过60多年开采，天然气资源日渐枯竭，现今年产氦量仅为$3×10^4$～$5×10^4m^3$。除了涪陵气田以外，其他7个气田的天然气地质储量均小于$100×10^8m^3$，尽管氦气含量相对偏高，但不具备作为氦气有利区带的资源禀赋。据聂海宽等（2023）初步评估，四川盆地及其周缘五峰组—龙马溪组页岩气中氦气探明储量超过$10×10^8m^3$。涪陵页岩气中氦气含量约为0.04%（聂海宽等，2023），地质储量超过万亿立方米，那么氦气地质储量将超过$4×10^8m^3$，可以作为氦气工业提取的有利区带，建议采用LNG-BOG进行提氦。此外，勘探实践显示，四川盆地及其周缘寒武系页岩气中氦气含量普遍高于0.1%，该层系可作为氦气有利区带优选的重点关注方向。

第四节　远景区预测

　　全球天然气勘探实践表明，煤系广泛的分布盆地或地区具备形成大型-超大型气田的物质基础，已在全球发现了诸多大型-超大型煤成气田或气区，如尤勒坦气田（世界第二大气

田，探明储量超过 $1 \times 10^{12} m^3$）、俄罗斯乌连戈伊气田（世界第三大气田，探明储量超过
$1 \times 10^{12} m^3$）、中国鄂尔多斯盆地、塔里木盆地库车拗陷、四川盆地、莺琼盆地等（戴金星
等，2021）。因此，煤系地层广泛分布的盆地或区域可作为氦气勘探的远景区。

一、鄂尔多斯盆地石炭系—二叠系煤系地层

鄂尔多斯盆地中北部产气层主要为二叠系石盒子组致密砂岩，其气源岩为本溪组、太
原组和山西组含煤地层（李剑等，2005；戴金星等，2010；杨华等，2012）。近年来，针对
山西组泥页岩层段的勘探取得了重大突破，部署在鄂尔多斯盆地东部延长-大宁-吉县区域
的 17 口直井和 13 口水平井分别获得 $2000 \sim 10000 m^3/d$ 和 $5000 \sim 60000 m^3/d$ 的工业气流。
戴金星等（2021）基于四川盆地石炭系黄龙组它源气和自源气及志留系龙马溪组页岩气关
系进行推断，鄂尔多斯盆地煤系泥页岩气资源量高达 $7 \times 10^{12} m^3$。2021 年，长庆油田针对
石炭系铝土岩的勘探获得重大突破，部署在鄂尔多斯盆地西南缘陇东地区太原组铝土岩层
系的水平井 L47 试气获得日产 $67.38 \times 10^4 m^3$ 的高产气流，初步评估铝土岩气藏勘探有利区
面积约为 $7000 km^2$，天然气资源量超过 $5000 \times 10^8 m^3$（姚泾利等，2023）。这些重大勘探突
破展现出煤系泥页岩层系及其相邻层系具有良好的天然气资源前景和开发潜力。同时，鄂
尔多斯盆地东缘石西区块山西组和太原组煤系天然气中氦气含量普遍高于 0.05%，最高值
达到 0.23%（刘超等，2021）。而且，铝土岩、煤系泥页岩、煤层均相对富集铀、钍元素，
高于地壳平均铀、钍元素浓度（2.2ppm 和 10.5ppm）（表 7.1），具备作为氦源岩的潜力，表
明煤系地层天然气可能整体展现出富氦的特征，可作为鄂尔多斯盆地氦气勘探的远景区。

表 7.1　鄂尔多斯盆地煤系地层铀钍元素浓度

类型	铀浓度/ppm	钍浓度/ppm	文献来源
石炭系本溪组铝土岩	14.45～38.41/24.47（21）	41.21～153.76/82.4（21）	刘蝶等（2022）
石炭系—二叠系泥岩	3.59～20.95/6.19（25）	5.76～43.58/21.95（25）	本次研究
石炭系—二叠系煤层	1.27～5.05/3.57（3）	3.62～18.56/11.73（3）	王杰等（2023）
地壳平均浓度	2.2	10.5	刘雨桐等（2023）

注：数据为最小值～最大值/平均值（样品数）。

二、柴达木盆地柴北拗陷下侏罗统煤系地层

柴达木盆地目前已发现东坪、牛东、南八仙、马北、尖北、尖顶山等多个气田，产气
层主要为基底花岗岩-变质岩，少量位于古近系 E_{1+2} 和 E_3^1（张晓宝等，2020），气源岩为下
侏罗统煤系地层（戴金星等，2021）。下侏罗统为沼泽相，烃源岩主要为煤层、碳质泥岩、
暗色泥页岩，厚度普遍在 $500 \sim 700 m$ 之间，最大厚度高达 2000m，呈大面积连续分布。干
酪根以 II-III 型为主，生气潜力显著。下侏罗统煤系烃源岩主要分布在柴北拗陷西部，面积
达 $2.05 \times 10^4 m^3$，据评估天然气地质资源量为 $13053.9 \times 10^8 m^3$，可采资源量达 $6892.5 \times 10^8 m^3$。
下侏罗统煤系地层的下部（基底）和上部（古近系）均发现富氦天然气，按照氦气含量从
基底到古近系逐渐降低的规律，下侏罗统煤系天然气理论上普遍富氦，氦气含量介于两者
之间，可作为柴达木盆地氦气勘探的远景区。另外，中国地质科学院在柴达木盆地东缘部

署评价井 QDC1、CHY2 井，在石炭系钻遇富氦天然气，氦气含量为 0.575%～1.034%，应给予重点关注。

三、壳–幔相互作用区与地球极端构造环境区域

除了沉积盆地油气藏外，深部俯冲带、深层火山喷发区、地热系统、基底富含铀、钍的岩石矿物的冻土层、天然气水合物等领域是潜在富氦区域，应给予关注。例如，受印度板块与欧亚板块碰撞的影响，造就了青藏高原极其罕见的构造格架和地形地貌，地形驱动地表水向下渗透，与不同深度地下水发生热对流作用，同时将深部的氦气资源，包括部分幔源成因氦，携带到地表。连通地幔的热泉中（200 多个样品）均发现了氦气，氦气含量在 0.047～17009.6μm^3/cm^3（Klemperera et al.，2022）。青海共和盆地地热发现了自生自储的氦气资源。这些区域可作为潜在的远景区。

第八章 结 语

我国氦气资源高度依赖进口，给国家安全和重大战略需求带来严峻挑战和风险。当前美国限制氦气资源出口，其他产氦国家多属于美国盟友或技术受控于美国，给我国氦气进口带来挑战。目前，世界各国最有经济效益的氦气是作为天然气伴随资源进行提取，长期以来价格低廉，全球主要产氦国为美国、卡塔尔、阿尔及利亚、俄罗斯、波兰和澳大利亚等。通过对我国沉积盆地主要天然气藏中氦气资源聚集与初步评价，展示出丰富的氦气资源前景。

1. 我国天然气中氦气资源丰富，但分布不均，大气区将是氦气提取的重要区域

初步研究与评价表明，我国天然气中氦气资源丰富，但分布不均。依据我国陆上含油气盆地中天然气地质储量和氦气含量，初步评估我国探明天然气中氦气探明储量为$47.9 \times 10^8 \mathrm{m}^3$，远高于 USGS 评估的 $11 \times 10^8 \mathrm{m}^3$ 的氦气资源量。

我国氦气资源主要分布在天然气中，大产气区也是氦气资源最高区。我国已探明天然气中氦气资源量主要分布在中西部的鄂尔多斯、四川、塔里木和柴达木盆地，其氦气探明储量为 $40.51 \times 10^8 \mathrm{m}^3$，占我国天然气中总氦气探明储量的 84.57%，其中鄂尔多斯盆地氦气探明储量最丰富，高达 $16.32 \times 10^8 \mathrm{m}^3$，其次是四川盆地次之（含页岩气），为 $12.46 \times 10^8 \mathrm{m}^3$，塔里木和柴达木盆地分别为 $6.91 \times 10^8 \mathrm{m}^3$ 和 $4.82 \times 10^8 \mathrm{m}^3$；东部的松辽、渤海湾和苏北盆地氦气探明储量介于 $1 \times 10^8 \sim 3 \times 10^8 \mathrm{m}^3$，南方海域的莺琼、珠江口等盆地氦气探明储量均小于 $1 \times 10^8 \mathrm{m}^3$。因此，我国天然气中氦气资源分布很不均一，中西部的大产气区是氦气资源最富集的区域。

2. 氦气资源富集与分布规律不清，亟待开发有效探测技术

我国氦气资源探测与示踪不仅需要突破氦气资源潜力和分布规律的基础理论难题，还亟待解决低丰度气体精准检测、数据实时传输、资源快速评价一体化的技术难题。

在氦气资源潜力与分布规律方面，氦气主要来自于地幔流体与矿物岩石中富含铀、钍、钾等的衰变。同时，氦气易扩散，其在不同岩石中赋存、吸附和扩散不同，导致氦气富集成藏与分布规律不清，制约了对氦气有利富集区的预测与识别。研究天然气在储层岩石中赋存和扩散规律的方法对氦气并不适用，传统的理论基础和实验方法面临严峻挑战。

在氦气探测与富集层段评价方面，油气与氦气的成因不同，从而导致油气富集区并非氦气的富集区，只有随钻实时检测才能完整地探测氦气在钻井不同层段的富集区。传统气体分析依靠高压钢瓶现场采样，然后在实验室处理后通过高精度色谱、质谱完成分析测试，无法满足随钻实时、动态探测。随钻测录井技术可以高效探测甲烷等传统气体富集层段，但无法满足氦气随钻测试。氦气随钻实时探测与示踪技术的实现取决于低丰度气体的精确、快速质谱检测。但在随钻过程中，复杂泥浆气体高效快速地分离和富集技术流程复杂，不同气体成分间存在信号，干扰制约了随钻氦气检测效果和实时检测效率；同时，高精度、实时、连续检测低丰度氦气的质谱关键元器件亟待实现自主研发，如长寿命电子倍增器、分子泵。

在氦气大数据自动传输与构建三维富集区方面，传统天然气勘探钻井过程中，通过测录井及随钻检测等手段已经产生大量三维地质、岩石性质等信息。虽然氦气富集层段与油气勘探目标区并非重合，但已积累的油气地质信息对构建氦气三维富集区仍有基础性作用。随钻实时检测氦气将会产生大规模三维数据体，如何将这些大数据体与实际地质体有机结合是氦气探测的关键问题，也是构建氦气三维富集区的重要途径。然而，随钻过程中大数据自动传输并与综合录井系统的互联是快速、高效、精准识别和评价氦气空间分布和三维富集区的重要手段，也是将大数据、人工智能、地质富集区评价有机融合的重要平台。

3. 加强氦气富集规律与随钻探测装备攻关势在必行

1）加强天然气中氦气富集规律攻关

虽然我国已发现天然气中氦资源丰富，但贫氦资源多，富氦资源少，氦气资源分布不均，仅依托天然气勘探来发现富氦资源越加困难。加强天然气中氦气富集和分布规律研究是指导富氦资源探测的重要途径。

2）加强氦气随钻探测动态探测及其装备攻关

已发现富氦气藏均是在油气勘探过程中偶然发现的，氦气的甜点区集中在油气分布区，而非传统油气分布区/层段氦气资源分布情况鲜有报道。加强氦气随钻动态探测与装备研发是实时准确监测钻井过程中氦气甜点层段的重要途径。

3）加强天然气与低丰度氦气一体化开采工艺研究

卡塔尔北方-南帕斯（North-South Pars）气田通过 LNG 回收技术可将氦气提取下限降低到 0.04%，而我国天然气中氦气含量大于 0.04%占 42%。因此，氦气高效开发利用本质上取决于其提取工艺。考虑到"双碳"和航天国防需求的双重驱动以及我国大气田天然气生产和地面实施的便捷性，加强天然气与低丰度氦气一体化开采和提取工艺研发是高效利用氦气资源的重要保障。

参 考 文 献

曹忠辉. 2005. 鄂尔多斯盆地大牛地复式气田基本地质特征. 西南石油学院学报,（2）: 17-21.

曹忠祥, 车燕, 李军亮, 等. 2001. 济阳坳陷花沟地区高含 He 气藏成藏分析. 石油实验地质, 23: 395-399.

常兴浩, 宋凯. 1997. 巴什托构造石炭系小海子组高氦气藏成藏机理浅析. 天然气工业,（2）: 30-32.

车燕, 姜慧超, 穆星, 等. 2001. 花沟气田气藏类型及成藏规律. 油气地质与采收率,（5）: 3, 32-34.

陈红汉, 米立军, 刘妍鹣, 等. 2017. 珠江口盆地深水区 CO2 成因、分布规律与风险带预测. 石油学报, 38: 119-134.

陈践发, 刘凯旋, 董前伟, 等. 2021. 天然气中氦资源研究现状及我国氦资源前景. 天然气地球科学, 32（10）: 1436-1449.

陈践发, 许锦, 王杰, 等. 2023. 塔里木盆地西北缘玉尔吐斯组黑色岩系沉积环境演化及其对有机质富集的控制作用. 地学前缘, 30（6）: 150-161.

陈捷, 李庚, 文德修. 2023. 贵州深部煤层气地质特征及其资源潜力. 煤炭学报,（S1）: 15.

陈全红, 李文厚, 郭艳琴, 等. 2009. 鄂尔多斯盆地早二叠世聚煤环境与成煤模式分析. 沉积学报, 27（1）: 70-76.

陈为佳. 2014. 宽裂谷的地质结构与地球动力学演化: 松南白垩纪断陷盆地群例析. 北京: 中国地质大学.

陈学敏. 1995. 贵州龙潭组煤类分布规律及其成因. 煤田地质与勘探, 23（2）: 21-24.

崔海峰, 田雷, 刘军, 等. 2016. 麦盖提斜坡东段断裂活动特征及油气意义. 石油地球物理勘探, 51（6）: 1241-1250, 1054.

戴春森, 戴金星, 宋岩, 等. 1995. 渤海湾盆地黄骅坳陷天然气中幔源氦. 南京大学学报, 31: 272-280.

戴金星. 2003. 威远气田成藏期及气源. 石油实验地质, 25（5）: 473-480.

戴金星, 戴春森, 宋岩, 等. 1994. 中国东部无机成因的二氧化碳气藏及其特征. 中国海上油气, 8: 215-222.

戴金星, 宋岩, 戴春森, 等. 1995. 中国东部无机成因气及其气藏形成条件. 北京: 科学出版社.

戴金星, 邹才能, 陶士振, 等. 2007. 中国大气田形成条件和主控因素. 天然气地球科学,（4）: 473-484.

戴金星, 胡国艺, 倪云燕, 等. 2009. 中国东部天然气分布特征. 天然气地球科学, 20（4）: 471-487.

戴金星, 倪云燕, 黄士鹏. 2010. 四川盆地黄龙组烷烃气碳同位素倒转成因的探讨. 石油学报, 31（5）: 710-717.

戴金星, 倪云燕, 秦胜飞, 等. 2018. 四川盆地超深层天然气地球化学特征. 石油勘探与开发, 45（4）: 588-597.

戴金星, 倪云燕, 刘全有, 等. 2021. 四川超级气盆地. 石油勘探与开发, 48（6）: 1081-1088.

淡永, 闫剑飞, 包书景, 等. 2023. 雪峰隆起西南缘（贵丹地 1 井）震旦—寒武系获多层系页岩气重大发现. 中国地质, 50（1）: 291-292.

邓兴梁. 2007. 裂缝对和田河气田石炭系生屑灰岩段储层的控制作用. 中国岩溶, 26（3）: 237-241.

丁巍伟, 戴金星, 陈汉林, 等. 2004. 黄骅坳陷新生代构造活动对无机成因 CO_2 气藏控制作用的研究. 高校地质学报, 10: 615-622.

董敏, 王宗秀, 董会, 等. 2017. 关中盆地花岗岩石英脉流体包裹体与氦气成藏特征研究. 西北地质, 50

（3）：222-230.

董勋伟.2023. 四川盆地重点地区稀有气体 He 的有利富集条件. 北京：中国石油大学.

窦新钊.2012. 黔西地区构造演化及其对煤层气成藏的控制. 徐州：中国矿业大学.

范立勇，单长安，李进步，等.2023. 基于磁力资料的鄂尔多斯盆地氦气分布规律. 天然气地球科学：10：
　　1780-1789.

冯晓曦，金若时，司马献章，等. 2017. 鄂尔多斯盆地东胜铀矿田铀源示踪及其地质意义. 中国地质，44
　　（5）：993-1005.

冯子辉，霍秋立，王雪.2001. 松辽盆地北部氦气成藏特征研究. 天然气工业，21（5）：27-30.

付金华.2004. 鄂尔多斯盆地上古生界天然气成藏条件及富集规律. 西安：西北大学.

付金华，魏新善，任军峰.2008. 伊陕斜坡上古生界大面积岩性气藏分布与成因. 石油勘探与开发，35（6）：
　　664-667.

高波，刘文汇，张殿伟，等.2008. 雅克拉凝析气田油气地球化学特征. 海相油气地质，13（3）：49-54.

高玉巧，刘立.2007. 含片钠铝石砂岩的基本特征及地质意义. 地质论评，53（1）：104-110.

顾延景，张保涛，李孝军，等.2022. 济阳坳陷花沟地区氦气成藏控制因素探讨——以花 501 井为例. 西北
　　地质，55（3）：257-266.

桂宝林.1999. 六盘水地区煤层气地质特征及富集高产控制因素. 石油学报，20（3）：31-37.

郭念发，尤孝忠，徐俊.1999. 苏北盆地溪桥含氦天然气田地质特征及含氦天然气勘探前景. 石油勘探与开
　　发，26：24-26.

韩强，黄太柱，耿锋，等.2019. 塔里木盆地北部雅克拉地区海相油气成藏特征与运聚过程. 石油实验地质，
　　41（5）：648-656.

韩强，耿锋，虎北辰，等.2022. 塔里木盆地中石化探区含氦气藏资源调查研究. 古地理学报，24（5）：
　　1029-1036.

韩伟，刘文进，李玉宏，等.2020. 柴达木盆地北缘稀有气体同位素特征及氦气富集主控因素. 天然气地球
　　科学，31（3）：385-392.

韩文学，陶士振，胡国艺，等. 2017. 塔西南坳陷山前带天然气地球化学特征和成因.中国矿业大学学报，
　　46（1）：121-130.

韩元红，罗厚勇，薛宇泽，等.2022. 渭河盆地地热水伴生天然气成因及氦气富集机理. 天然气地球科学，
　　33（2）：277-287.

郝蜀民，惠宽洋，李良.2006. 鄂尔多斯盆地大牛地大型低渗气田成藏特征及其勘探开发技术. 石油与天然
　　气地质，（6）：762-768.

何登发，李德生，何金有，等.2013. 塔里木盆地库车坳陷和西南坳陷油气地质特征类比及勘探启示. 石油
　　学报，34（2）：201-218.

何发岐，王付斌，张威，等.2020. 鄂尔多斯盆地北缘勘探思路转变与天然气领域重大突破. 中国石油勘探，
　　25（6）：39-49.

何发岐，王付斌，王杰，等.2022. 鄂尔多斯盆地东胜气田氦气分布规律及特大型富氦气田的发现. 石油实
　　验地质，44（1）：1-10.

何家雄，夏斌，刘宝明，等.2005a. 中国东部陆上和海域 CO2 成因及运聚规律与控制因素分析. 中国地质，
　　32：663-673.

何家雄，夏斌，王志欣，等.2005b.中国东部陆相断陷盆地及近海陆架盆地CO2成因判识与运聚规律研究.中国海上油气，（3）：153-162.

侯瑞云，刘忠群.2012.鄂尔多斯盆地大牛地气田致密低渗储层评价与开发对策.石油与天然气地质，33（1）：118-128.

胡安平，沈安江，梁峰，等.2020.激光铀铅同位素定年技术在塔里木盆地肖尔布拉克组储层孔隙演化研究中的应用.石油与天然气地质，41（1）：37-49.

黄俨然，张枝焕，王安龙，等.2012.黄桥地区深源CO_2对二叠系—三叠系油气成藏的影响.天然气地球科学，23（3）：520-524.

惠宽洋，李良.2010.大牛地致密低渗气田大型岩性圈闭综合评价技术.郑州：中国石油华北油田分公司勘探开发研究院.

霍秋立，杨步增，付丽.1998.松辽盆地北部昌德东气藏天然气成因.石油勘探与开发，25：17-19.

冀涛，杨德义.2007.沁水盆地煤层气地质条件评价.煤炭工程，10：83-86.

贾承造.2017.论非常规油气对经典石油天然气地质学理论的突破及意义.石油勘探与开发，44：1-11.

贾凌霄，马冰，王欢，等.2022.全球氢气勘探开发进展与利用现状.中国地质，49（5）：1427-1437.

金军，杨兆彪，秦勇，等.2022.贵州省煤层气开发进展、潜力及前景.煤炭学报，47（11）：4113-4126.

李博.2021.鄂尔多斯盆地伊盟隆起构造热演化史研究.西安：西北大学.

李红进，郑秋枫，陈延哲.2011.塔里木盆地喀什凹陷北缘阿克莫木背斜克孜洛依组沉积特征.科协论坛（下半月），（8）：123-124.

李洪波，王铁冠，李美俊，等.2012.塔北隆起雅克拉油气田原油成因特征.沉积学报，30（6）：1165-1171.

李剑，罗霞，单秀琴，等.2005.鄂尔多斯盆地上古生界天然气成藏特征.石油勘探与开发，32（4）：54-59.

李谨.2019.柴达木盆地三湖——里坪地区天然气地球化学特征及形成机理.荆州：长江大学.

李三忠，索艳慧，戴黎明，等.2018.渤海湾盆地形成与华北克拉通破坏.地学前缘，17（4）：64-89.

李文强，郭巍，孙守亮，等.2018.塔里木盆地巴楚—麦盖提地区古生界油气藏成藏期次.吉林大学学报（地球科学版），48（3）：640-651.

李阳，薛兆杰，程喆，等.2020.中国深层油气勘探开发进展与发展方向.中国石油勘探，25（1）：45-57.

李永刚.2017.松南气田火山岩致密储层分类及有利目标潜力评价.吉林大学学报（地球科学版），47（2）：344-354.

李有民，陈宏斌.2016.东胜铀矿床直罗组天然气显示与铀矿化关系初探.西部资源，5：1-4.

李玉宏，卢进才，李金超，等.2011.渭河盆地富氦天然气井分布特征与氦气成因.吉林大学学报（地球科学版），41（S1）：47-53.

李玉宏，王行运，韩伟.2016.陕西渭河盆地氦气资源赋存状态及其意义.地质通报，35（2-3）：372-378.

李玉宏，张文，王利，等.2017.壳源氦气成藏问题及成藏模式.西安科技大学学报，37（4）：565-572.

李玉宏，周俊林，张文，等.2018.渭河盆地氦气成藏条件及资源前景.北京：地质出版社.

李玉宏，周俊林，张宇轩，等.2023.休戚相关 同气相求——战略性稀有气体资源氦气.自然资源科普与文化，（3）：4-13.

李曰俊，宋文杰，吴根耀，等.2005.塔里木盆地中部隐伏的晋宁期花岗闪长岩和闪长岩.中国科学D辑：地球科学，（2）：97-104.

李子颖，方锡珩，陈安平，等.2009.鄂尔多斯盆地东北部砂岩型铀矿叠合成矿模式.铀矿地质，25（2）：

65-70.

梁霄, 刘树根, 夏铭, 等. 2016. 四川盆地威远构造震旦系灯影组气烟囱特征及其地质意义. 石油与天然气
地质, 37 (5): 702-712.

廖凤蓉, 吴小奇, 黄士鹏. 2012. 中国东部 CO_2 气地球化学特征及其气藏分布. 岩石学报, 28: 939-948.

刘超, 孙蓓蕾, 曾凡桂, 等. 2021. 鄂尔多斯盆地东缘石西区块含氦天然气的发现及成因初探. 煤炭学报,
46 (4): 1280-1287.

刘蝶, 张海涛, 杨小明, 等. 2022. 鄂尔多斯盆地铝土岩储集层测井评价. 新疆石油地质, 43 (3): 261-270.

刘方槐. 1992. 轻烃在盖层中的扩散研究进展及四川威远气田震旦系气藏的扩散破坏估算. 天然气地球科
学, 5: 11-16.

刘浩. 2021. 秦岭北部中生代高 U、Th 花岗岩体与渭河盆地氦气聚集区相关性分析. 地下水, 43 (5): 152-154,
167.

刘景东, 蒋有录, 张园园, 等. 2017. 东濮凹陷古近系致密砂岩气成因与充注差异. 石油学报, 38 (9):
1010-1020.

刘凯旋, 陈践发, 付娆, 等. 2022. 威远气田富氦天然气分布规律及控制因素探讨. 中国石油大学学报 (自
然科学版), 46 (4): 12-21.

刘全有, 金之钧, 王毅, 等. 2012. 鄂尔多斯盆地海相碳酸盐岩层系天然气成藏研究. 岩石学报, 28 (3):
847-858.

刘全有, 戴金星, 金之钧, 等. 2014. 松辽盆地庆深气田异常氢同位素组成成因研究. 地球化学, 43:
460-468.

刘树根, 马永生, 孙玮, 等. 2008. 四川盆地威远气田和资阳含气区震旦系油气成藏差异性研究. 地质学报,
82 (3): 328-337.

刘伟, 杨飞, 吴金才, 等. 2015. 喀什凹陷北缘阿克莫木气田气源探讨. 天然气地球科学, 26 (3): 486-494.

刘文汇, 陈孟晋, 关平, 等. 2007. 天然气成藏过程的三元地球化学示踪体系. 中国科学 D 辑: 地球科学,
37 (7): 908-915.

刘雨桐, 段堃, 张晓宝, 等. 2023. 基岩型富氦气藏形成条件——以柴达木盆地东坪气田和美国中部潘汉
德—胡果顿气田为例. 天然气地球科学, 34 (4): 618-627.

刘玉虎, 李瑞磊, 赵洪伟, 等. 2017. 深大断裂特征及其对天然气成藏的影响——以松辽盆地德惠断陷万
金塔地区为例. 天然气勘探与开发, 40 (1): 23-31.

娄钰, 潘继平, 王陆新, 等. 2018. 中国天然气资源勘探开发现状、问题及对策建议. 国际石油经济, 26
(6): 21-27.

罗胜元, 陈孝红, 刘安, 等. 2019. 中扬子宜昌地区下寒武统水井沱组页岩气地球化学特征及其成因. 石油
与天然气地质, 40 (5): 999-1010.

马新民, 刘池洋, 罗金海, 等. 2015. 基于地层形变的古构造应力场恢复及区域断裂封堵性评价方法. 地球
物理学进展, 30 (2): 524-530.

蒙炳坤, 周世新, 李靖, 等. 2021. 上扬子地区不同类型岩石生氦潜力评价及泥页岩氦气开采条件理论计
算. 矿物岩石, 41 (4): 102-113.

蒙炳坤, 李靖, 周世新, 等. 2023. 黔南坳陷震旦系—寒武系页岩解析气中氦气成因及来源. 天然气地球科
学, 34 (4): 647-655.

倪春华，包建平，周小进，等. 2015. 渤海湾盆地东濮凹陷胡古 2 井天然气地球化学特征与成因. 石油实验地质，37（6）：764-769，775.

倪春华，刘光祥，朱建辉，等. 2018. 鄂尔多斯盆地杭锦旗地区上古生界天然气成因及来源. 石油实验地质，40（2）：193-199.

倪强. 2021. 喀什凹陷北缘构造特征及其对油气成藏的控制. 北京：中国石油大学.

聂海宽，刘全有，党伟，等. 2023. 页岩型氦气富集机理与资源潜力——以四川盆地五峰组—龙马溪组为例. 中国科学:地球科学，53（6）：1285-1294.

宁飞，云金表，李建交，等. 2021. 塔里木盆地巴楚隆起西南缘构造特征与勘探前景. 石油与天然气地质，42（2）：299-308.

彭威龙，胡国艺，黄士鹏，等. 2017. 天然气地球化学特征及成因分析——以鄂尔多斯盆地东胜气田为例. 中国矿业大学学报，46（1）：74-84.

彭威龙，刘全有，张英，等. 2022. 中国首个特大致密砂岩型（烃类）富氦气田——鄂尔多斯盆地东胜气田特征. 中国科学：地球科学，52（6）：1078-1085.

彭威龙，林会喜，刘全有，等. 2023. 塔里木盆地氦气地球化学特征及有利勘探区. 天然气地球科学，34（4）：576-586.

秦胜飞，李济远. 2021. 世界氦气供需现状及发展趋势. 石油知识，（5）：44-45.

秦胜飞，李先奇，肖中尧，等. 2005. 塔里木盆地天然气地球化学及成因与分布特征. 石油勘探与开发，（4）：70-78.

秦胜飞，邹才能，戴金星，等. 2006. 塔里木盆地和田河气田水溶气成藏过程. 石油勘探与开发，33（3）：280-288.

秦胜飞，李济远，梁传国，等. 2022. 中国中西部富氦气藏氦气富集机理——古老地层水脱氦富集. 天然气地球科学，33（8）：1203-1217.

任启强，金强，冯振东，等. 2020. 和田河气田奥陶系碳酸盐岩储层关键期构造裂缝预测. 中国石油大学学报（自然科学版），44（6）：1-13.

任战利，张盛，高胜利，等. 2006. 伊盟隆起东胜地区热演化史与多种能源矿产的关系. 石油与天然气地质，27（2）：187-193.

任战利，于强，崔军平，等. 2017. 鄂尔多斯盆地热演化史及其对油气的控制作用. 地学前缘，24(3)：137-148.

沈安江，胡安平，程婷，等. 2019. 激光原位 U-Pb 同位素定年技术及其在碳酸盐岩成岩-孔隙演化中的应用. 石油勘探与开发，46（6）：1062-1074.

石石，常志强，徐艳梅，等. 2012. 塔西南阿克莫木气田白垩系克孜勒苏群砂岩储层特征及其控制因素. 石油与天然气地质，33（4）：506-510，535.

史制强，陈滇宝，华静，等. 2002. C_{60}/C_{70} 及其衍生物（$C_{60}Cl_n/C_{70}Cl_n$）在丁二烯阴离子聚合中的偶联作用. 高分子学报，（3）:398-401.

宋到福，王铁冠，李美俊，等. 2015. 和田河气田凝析油油源及油气成因关系判识. 中国科学:地球科学，45（7）：941-952.

唐金荣，张宇轩，周俊林，等. 2023. 全球氦气产业链分析与中国应对策略. 地质通报，42（1）：1-13.

陶斤金，黄纪勇，马涛，等. 2019. 贵州省煤层气资源利用现状分析及发展建议. 化工管理，22：88-89.

陶明信，沈平，徐永昌，等. 1997. 苏北盆地幔源氦气藏的特征与形成条件. 天然气地球科学，8（3）：1-8.

陶小晚，李建忠，赵力彬，等.2019. 我国氦气资源现状及首个特大型富氦储量的发现：和田河气田. 地球科学，44（3）：1024-1041.

田刚，杨明慧，宋立军，等.2023.鄂尔多斯盆地基底结构特征及演化过程新认识.地球科学，1：123-139.

田蜜，施炜，李建华，等.2010.江汉盆地西北部断陷带构造变形分析与古应力场演化序列. 地质学报，84（2）：159-170.

汪泽成，赵文智，胡素云，等. 2017. 克拉通盆地构造分异对大油气田形成的控制作用——以四川盆地震旦系—三叠系为例. 天然气工业，37（1）：9-23.

王超，刘良，车自成，等. 2009. 塔里木南缘铁克里克构造带东段前寒武纪地层时代的新限定和新元古代地壳再造:锆石定年和 Hf 同位素的约束.地质学报，83（11）：1647-1656.

王江，张宏，林东成.2002.海拉尔盆地乌尔逊含氦 CO_2 气藏勘探前景. 天然气工业，22（4）：109-111.

王杰，贾会冲，陶成，等. 2023. 鄂尔多斯盆地杭锦旗地区东胜气田氦气成因来源及富集规律. 天然气地球科学，34（4）：566-575.

王明健，何登发，包洪平，等.2011.鄂尔多斯盆地伊盟隆起上古生界天然气成藏条件. 石油勘探与开发，38（1）：30-39.

王佩业，宋涛，真允庆，等.2011.四川威远气田：幔壳混源成因的典型范例. 地质找矿论丛，26（1）：63-73.

王淑玉，刘海燕，董虎，等.2011.东濮凹陷桥口—白庙地区天然气分布与成因探讨. 断块油气田，18（2）：207-211.

王宇坤.2019.和田河地区碳酸盐岩储层裂缝有效性评价. 华东：中国石油大学.

王招明，王清华，王媛.2000.塔里木盆地和田河气田成藏条件及控制因素. 海相油气地质，2000（增1）：124-132.

王招明，赵孟军，张水昌，等. 2005. 塔里木盆地西部阿克莫木气田形成初探.地质科学，（2）：237-247.

魏国齐，谢增业，宋家荣，等.2015.四川盆地川中古隆起震旦系—寒武系天然气特征及成因. 石油勘探与开发，42（6）：702-711.

邬光辉，朱海燕，张立平，等.2011.和田河气田奥陶系碳酸盐岩气藏类型再认识及其意义.天然气工业，31（7）：5-10，101，102.

夏辉，王龙，张道锋，等.2022.鄂尔多斯盆地庆阳气田二叠系山西组1段层序结构与沉积演化及其控制因素. 石油与天然气地质，43（6）：1397-1412.

谢会文，陈新伟，朱民，等. 2017. 塔里木盆地玛扎塔格断裂带变形特征、演化及对深层油气成藏的控制. 地球科学，42（9）：1578-1589.

谢增业，魏国齐，李剑，等. 2021. 四川盆地川中隆起带震旦系—二叠系天然气地球化学特征及成藏模式. 中国石油勘探，26（6）：50-67.

徐长贵.2022.中国近海油气勘探新进展与勘探突破方向. 中国海上油气，34（1）：9-16.

徐永昌.1996.天然气中的幔源稀有气体.地学前缘，3（3）：63-71.

徐永昌，沈平，李玉成.1989.中国最古老的气藏——四川威远震旦纪气藏.沉积学报，（4）：3-13.

徐永昌，沈平，陶明信，等.1990.幔源氦的工业储聚和郯庐大断裂带. 科学通报，35（12）：932-935.

徐永昌，沈平，陶明信，等. 1996. 东部油气区天然气中幔源挥发分的地球化学——I. 氦资源的新类型：沉积壳层幔源氦的工业储集. 中国科学D辑：地球科学，26（1）：1-8.

徐永昌，沈平，刘文汇，等. 1998. 天然气中稀有气体地球化学. 北京：科学出版社.

徐占杰，刘钦甫，郑启明，等.2016. 沁水盆地北部太原组煤层气碳同位素特征及成因探讨. 煤炭学报，41（6）：1467-1475.

许光，李玉宏，王宗起，等.2023. 我国氦气资源调查评价进展.地质学报，97（5）：1711-1716.

许文良，王冬艳，王清海，等.2004. 华北地块中东部中生代侵入杂岩中角闪石和黑云母的 $^{40}Ar/^{39}Ar$ 定年：对岩石圈减薄时间的制约. 地球化学，33（3）：221-231.

杨方之，王金渝，潘庆斌.1991. 苏北黄桥地区上第三系富氦天然气成因探讨. 石油与天然气地质，12：340-345.

杨华，刘新社.2014. 鄂尔多斯盆地古生界煤成气勘探进展.石油勘探与开发，41（2）：129-137.

杨华，席胜利，魏新善，等.2006. 鄂尔多斯多旋回叠合盆地演化与天然气富集. 中国石油勘探，（1）：17-24.

杨华，付金华，刘新社，等.2012. 鄂尔多斯盆地上古生界致密气成藏条件与勘探开发. 石油勘探与开发，39（3）：295-303.

杨明慧，刘池洋，曾鹏，等.2012. 华北克拉通晚三叠世沉积盆地原型与破坏早期构造变形格局. 地质论评，58（1）：1-18.

杨威，王清华，刘效曾，等.2001. 和田河气田碳酸盐岩岩心裂缝分维数及与物性的关系. 石油勘探与开发，28（3）：46-48.

杨伟利，王毅，王传刚，等.2010. 鄂尔多斯盆地多种能源矿产分布特征与协同勘探. 地质学报，84（4）：579-586.

杨振宁，李永红，刘文进，等.2018. 柴达木盆地北缘全吉山地区氦气形成地质条件及资源远景分析. 中国煤炭地质，30（6）：64-70.

杨智，何生，邹才能，等.2010. 鄂尔多斯盆地北部大牛地气田成岩成藏耦合关系.石油学报.31（3）：373-378，385.

姚泾利，石小虎，杨伟伟，等.2023. 鄂尔多斯盆地陇东地区二叠系太原组铝土岩系储层特征及勘探意义. 沉积学报，5：1583-1597.

易同生，高为.2018. 六盘水煤田上二叠统煤系气成藏特征及共探共采方向. 煤炭学报，43（6）：1553-1564.

尤兵，陈践发，肖洪，等.2023. 壳源富氦天然气藏成藏模式及关键条件. 天然气地球科学，34（4）：672-683.

余琪祥，史政，王登高，等.2013. 塔里木盆地西北部氦气富集特征与成藏条件分析. 西北地质，46（4）：215-222.

曾勇，范炳恒，刘洪林，等.1999. 晋东南山西组主煤层热演化生烃史及热源分析. 地质科学，34（1）：90-98.

张春朋.2017. 黔西六盘水煤田煤层气资源特征与有利区优选. 徐州：中国矿业大学.

张更信，苗爱生，李文辉，等.2016. 泊尔江海子断裂带在砂岩型铀矿成矿中的作用. 东华理工大学学报（自然科学版），39（1）：15-22.

张健，张海华，贺君玲，等.2023. 东北地区氦气成藏条件与资源前景分析.西北地质，56（1）：117-128.

张君峰，王东良，王招明，等.2005. 喀什凹陷阿克莫木气田天然气成藏地球化学.天然气地球科学，（4）：507-513.

张丽萍，巨永林.2022. 天然气及液化天然气蒸发气提氦技术研究进展.天然气化工（C1 化学与化工），47（5）：32-41.

张明升，张金功，张建坤，等.2014. 氦气成藏研究进展. 地下水，36（3）：189-191.

张乔，周俊林，李玉宏，等.2022. 渭河盆地南缘花岗岩中生氦元素（U、Th）赋存状态及制约因素研究——以华山复式岩体为例.西北地质,55(3):241-256.

张威,杨明慧,李春堂,等.2023.鄂尔多斯盆地大牛地区块板内走滑断裂构造特征及演化.地球科学,48(6):2267-2280.

张文.2019.关中和柴北缘地区战略性氦气资源成藏机理研究.徐州:中国矿业大学.

张文,李玉宏,王利,等.2018.渭河盆地氦气成藏条件分析及资源量预测.天然气地球科学,29(2):236-244.

张晓宝,周飞,曹占元,等.2020.柴达木盆地东坪氦工业气田发现及氦气来源和勘探前景.天然气地球科学,31(11):1585-1592.

张雪,刘建朝,李荣西,等.2018.中国富氦天然气资源研究现状与进展.地质通报,37(2-3):476-486.

张宇轩,吕鹏瑞,牛亚卓,等.2022.全球氦气资源成藏背景、地质特征与产能格局初探.西北地质,55(4):11-32.

张雨祥,李永洲,陈沭.2023.煤层气成因与资源分布.石油知识,4(7):6-7.

张岳桥,施炜,廖昌珍,等.2006.鄂尔多斯盆地周边断裂运动学分析与晚中生代构造应力体制转换.地质学报,80(5):639-647.

张云鹏,李玉宏,卢进才,等.2016.柴达木盆地北缘富氦天然气的发现——兼议成藏地质条件.地质通报,35(2-3):364-371.

张哲,王春燕,王秋晨,等.2022.浅谈中国氦气供应链技术壁垒与发展方向.油气与新能源,34(2):14-19.

张志芹,韩坤帅,夏伟强.2015.浅析氦气的成藏模式.地下水,37(5):259-262.

张子枢.1992.四川盆地天然气中的氦.天然气地球科学,3(4):1-8.

赵栋,王晓锋,刘文汇,等.2023.孔隙水中氦气溶解与脱溶量估算方法及其地质意义.天然气工业,43(2):155-164.

赵斐宇,姜素华,李三忠,等.2017.中国东部无机CO_2气藏与(古)太平洋板块俯冲关联.地学前缘,24:370-384.

赵欢欢,梁慨慷,魏志福,等.2023.松辽盆地富氦气藏差异性富集规律及有利区预测.天然气地球科学,34(4):628-646.

赵荟鑫,张雁,李超良.2012.全球氦气供应和价格体系分析.化学推进剂与高分子材料,10(6):91-96.

赵孟军.2002.塔里木盆地和田河气田天然气的特殊来源及非烃组分的成因.地质论评,48(5):480-486.

赵孟军,潘文庆,张水昌,等.2004.成藏过程对天然气地球化学特征的控制作用.沉积学报,(4):683-688.

赵永强,倪春华,吴小奇,等.2022.鄂尔多斯盆地杭锦旗地区二叠系地层水地球化学特征和来源.石油实验地质,44(2):279-287.

郑建军.2013.贵州晚二叠世低硫煤沉积环境及聚煤规律.中国煤炭地质,25(6):16-19.

郑伟.2013.松南气田营城组火山岩气藏描述.大庆:东北石油大学.

钟锴,朱伟林,薛永安,等.2019.渤海海域盆地石油地质条件与大中型油气田分布特征.石油与天然气地质,40(1):92-100.

钟鑫.2017.松辽盆地北部氦气分布特征及控制因素.地质调查与研究,40(4):300-305.

周秦,田辉,王艳飞,等.2015.川中古隆起下寒武统烃源岩生烃演化特征.天然气地球科学,26(10):1883-1892.

周新源,杨海军,李勇,等.2006.塔里木盆地和田河气田的勘探与发现.海相油气地质,11(3):55-62.

朱昌海.2022.我国煤层气产业已进入商业开发拐点.中国石油企业,8:62.

朱日祥，徐义刚. 2019. 西太平洋板块俯冲与华北克拉通破坏. 中国科学：地球科学，49（9）：1346-1356.

Abrajano T A，Sturchio N C，Bohlke J K，et al. 1988. Methane-hydrogen gas seeps，Zambales Ophiolite，Philippines：Deep or shallow origin? Chemical Physics，71：211-221.

Abrosimov V K，Lebedeva E Yu. 2013. Solubility and thermodynamics of dissolution of helium in water at gas partial pressures of 0.1-100 MPa within a temperature range of 278-353 K. Russian Journal of Inorganic Chemistry，58（7）：808-812.

Ajayi M，Ayers J C. 2021. CH_4 and CO_2 diffuse gas emissions before，during and after a steamboat geyser eruption. Journal of Volcanology and Geothermal Research，414：107233.

Allègre C J，Staudacher T，Sarda P. 1987. Rare gas systematics：Formation of the atmosphere，evolution and structure of the Earth's mantle. Earth and Planetary Science Letters，81（2）：127-150.

Anderson S T. 2018. Economics，helium，and the U.S. Federal helium reserve：Summary and outlook. Natural Resources Research，27：455-477.

Bähr R，Lippolt H J，Wernicke R S. 1994. Temperature-induced 4He degassing of specularite and botryoidal hematite：A 4He retentivity study. Journal of Geophysical Research-Solid Earth，99：17695-17707.

Baker J C，Bai G P，Hamilton P J，et al. 1995. Continental-scale magmatic carbon dioxide seepage recorded by dawsonite in the Bowen-Gunnedah-Sydney Basin system，Eastern Australia. Journal of Sedimentary Research，65A：522-530.

Ballentine C J，O'Nions R K. 1992. The nature of mantle neon contributions to Vienna Basin hydrocarbon reservoirs. Earth and Planetary Science Letters，113：553-567.

Ballentine C J，Burnard P G. 2002. Production，Release and transport of noble gases in the continental crust. Reviews in Mineralogy and Geochemistry，47：481-538.

Ballentine C J，Sherwood L B. 2002. Regional groundwater focusing of nitrogen and noble gases into the Hugoton-Panhandle giant gas field，USA. Geochim Cosmochim Acta，66（14）：2483-2497.

Ballentine C J，O'Nions R K，Oxburgh E R，et al. 1991. Rare gas constraints on hydrocarbon accumulation，crustal degassing and groundwater flow in the Pannonian basin. Earth and Planetary Science Letters，105：229-246.

Ballentine C J，Schoell M，Coleman D，et al. 2001. 300-Myr-old magmatic CO_2 in natural gas reservoirs of the west Texas Permian basin. Nature，409（6818）：327-331.

Ballentine C J，Burgess R，Marty B. 2002. Tracing fluid origin，transport and interaction in the crust. Reviews in Mineralogy and Geochemistry 47：539-614.

Battani A，Sarda P，Prinzhofer A. 2000. Basin scale natural gas source，migration and trapping traced by noble gases and major elements：The Pakistan Indus basin. Earth and Planetary Science Letters，181（1-2）：229-249.

Bebout G E，Fogel M L. 1992. Nitrogen-isotope compositions of metasedimentary rocks in the Catalina Schist，California：Implications for metamorphic devolatilization history. Geochimica et Cosmochimica Acta，56（7）：2839-2849.

Becker T P，Lynds R. 2012. A geologic deconstruction of one of the world's largest natural accumulations of CO_2，Moxa arch，southwestern Wyoming. AAPG Bull，96（6）：1643-1664.

Bergfeld D，Hunt A G，Shanks W，et al. 2014. Gas and isotope chemistry of thermal features in Yellowstone

National Park，Wyoming. Menlo Park：Scientific Investigations Report：2011-5012.

Boyce J W，Hodges K V，Olszewski W J，et al. 2005. He diffusion in monazite：Implications for（U-Th）/He thermochronometry. Geochem Geophy Geosy，6：Q12004.

Broadhead R F. 2005. Helium in New Mexico-geologic distribution，resource demand，and exploration possibilities. New Mexico Geology，27（4）：93-100.

Brown A. 2010. PS Formation of high helium gases：A Guide for Explorationists. New Orleans：AAPG Annual Convention.

Brown A. 2019. Origin of helium and nitrogen in the Panhandle-Hugoton field of Texas，Oklahoma，and Kansas，United States. AAPG Bull，103（2）：369-403.

Caffee M W，Hudson G B，Velsko C，et al. 1999. Primordial noble gases from Earth's mantle：Identification of a primitive volatile component. Science，285（5436）：2115-2118.

Cai C，Hu W，Worden R H. 2001. Thermochemical sulphate reduction in Cambro-Ordovician carbonates in Central Tarim. Marine and Petroleum Geology，18（6）：729-741.

Cai C，Xie Z，Worden R H，et al.2004. Methane-dominated thermochemical sulphate reduction in the Triassic Feixianguan Formation East Sichuan Basin，China：Towards prediction of fatal H$_2$S concentrations. Marine and Petroleum Geology，21（10）：1265-1279.

Cai C，Zhang C，He H，et al. 2013. Carbon isotope fractionation during methane-dominated TSR in East Sichuan Basin gasfields，China：A review. Marine and Petroleum Geology，48：100-110.

Cai Y，Liu D，Yao Y，et al. 2011. Geological controls on prediction of coalbed methane of No. 3 coal seam in Southern Qinshui Basin，North China. International Journal of Coal Geology，88（2-3）：101-112.

Cai Z，Clarke R H，Glowacki B A，et al. 2010. Ongoing ascent to the helium production plateau—Insights from system dynamics. Resources Policy，35：77-89.

Cai Z，Clarke R H，Nuttall W J. 2012. Helium demand—Applications，prices and substitution//Nuttall W J，Clarke R H，Glowacki B A. The Future of Helium as a Natural Resource. London：Routledge.

Cao C，Zhang M，Tang Q，et al. 2018. Noble gas isotopic variations and geological implication of Longmaxi shale gas in Sichuan Basin，China. Marine and Petroleum Geology，89：38-46.

Cao X，Li S，Xu L，et al. 2015. Mesozoic-Cenozoic evolution and mechanism of tectonic geomorphology in the central North China Block：Constraint from apatite fission track thermochronology. Journal of Asian Earth Sciences，114：41-53.

Capaccioni B，Taran Y，Tassi F，et al. 2004. Source conditions and degradation processes of light hydrocarbons in volcanic gases：An example from El Chichón volcano（Chiapas State，Mexico）. Chemical Geology，206（1-2）：81-96.

Castro M C，Jambon A，Marsily G，et al. 1998. Noble gases as natural tracers of water circulation in the Paris Basin：1. Measurements and discussion of their origin and mechanisms of vertical transport in the basin. Water Resources Research，34（10）：2443-2466.

Chen B. 2021. Evolution of coalbed methane：Insights from stable and noble gas isotopes. Glasgow：University of Glasgow.

Chen B，Stuart F M，Xu S，et al. 2019a. Evolution of coal-bed methane in Southeast Qinshui Basin，China：

Insights from stable and noble gas isotopes. Chemical Geology，529：119298.

Chen B，Stuart F M，Xu S，et al. 2022. The effect of Cenozoic basin inversion on coal-bed methane in Liupanshui Coalfield，Southern China. International Journal of Coal Geology，250：103910.

Chen C，Qin S，Wang Y，et al. 2022. High temperature methane emissions from Large Igneous Provinces as contributors to late Permian mass extinctions. Nature Communications，13（1）：1-11.

Chen F，Jin Q，Lin H，et al. 2008. Dissolution fractionation model of natural gas components and its application. Geological Journal of China Universities，14：120-125.

Chen S，Tang D，Tao S，et al. 2019b. Current status and key factors for coalbed methane development with multibranched horizontal wells in the southern Qinshui basin of China. Energy Science and Engineering，7（5）：1572-1587.

Cheng A，Sherwood L B，Gluyas J G，et al. 2023. Primary N_2-He gas field formation in intracratonic sedimentary basins. Nature，615：94-99.

Cherniak D J，Watson E B，Thomas J B. 2009. Diffusion of helium in zircon and apatite. Chemical Geology，268：155-166.

Civan F. 2010. Effective correlation of apparent gas permeability in tight porous media. Transport Porous Med，82：375-384.

Crovetto R，Fernández-Prini R，Japas M L. 1982. Solubilities of inert gases and methane in H_2O and in D_2O in the temperature range of 300 to 600 K. The Journal of Chemical Physics，76（2）：1077-1086.

Dai H K，Zheng J P，O'Reilly S Y，et al. 2019. Langshan basalts record recycled Paleo-Asian oceanic materials beneath the northwest North China Craton. Chemical Geology，534：88-103.

Dai J X，Song Y，Dai C S，et al. 1996. Geochemistry and accumulation of carbon dioxide gases in China. AAPG Bull，80：1615-1626.

Dai J X，Hu G Y，Ni Y Y，et al. 2009a. Natural gas accumulation in eastern China. Energ explor exploit，27：225-259.

Dai J. 2003. Pool-forming periods and gas sources of Weiyuan gasfield. Petroleum Geology and Experiment，25：473-480.

Dai J. 2016. Giant Coal-Derived Gas Fields and Their Gas Sources in China. New York：Academic Press.

Dai J，Li J，Luo X，et al. 2005a. Stable carbon isotope compositions and source rock geochemistry of the giant gas accumulations in the Ordos Basin，China. Organic Geochemistry，36（12）：1617-1635.

Dai J，Yang S，Chen H，et al. 2005b. Geochemistry and occurrence of inorganic gas accumulations in Chinese sedimentary basins. Organic Geochemistry，36：1664-1688.

Dai J，Zou C，Qin S，et al. 2008. Geology of giant gas fields in China. Marine and Petroleum Geology，25（4-5）：320-334.

Dai J，Zou C，Li J，et al. 2009b. Carbon isotopes of Middle Lower Jurassic coal-derived alkane gases from the major basins of northwestern China. International Journal of Coal Geology，80：124-134.

Dai J，Ni Y，Qin S，et al. 2017. Geochemical characteristics of he and CO_2 from the Ordos（cratonic） and Bohai Bay（rift）basins in china. Chemical Geology，469：192-213.

Dai S F，Jiang Y，Ward C R，et al. 2012. Mineralogical and geochemical compositions of the coal in the

Guanbanwusu Mine，Inner Mongolia，China：Further evidence for the existence of an Al（Ga and REE）ore deposit in the Jungar Coalfield. International Journal of Coal Geology，98:10-40.

D'Alessandro W，Yüce G，Italiano F，et al. 2018. Large compositional differences in the gases released from the Kizildag ophiolitic body（Turkey）：Evidences of prevailingly abiogenic origin. Marine and Petroleum Geology，89：174-184.

Danabalan D. 2017. Helium：Exploration Methodology for a Strategic Resource. Durham：Durham University.

Danabalan D，Gluyas J G，Macpherson C G，et al. 2022. The principles of helium exploration. Petrol Geosci，28：2021-2029.

Dodson M H. 1973. Closure temperature in cooling geochronological and petrological systems. Contributions to Mineralogy and Petrology，40（3）：259-274.

Dong X，Oganov A R，Goncharov A F，et al. 2017. A stable compound of helium and sodium at high pressure. Nature Chemistry，9（5）：440-445.

Dubacq B，Bickle M J，Wigley M，et al. 2012. Noble gas and carbon isotopic evidence for CO_2-driven silicate dissolution in a recent natural CO_2 field. Earth and Planetary Science Letters，341-344：10-19.

Dunai T L，Roselieb K. 1996. Sorption and diffusion of helium in garnet：Implications for volatile tracing and dating. Earth and Planetary Science Letters，3-4：411-421.

Elliot T，Ballentine C J，O'Nions R K，et al. 1993. Carbon，helium，neon and argon isotopes in a Po basin（northern Italy）natural gas field. Chemical Geology，106（3-4）：429-440.

Etiope G，Tsikouras B，Kordella S，et al. 2013. Methane flux and origin in the Othrys ophiolite hyperalkaline springs，Greece. Chemical Geology，347：161-174.

Etiope G，Samardžić N，Grassa F，et al. 2017. Methane and hydrogen in hyperalkaline groundwaters of the serpentinized Dinaride ophiolite belt，Bosnia and Herzegovina. Applied Geochemistry，84：286-296.

Farley K A. 2000. Helium diffusion from apatite：General behavior as illustrated by Durango fluorapatite. Journal of Geophysical Research-Solid Earth，105：2903-2914.

Farley K A. 2002.（U-Th）/He dating：Techniques，calibrations，and applications. Rev Mineral Geochem，47：819-844.

Feng Z Q. 2008. Volcanic rocks as prolific gas reservoir：A case study from the Qingshen gas field in the Songliao Basin，NE China. Marine and Petroleum Geology，25：416-432.

Fu H，Yan D，Yang S，et al. 2021. A study of the gas-water characteristics and their implications for the coalbed methane accumulation modes in the Southern Junggar basin，China. AAPG Bulletin，105（1）：189-221.

Fu X，Wang Z，Lu S. 1996. Mechanisms and solubility equations of gas dissolving in water. Science in China Series B-Chemistry，39（5）：500-508.

Gao Y，Liu L，Hu W. 2009. Petrology and isotopic geochemistry of dawsonite-bearing sandstones in Hailaer basin，northeastern China. Applied Geochemistry，24（9）：1724-1738.

Giggenbach W，Sano Y，Wakita H. 1993. Isotopic composition of helium，and CO_2 and CH_4 contents in gases produced along the New Zealand part of a convergent plate boundary. Geochimica et Cosmochimica Acta，57：3427-3455.

Gilfillan S M V，Ballentine C J，Holland G，et al. 2008. The noble gas geochemistry of natural CO_2 gas reservoirs from the Colorado Plateau and Rocky Mountain provinces，USA. Geochimica et Cosmochimica Acta，72（4）：1174-1198.

Gold T，Held M. 1987. Helium-nitrogen-methane systematics in natural gases of Texas and Kansas. Journal of Petroleum Geology，10，415-424.

Guélard J，Beaumont V，Rouchon V，et al. 2017. Natural H_2 in Kansas：Deep or shallow origin? Geochemistry，Geophysics，Geosystems，18（5）：1841-1865.

Györe D，McKavney R，Gilfillan S M V，et al. 2018. Fingerprinting coal-derived gases from the UK. Chemical Geology，480：75-85.

Halford D T，Karolytė R，Barry P H，et al. 2022. High helium reservoirs in the Four Corners area of the Colorado Plateau，USA. Chemical Geology，596：120790.

Han F，Busch A，Krooss B M，et al. 2010. Experimental study on fluid transport processes in the Cleat and Matrix Systems of coal. Energy and Fuels，24（12）：6653-6661.

Hand E. 2016. Massive helium fields found in rift zone of Tanzania. Science，353（6295）：109-110.

Hildenbrand A，Ghanizadeh A，Krooss B M. 2012. Transport properties of unconventional gas systems. Marine and Petroleum Geology，31（1）：90-99.

Hiyagon H，Kennedy B M. 1992. Noble gases in CH_4-rich gas fields，Alberta，Canada. Geochimica et Cosmochimica Acta，56（4）：1569-1589.

Honma H，Itihara Y. 1981. Distribution of ammonium in minerals of metamorphic and granitic rocks. Geochimica et Cosmochimica Acta，45（6）：983-988.

Hosgormez H. 2007. Origin of the natural gas seep of Cirali（Chimera），turkey：Site of the first Olympic fire. Journal of Asian Earth Sciences，30：131-141.

Hu A P，Dai J X，Yang C，et al. 2009. Geochemical characteristics and distribution of CO_2 gas fields in Bohai Bay Basin. Petroleum Exploration and Development，36：181-189.

Hu S B，Xiong L P，Wang J Y，et al. 1992. The first group of heat flow data from Jiangxi Province. Chinese Science Bulletin，19：1791-1793.

Hu S J，He L J，Wang J Y. 2000. Heat flow in the continental area of China：A new data set. Earth and Planetary Science Letters，179：407-419.

Huang B J，Xiao X M，Zhu W L. 2004. Geochemistry，origin，and accumulation of CO_2 in natural gases of the Yinggehai Basin，offshore South China Sea. American Association of Petroleum Geologists Bulletin，88：1277-1293.

Huang B J，Tian H，Huang H，et al. 2015. Origin and accumulation of CO_2 and its natural displacement of oils in the continental margin basins，northern South China Sea. American Association of Petroleum Geologists Bulletin，99：1349-1369.

Hutcheon I. 1999. Controls on the distribution of non-hydrocarbon gases in the Alberta Basin. Bulletin Canadian Petroleum Geology，47：573-593.

Jackson M G，Konter J G，Becker T W. 2017. Primordial helium entrained by the hottest mantle plumes. Nature，542：340-346.

Jähne B，Heinz G，Dietrich W. 1987. Measurement of the diffusion coefficients of sparingly soluble gases in water. Journal of Geophysical Research: Oceans, 92 (C10): 10767-10776.

Jenden P D, Kaplan I R. 1989. Origin of natural-gas in Sacramento Basin, California. American Association of Petroleum Geologists Bulletin, 73: 431-453.

Jenden P D, Kaplan I R, Poreda R J, et al. 1988. Origin of nitrogen-rich gases in the Californian Great Valley: Evidence from helium, carbon and nitrogen isotope ratios. Geochim Cosmochim Acta, 52: 851-861.

Jenden P D, Hilton D R, Kaplan I R, et al. 1993. Abiogenic hydrocarbons and mantle helium in oil and gas fields. Howell D G. The Future of Energy Gases. U.S. Geological Survey Professional Paper, 1570: 31-56.

Ju W, Yang Z, Shen Y, et al. 2021. Mechanism of pore pressure variation in multiple coal reservoirs, western Guizhou region, South China. Frontiers of Earth Science, (4): 770-789.

Kawagucci S, Miyazaki J, Noguchi T, et al. 2016. Fluid chemistry in the Solitaire and Dodo hydrothermal fields of the Central Indian Ridge. Geofluids, 16 (5): 988-1005.

Kennedy B M, Soest M C V. 2007. Flow of mantle fluids through the ductile lower crust: Helium isotope trends. Science, 318: 1433-1436.

Kennedy B M, van Soest M C. 2006. A helium isotope perspective on the Dixie Valley, Nevada, hydrothermal system. Geothermics, 35 (1): 26-43.

Kinnon E C P, Golding S D, Boreham C J, et al. 2010. Stable isotope and water quality analysis of coal bed methane production waters and gases from the Bowen Basin, Australia. International Journal of Coal Geology, 82 (3-4): 219-231.

Klemperera S L, Zhao P, Whyte C J, et al. 2022. Proceedings of the National Academy of sciences of the United States of America. Limited underthrusting of India below Tibet: $^3He/^4He$ analysis of thermal springs locates the mantle suture in continental collision, 119 (12) :2113877119.

Kornbluth P. 2021. Helium start-up activity at unprecedented levels. Gasworld: Incorporating Cryocas International, 59 (9): 74-75.

Kotarba M J. 2001. Composition and origin of coalbed gases in the Upper Silesian and Lublin basins, Poland. Organic Geochemistry, 32 (1): 163-180.

Kotarba M J, Rice D D. 2001. Composition and origin of coalbed gases in the Lower Silesian basin, southwest Poland. Applied Geochemistry, 16 (7-8): 895-910.

Krooss B M, Littke R, Müller B, et al. 1995. Generation of nitrogen and methane from sedimentary organic matter: Implications on the dynamics of natural gas accumulations. Chemical Geology, 126: 291-318.

Li F L, Li W S. 2017. Petrological record of CO_2 influx in the Dongying sag, Bohai Bay Basin, NE China. Appl Geochem, 84: 373-386.

Li J, Cao Q, Lu S, et al. 2016. History of natural gas accumulation in Leshan-Longnyusi Sinian paleo-uplift, Sichuan Basin.Oil and Gas Geology, 37 (1): 30-36.

Li J, Li Z, Wang X, et al. 2017. New indexes and charts for genesis identification of multiple natural gases. Petroleum Exploration and Development, 44 (4): 535-543.

Li J, Gu Z, Lu W, et al. 2021. Main factors controlling the formation of giant marine carbonate gas fields in the Sichuan Basin and exploration ideas. Natural Gas Industry, 41: 13-26.

Li P, Zhang X, Zhang S. 2018. Response of methane diffusion in varying degrees of deformed coals to different solvent treatments. Current Science，115（11）：2155-2161.

Li Y，Cao C，Hu H，et al. 2022. The Use of Noble Gases to Constrain Subsurface Fluid Dynamics in the Hydrocarbon Systems. Frontiers of Earth Science，10：1-12.

Li Y H，Li J C，Song H B，et al. 2002. Helium isotope studies of the mantle xenoliths and megacrysts from the Cenozoic Basalts in the Eastern China. Science in China Series D：Earth Sciences，45：174-183.

Li Y H，Zhang W，Wang L，et al. 2017. Henry's law and accumulation of weak source for crust-derived helium：A case study of Weihe Basin，China. Natural Gas Geoscience，2：333-339.

Li Z X，Li X H. 2007. Formation of the 1300 km wide intracontinental orogen and postorogenic magmatic province in Mesozoic South China：A flat-slab subduction model. Geology，35：179-182.

Liang X，Liu S，Xia M，et al. 2016 Characteristics andgeological significance of gas chimney of the Sinian Dengying Formation in the Weiyuan Structure，Sichuan Basin.Oil and Gas Geology，37（5）：702-712.

Lippolt H J，Weigel E. 1988. 4He diffusion in 40Ar-retentive minerals. Geochimica et Cosmochimica Acta，52（6）：1449-1458.

Lippolt H J，Leitz M，Wernicke R S，et al. 1994. （Uranium+thorium）/helium dating of apatite：Experience with samples from different geochemical environments. Chemical Geology，1-2：179-191.

Liu F，Zong K，Liu Y，et al. 2015. Methane-bearing melt inclusion in olivine phenocryst in Cenozoic alkaline basalt from Eastern China and its geological significance. Chinese Science Bulletin，60（14）：1310-1319.

Liu J，Pujol M，Zhou H，et al. 2023. Origin and evolution of a CO_2-Rich gas reservoir offshore Angola：Insights from the Gas Composition and isotope analysis. Applied Geochemistry，148：105552.

Liu J Q，Chen L H，Ni P. 2010. Fluid/melt inclusions in Cenozoic mantle xenoliths from Linqu，Shandong Province，eastern China：Implications for asthenospherelithosphere interactions. Chinese science bulletin，55（11）：1067-1076.

Liu N，Liu L，Qu X Y，et al. 2011. Genesis of authigene carbonate minerals in the Upper Cretaceous reservoir，Honggang Anticline，Songliao Basin：A natural analog for mineral trapping of natural CO_2 storage. Sedimentary Geology，237：166-178.

Liu Q Y，Jin Z J，Wu X Q，et al. 2014. Origin and filling model of natural gas in Jiannan Gas Field，Sichuan Basin，China. Energy Exploration and Exploitation，32（3）:569-590.

Liu Q Y，Jin Z J，Meng Q Q，et al. 2015. Genetic types of natural gas and filling patterns in Daniudi gas field，Ordos Basin，China. Journal of Asian Earth Sciences，107：1-11.

Liu Q Y，Zhu D Y，Jin Z J，et al. 2017. Effects of deep CO_2 on petroleum and thermal alteration：The case of the Huangqiao oil and gas field. Chemical Geology，469：214-229.

Liu Q Y，Jin Z J，Li H L，et al. 2018. Geochemistry characteristics and genetic types of natural gas in central part of the Tarim Basin，NW China. Marine and Petroleum Geology，89:91-105.

Liu Q Y，Wu X Q，Zhu D Y，et al. 2021. Generation and resource potential of abiogenic alkane gas under organic-inorganic interactions in petroliferous basins. Journal of Natural Gas Geoscience，6：79-87.

Liu Q，Dai J，Li J，et al. 2008. Hydrogen isotope composition of natural gases from the Tarim Basin and its indication of depositional environments of the source rocks. Science in China Series D:Earth Sciences,51（2）：300-311.

Liu Q，Jin Z，Chen J，et al. 2012，Origin of nitrogen molecules in natural gas and implications for the high risk of N_2 exploration in Tarim Basin，NW China. Journal of Petroleum Science and Engineering，81：112-121.

Liu Q，Dai J，Jin Z，et al. 2016a. Abnormal carbon and hydrogen isotopes of alkane gases from the Qingshen gas field，Songliao Basin，China，suggesting abiogenic alkanes?. Journal of Asian Earth Sciences，115：285-297.

Liu Q，Wu X，Wang X，et al. 2019. Carbon and hydrogen isotopes of methane，ethane，and propane: A review of genetic identification of natural gas. Earth-Science Reviews，190：247-272.

Liu Q，Wu X，Jia H，et al. 2022. Geochemical characteristics of helium in natural gas from the Daniudi Gas Field，Ordos Basin，Central China. Frontiers of Earth Science，10：823308.

Liu S，Sun W，Li Z，et al. 2008. Tectonic uplifting and gas pool formation since Late Cretaceous Epoch，Sichuan Basin. Natural Gas Geoscience，19：293-300.

Liu W，Xu Y. 1993. Significance of the isotopic composition of He and Ar in Natural Gases: Chinese Sci Bull,20：1726-1730.

Liu Y，Zhang J，Ren J，et al. 2016b. Stable isotope geochemistry of the nitrogen-rich gas from lower Cambrian shale in the Yangtze Gorges area，South China. Marine and Petroleum Geology，77：693-702.

Lupton G L. 1983. Terrestrial inert gases: Isotope tracer studies and clues to primordial components in the mantle. Annual Review of Earth and Planetary Sciences，11（1）：371-414.

Lv Y，Tang D，Xu H，et al. 2012. Production characteristics and the key factors in high-rank coalbed methane fields: A case study on the Fanzhuang Block，Southern Qinshui Basin，China. International Journal of Coal Geology，96-97：93-108.

Lyu X，Jiang Y. 2017. Genesis of paleogene gas in the Dongpu Depression，Bohai Bay Basin，East China. Journal of Petroleum Science and Engineering，156：181-193.

Ma J L，Tao M X，Ye X R. 2006. Characteristics and Origins of Primary Fluids and Noble Gases in Mantle: derived Minerals from the Yishu Area，Shandong Province，China. Science in China Series D-Earth Sciences，49：77-87.

Marty B，Jambon A. 1987. $C/^3He$ in volatile fluxes from the solid Earth: Implications for carbon geodynamics. Earth and Planetary Science Letters，83：16-26.

Marty B，Zimmermanm L. 1999 Volatiles（He，C，N，Ar）in mid-ocean ridge basalts: Assessment of shallow level fractionation and characterization of source composition. Geochimica Cosmochimica Acta，63：3619-3633.

Marty B，Lenoble M，Vassard N. 1995. Nitrogen，helium and argon in basalt: A static mass spectrometry study. Chemical Geology，120：183-195.

Mattavelli L，Ricchiuto T，Grignani D，et al. 1983. Geochemistry and habitat of natural gases in Po basin，Northern Italy. American Association of Petroleum Geologists Bulletin，67（12）：2239-2254.

McDermott J M. 2015. Geochemistry of deep-sea hydrothermal vent fluids from the Mid-Cayman Rise，Caribbean Sea. Cambridge: Massachusetts Institute of Technology.

McIntosh J，Martini A，Petsch S，et al. 2008. Biogeochemistry of the Forest City Basin coalbed methane play. International Journal of Coal Geology，76（1）：111-118.

Moore M T，Vinson D S，Whyte C J，et al. 2018. Differentiating between biogenic and thermogenic sources of natural gas in coalbed methane reservoirs from the Illinois Basin using noble gas and hydrocarbon geochemistry. London：Geological Society.

Moore T A. 2012. Coalbed methane：A review. International Journal of Coal Geology，101：36-81.

Morrill P L，Kuenen J G，Johnson O J，et al. 2013. Geochemistry and geobiology of a present-day serpentinization site in California：The Cedars. Geochimica et Cosmochimica Acta，109：222-240.

Morrison P，Pine J. 1955. Radiogenic origin of the helium isotopes in rock. Annals of the New York Academy of Sciences，62（3）：71-92.

Ni C，Wu X，Liu Q，et al. 2022. Helium signatures of natural gas from the Dongpu sag，Bohai Bay Basin，eastern China. Frontiers in Earth Science，10：862677.

Ni Y，Dai J，Tao S，et al. 2014，Helium signatures of gases from the Sichuan Basin，China. Organic Geochemistry，74：33-43.

Niu Y L，Liu Y，Xue Q Q，et al. 2015. Exotic origin of the Chinese continental shelf：New insights into the tectonic evolution of the western Pacific and eastern China since the Mesozoic. Science Bulletin，60：1598-1616.

Nuttall W J，Clarke R H，Glowacki B A. 2012a. Stop squandering helium. Nature，485：573-575.

Nuttall W J，Clarke R H，Glowacki B A. 2012b. The Future of Helium as a Natural Resource. Oxford：Routledge.

O'Nions R K，Oxburgh E R. 1988. Helium，volatile fluxes and the development of continental crust. Earth and Planetary Science Letters，90：331-347

Oxburgh E R，O'Nions R K，Hill R I. 1986. Helium isotopes in sedimentary basins，Nature，324（6098）：632-635.

Ozima M，Podosek F A. 2002. Noble Gas Geochemistry，（Second Edition）. Cambridge ：Cambridge University Press.

Pacheco N. 2002. Helium，Mineral Commodity Summaries，Helium. America：Government Printing Office.

Palcsu L，Veto I，Futó I，et al. 2014. In-reservoir mixing of mantle-derived CO_2 and metasedimentary CH_4-N_2 fluids e Noble gas and stable isotope study of two multistacked fields（Pannonian Basin System，W-Hungary）. Marine and Petroleum Geology，54：216-227.

Pei Y，Paton D A，Knipe R J，et al. 2015. A review of fault sealing behaviour and its evaluation in siliciclastic rocks. Earth-Science Reviews，150：121-138.

Peng W，Liu Q，Zhang Y，et al. 2022. The first extra-large helium-rich gas field identified in a tight sandstone of the Dongsheng Gas Field，Ordos Basin，China. Science China-Earth Sciences，65（5）：874-881.

Pippin L. 1970. Panhandle-Hugoton Field，Texas-Oklahoma-Kansas—the First Fifty years. Geology of Giant Petroleum Fields. AAPG Memoir，2：204-222.

Porcelli D，Ballentine C J，Wieler R. 2002. An overview of noble gas geochemistry and cosmochemistry. Reviews in Mineralogy and Geochemistry，47（1）：1-19.

Poreda R J，Jenden P D，Kaplan I R，et al. 1986. Mantle helium in Sacramento basin natural gas wells. Geochimica et Cosmochimica Acta，50（12）：2847-2853.

Poreda R J，Jeffrey A W A，Kaplan I R，et al. 1988. Magmatic helium in subduction-zone natural gases. Chemical Geology，71（1-3）：199-210.

Potter R W，Clynne M A. 1978. The solubility of the noble gases He，Ne，Ar，Kr，and Xe in water up to the critical point. Journal of Solution Chemistry，7（11）：837-844.

Pray H A，Schweickert C E，Minnich B H. 1952. Solubility of hydrogen，oxygen，nitrogen，and helium in water at elevated temperatures. Industrial and Engineering Chemistry，44（5）：1146-1151.

Proskurowski G，Lilley M D，Seewald J S，et al. 2008. Abiogenic hydrocarbon production at Lost City hydrothermal field. Science，319（5863）：604-607.

Qin S. 2012. Carbon isotopic composition of water-soluble gases and their geological significance in the Sichuan Basin. Petroleum Exploration and Development，39（3）：335-342.

Qin S，Song Y，Tang X，et al. 2005. The mechanism of the flowing ground water impacting on coalbed gas content. Chinese Science Bulletin，50（1）：118-123.

Qin S，Zhou G，Li W，et al. 2016. Geochemical evidence ofwater-soluble gas accumulation in the Weiyuan gas field，Sichuan Basin. Natural Gas Industry，36（1）：43-51.

Qin S，Xu D，Li J，et al. 2022. Genetic Types，distribution patterns and enrichment mechanisms of helium in China's Petroliferous Basins. Frontiers in Earth Science，10：675109.

Qin Y，Ye J. 2015. A review on development of CBM industry in China，AAPG Asia Pacific Region. Brisbane：Brisbane Geoscience Technology Workshop.

Qu X Y，Chen X，Yu M，et al. 2016. Mineral dating of mantle-derived CO_2 charging and its application in the southern Songliao Basin，China. Applied Geochemistry，68：19-28.

Rahmani O，Aali J，Mohseni H，et al. 2010. Organic geochemistry of Gadvan and Kazhdumi formations（Cretaceous）in South Pars Field，Persian Gulf，Iran. Journal of Petroleum Science and Engineering，70(1-2)：57-66.

Reich M，Ewing R C，Ehlers T A，et al. 2007. Low-temperature anisotropic diffusion of helium in zircon：Implications for zircon （U-Th）/He thermochronometry. Geochimica Cosmochimica Acta，71：3119-3130.

Reiners P W. 2005. Zircon（U-Th）/He thermochronometry. Reviews in Mineralogy and Geochemisitry，58：151-179.

Reiners P W，Farley K A. 1999. Helium diffusion and（U-Th）/He thermochronometry of titanite. Geochim Cosmochim Acta，63（12）：3845-3859.

Ren J Y，Tamaki K，Li S T，et al. 2002. Late Mesozoic and Cenozoic rifting and its dynamic setting in eastern China and adjacent areas. Tectonophysics，344：175-205.

Ren Z，Xiao H，Liu L，et al. 2005. The evidence of fission-track data for the study of tectonic thermal history in Qinshui Basin. Chinese Science Bulletin，50：104-110.

Ronald F B. 2005. Helium in New Mexico—Geologic distribution，resource demand，and exploration possibilities.New Mexico Geology，27：93-101.

Salas-Navarro J，Stix J，de Moor J M. 2022. A new Multi-GAS system for continuous monitoring of CO_2/CH_4 ratios at active volcanoes. Journal of Volcanology and Geothermal Research，426：107533.

Sathaye K J，Larson T E，Hesse M A. 2016. Noble gas fractionation during subsurface gas migration. Earth and Planetary Science Letter，450：1-9.

Schoell M. 1980. The hydrogen and carbon isotopic composition of methane from natural gases of various origins. Geochim Cosmochim Acta，44：649-661.

Sciarra A，Saroni A，Etiope G，et al. 2019. Shallow submarine seep of abiotic methane from serpentinized peridotite off the Island of Elba，Italy. Applied Geochemistry，100：1-7.

Shangguan Z，Huo W. 2002. δD values of escaped H_2 from hot springs at the Tengchong Rehai geothermal area and its origin. Chinese Science Bulletin，47（2）：148-150.

Sherwood L B，Ballentine C J，Onions R K. 1997. The fate of mantle-derived carbon in a continental sedimentary basin：Integration of C/He relationships and stable isotope signatures. Geochimica et Cosmochimica Acta，61（11）：2295-2307.

Sherwood L B，Lacrampe-Couloume G，Voglesonger K，et al. 2008. Isotopic signatures of CH_4 and higher hydrocarbon gases from Precambrian Shield sites：A model for abiogenic polymerization of hydrocarbons. Geochimica et Cosmochimica Acta，72（19）：4778-4795.

Shuai Y，Zhang S，Su A，et al. 2010. Geochemical evidence for strong ongoing methanogenesis in Sanhu region of Qaidam Basin. Science in China Series D：Earth Sciences，53（1）：84-90.

Shuster D L，Flowers R M，Farley K A. 2006. The influence of natural radiation damage on helium diffusion kinetics in apatite. Earth and Planetary Science Letters，249：148-161.

Smith S P，Kennedy B M. 1983. The solubility of noble gases in water and in NaCl brine. Geochimica et Cosmochimica Acta，47（3）：503-515.

Song Y，Ma X，Liu S，et al. 2018. Accumulation conditions and key technologies for exploration and development of Qinshui coalbed methane field. Petroleum Research，3（4）：320-335.

Su A，Chen H H，Cao L S，et al. 2014. Genesis，source and charging of oil and gas in Lishui Sag，East China Sea Basin. Pet Explor Dev，41：574-584.

Su X，Lin X，Zhao M，et al. 2005. The upper Paleozoic coalbed methane system in the Qinshui basin，China. American Association of Petroleum Geologists Bulletin，89（1）：81-100.

Sun W D，Ding X，Hu Y H，et al. 2007. The golden transformation of the Cretaceous plate subduction in the west Pacific. Earth and Planetary Science Letters，262：533-542.

Sun Z，Li P，Zhou S. 2023. A laboratory observation for gases transport in shale nanochannels：Helium，nitrogen，methane，and helium-methane mixture. Chemical Engineering Journal，472：144939.

Tade M D. 1967. Helium storage in cliffside field. Journal of Petroleum Technology，19：885-888.

Tang S，Tang D，Xu H，et al. 2016. Geological mechanisms of the accumulation of coalbed methane induced by hydrothermal fluids in the western Guizhou and eastern Yunnan regions. Journal of Natural Gas Science and Engineering，33：644-656.

Tao M X，Xu Y C，Shen P，et al. 1997. Tectonic and geochemical characteristics and reserved conditions of a mantle source gas accumulation zone in eastern China. Science in China Series D：Earth Sciences，40（1）：73-80.

Tao M X，Xu Y C，Shi B G，et al. 2005. Features of mantle degasification and deep geological structure of different typical fracture zones in China. Science in China Series D-Earth Sciences，48：1074-1088.

Tian W，Campbell I H，Allen C M，et al. 2010. The Tarim picrite-basalt-rhyolite suite，a Permian flood basalt from northwest China with contrasting rhyolites produced by fractional crystallization and anatexis. Contributions to Mineralogy and Petrology，160：407-425.

Torgersen T，O'Donnell J. 1991. The degassing flux from the solid earth：Release by fracturing. Geophysical Research Letters，18（5）：951-954.

Torgersen T，Kennedy B M，Hiyagon H，et al. 1989. Argon accumulation and the crustal degassing flux of 40Ar in the Great Artesian Basin，Australia. Earth and Planetary Science Letters，92（1）：43-56.

Trull T，Kurz M，Jenkins W. 1991. Diffusion of cosmogenic ^{3}He in olivine and quartz：Implications for surface exposure dating. Earth and Planetary Science Letters，103（1-4）：241-256.

Trull T，Nadeau S，Pineau F，et al. 1993. C-He systematics in hotspot xenoliths：Implications for mantle carbon contents and carbon recycling. Earth and Planetary Science Letters，118：43-64.

Vacquand C，Deville E，Beaumont V，et al. 2018. Reduced gas seepages in ophiolitic complexes：Evidences for multiple origins of the H_2-CH_4-N_2 gas mixtures. Geochimica et Cosmochimica Acta，223：437-461.

Wakita H，Sano Y. 1983. ^{3}He/^{4}He ratios in CH_4-rich natural gases suggest magmatic origin. Nature，305：792-794.

Wang D H，Li J B，Yu Z H，et al. 2022. The resource potential and development prospect of helium in Changqing gas field. Geofluids，2022：904667.

Wang J Y，Wang J A. 1986. Heat flow measurements in Liaohe basin North China，Chinese Science Bulletin，31：686-689.

Wang K，Pang X，Zhang H，et al. 2018. Characteristics and genetic types of natural gas in the northern Dongpu Depression，Bohai Bay Basin，China. Journal of Petroleum Science and Engineering，170：453-466.

Wang P，Song T，Zhen Y，et al. 2011. Sichuan Weiyuan gasfield：A typical example for mantle-crust source.Contributions to Geology and Mineral Resources Research，26（1）：63-73.

Wang S，Li X. 1999. Study on geochemical characteristics and gas-bearing systems of Sinian natural gas in Weiyuan and Ziyang gas fields.Natural Gas Geoscience，10（3）：63-68.

Wang X，Liu Q，Liu W，et al. 2022. Accumulation mechanism of mantle-derived helium resources in petroliferous basins，eastern China. Science China Earth Sciences，65（12）：2322-2334.

Wang X，Liu Q，Liu W，et al. 2023. Helium accumulation in natural gas systems in Chinese sedimentary basins. Marine and Petroleum Geology，150：106155.

Wang X B，Zou C N，Li J，et al. 2019. Comparison on rare gas geochemical characteristics and gas originations of Kuche and Southwestern depressions in Tarim Basin，China. Geofluids，2019：1985216.

Wang X F，Liu W H，Li X B，et al. 2020. Radiogenic helium concentration and isotope variations in crustal gas pools from Sichuan Basin，China. Applied Geochemistry，117：104586.

Warr O，Giunta T，Ballentine C J，et al. 2019. Mechanisms and rates of ^{4}He，^{40}Ar，and H_2 production and accumulation in fracture fluids in Precambrian Shield environments. Chemical Geology，530：119322.

Watson E B，Brenan J M. 1987. Fluids in the lithosphere 1：Experimentally-determined wetting characteristics of CO2-H2O fluids and their implications for fluid transport，host-rock physical properties，and fluid inclusion formation. Earth and Planetary Science Letters，85：497-515.

Wolf R A，Farley K A，Silver L T. 1996. Helium diffusion and low-temperature thermochronometry of apatite. Geochim Cosmochim Acta，60（21）：4231-4240.

Worden R H. 2006. Dawsonite cement in the Triassic Lam Formation，Shabwa Basin，Yemen：A natural analogue for a potential mineral product of subsurface CO_2 storage for greenhouse gas reduction. Marine and Petroleum

Geology，23（1）：61-77.

Wu F Y，Lin J Q，Wilde S A，et al. 2005. Nature and significance of the Early Cretaceous giant igneous event in eastern China. Earth and Planetary Science Letters，233：103-119.

Wu K，Chen Z，Li X，et al. 2017. Flow behavior of gas confined in nanoporous shale at high pressure：Real gas effect. Fuel，205：172-183.

Wu X，Dai J，Liao F，et al. 2013. Origin and source of CO_2 in natural gas from the eastern Sichuan Basin. Science China Earth Sciences，56（8）：1308-1317.

Wu X，Ni C，Liu Q，et al. 2017. Genetic types and source of the Upper Paleozoic tight gas in the Hangjinqi area，northern Ordos Basin，China. Geofluids，2017：1-14.

Xia X，Tang Y. 2012. Isotope fractionation of methane during natural gas flow with coupled diffusion and adsorption/desorption. Geochimica et Cosmochimica Acta，77：489-503.

Xu F，Hou W，Xiong X，et al. 2023. The status and development strategy of coalbed methane industry in China. Petroleum Exploration and Development，50（4）：765-783.

Xu S，Liu C Q. 2002. Noble gas abundances and isotopic compositions in mantle-derived xenoliths，NE China. Chinese Science Bulletin，47：755-760.

Xu S，Nakai S i，Wakita H，et al. 1995a. Helium isotope compositions in sedimentary basins in China. Applied Geochemistry，10（6）：643-656.

Xu S，Nakaim S，Wakita H，et al. 1995b. Mantle-derived noble gases from Songliao basin in China. Geochimica Cosmochimica Acta，59：4675-4683.

Xu W，Wang D，Wang Q，et al. 2004. $^{40}Ar/^{39}Ar$ dating of hornblende and biotite in Mesozoic intrusive complex from the North China Block：Constraints on the time of lithospheric thining. Geochimica，33（3）：221-231.

Xu Y C，Shen P，Tao M X，et al. 1990. Industrial accumulation of mantle source helium and the Tancheng Lujiang Fracture Zone. Chinese Science Bulletin，36：494-498.

Xu Y C，Shen P，Tao M X，et al. 1997a. Geochemistry of mantle-derived volatiles in natural gases from eastern China oil/gas provinces（Ⅱ）. Science in China Series D：Earth Science，40：315-321.

Xu Y C，Shen P，Tao M X，et al. 1997b. Geochemistry on mantle-derived volatiles in natural gases from eastern China oil/gas provinces（Ⅰ）. Science in China Series D：Earth Science，40：120-129.

Xu Y C，Liu W H，Shen P，et al. 1998. Geochemistry of Noble Gases in Natural Gases. Beijing：Science Press.

Yakutseni V P. 2014. World helium resources and the perspectives of helium industry development. Petroleum Geology-Theoretical and Applied Studies，9：1-22.

Ye X，Tao M，Yu C，et al. 2007. Helium and neon isotopic compositions in the ophiolites from the Yarlung Zangbo River，Southwestern China：The information from deep mantle. Science in China Series D Earth Sciences，50（6）：801-812.

Yu L，Wu K Q，Liu L，et al. 2020. Dawsonite and ankerite formation in the LDX-1 structure，Yinggehai Basin，South China sea：An analogy for carbon mineralization in subsurface sandstone aquifers. Applied Geochemistry，120：104663.

Yuce G，Italiano F，D'Alessandro W，et al. 2014. Origin and interactions of fluids circulating over the Amik Basin（Hatay，Turkey） and relationships with the hydrologic，geologic and tectonic settings. Chemical Geology，

388：23-39.

Zeng H S，Li J K，Huo Q L. 2013. A review of alkane gas geochemistry in the Xujiaweizi fault-depression，Songliao Basin. Marine and Petroleum Geology，43：284-296.

Zgonnik V，Beaumont V，Larin N，et al. 2019. Diffused flow of molecular hydrogen through the Western Hajar mountains，Northern Oman. Arabian Journal of Geosciences，12：1-10.

Zhang J，Liu D，Cai Y，et al. 2018. Carbon isotopic characteristics of CH_4 and its significance to the gasperformance of coal reservoirs in the Zhengzhuang area，Southern Qinshui Basin，North China. Journal of Natural Gas Science and Engineering，58：135-151.

Zhang M，Wang C，Li L，et al. 2002. Mode of occurrence of H_2 in mantle-derived minerals. Acta Geologica Sinica，76（1）：39-44.

Zhang M J，Hu P Q，Zheng P，et al. 2005. The occurrence modes of H_2 in mantle-derived rocks//Mao J and Bierlein F P. Mineral Deposit Research. New York：Springer.

Zhang S，Tang S，Li Z，et al. 2016. Study of hydrochemical characteristics of CBM coproduced water of the Shizhuangnan Block in the southern Qinshui Basin，China，on its implication of CBM development. International Journal of Coal Geology，159：169-182.

Zhang T，Zhang M，Bai B，et al. 2008. Origin and accumulation of carbon dioxide in the Huanghua depression，Bohai Bay Basin，China. American Association of Petroleum Geologists Bulletin，92（3）：341-358.

Zhang W，Li Y，Zhao F，et al. 2019a. Using noble gases to trace groundwater evolution and assess helium accumulation in Weihe Basin，central China. Geochimica Cosmochimica Acta，251：229-246.

Zhang W，Li Y，Zhao F，et al. 2019b. Quantifying the helium and hydrocarbon accumulation processes using noble gases in the North Qaidam Basin，China. Chemical Geology，525：368-379.

Zhang X，Zhou F，Cao Z，et al. 2020. Finding of the Dongping economic Helium gas field in the Qaidam Basin and Helium source and exploration prospect. Natural Gas Geoscience，31（11）：1585-1592.

Zhao D，Wang X，Liu W，et al. 2023. Mechanisms of helium differential enrichment and helium-nitrogen coupling：A case study from the Weiyuan and Anyue gas fields，Sichuan Basin，China. Geological Journal，59（1）：1-16.

Zhao S，Liu L，Liu N. 2018. Petrographic and stable isotopic evidences of CO_2-induced alterations in sandstones in the Lishui Sag，East China Sea Basin，China. Applied Geochemistry，90：115-128.

Zheng L P，Wang S L，Liao Y S，et al. 2001. CO_2 gas pools in Jiyang sag，China. Applied Geochemistry，16：1033-1039.

Zheng Y F. 2008. A perspective view on ultrahigh-pressure metamorphism and continental collision in the Dabie-Sulu orogenic belt. Chinese Science Bulletin，53：3081-3104.

Zhong W. 2022. Using noble gases to trace subsurface fluid dynamics and helium accumulation in the Sichuan Basin，the Ordos Basin and the Qinshui Basin，China. Manchester：The University of Manchester（United Kingdom）.

Zhou X M，Sun T，Shen W Z，et al. 2006. Petrogenesis of Mesozoic granitoids and volcanic rocks in South China：A response to tectonic evolution. Episodes，29：26-33.

Zhou Z，Ballentine C J. 2006. ^{4}He dating of groundwater associated with hydrocarbon reservoirs. Chemical

Geology，226（3-4）：309-327.

Zhou Z，Ballentine C J，Kipfer R，et al. 2005. Noble gas tracing of groundwater/coalbed methane interaction in the San Juan Basin，USA. Geochimica et Cosmochimica Acta，69（23）：5413-5428.

Zhu D Y，Meng Q Q，Liu Q Y，et al. 2018. Natural enhancement and mobility of oil reservoirs by supercritical CO2 and implication for vertical multi-trap CO_2 geological storage. Journal of Petroleum Science and Engineering，161：77-95.

Zhuang X，Querol X，Zeng R，et al. 2000. Mineralogy and geochemistry of coal from the Liupanshui mining district，Guizhou，south China. International Journal of Coal Geology，45（1）：21-37.

Zou C N，Du J H，Xu C C，et al. 2014. Formation，distribution，resourcepotential，and discovery of Sinian-Cambrian giant gas field，SichuanBasin，SW China.Petroleum Exploration and Development，41（3）：306-325.